2008年自动控制系列课程国家优秀教学团队精品教材
江苏省一类优秀课程"飞行控制系统"配套教材

直升机飞行控制
（第4版）

Helicopter Flight Control (4th Ed.)

南京航空航天大学 杨一栋 等编著

国防工业出版社

·北京·

内 容 简 介

本书从直升机飞行控制的教学及工程实践要求出发，论述了直升机飞行控制基本原理、姿态控制及轨迹制导技术。主要内容包括直升机飞行动力学基本特性，直升机的数学建模，增稳与控制增稳，经典姿态控制，显模型跟踪自适应控制，自动飞行控制，现代飞行控制，直升机的轨迹自主生成与制导，无人直升机的着舰控制技术及直升机光传操纵系统。

本书写作宗旨是重点突出物理实质，从物理概念入手解析直升机复杂的飞行控制理论，使工程设计方法有据可循。由于在控制方法讲叙中力求与固定翼飞机的控制相对照与衔接，因此内容深入浅出，便于理解与自学。

本书可作为飞行控制相关学科专业的本科生或研究生的教材，也可供从事直升机飞行控制技术的人员参考。

图书在版编目(CIP)数据

直升机飞行控制/杨一栋等编著.—4版.—北京：
国防工业出版社,2019.4.
ISBN 978-7-118-11805-6

Ⅰ.①直… Ⅱ.①杨… Ⅲ.①直升机-飞行控制
Ⅳ.①V275②V249.1

中国版本图书馆 CIP 数据核字(2019)第 019588 号

※

国防工业出版社出版发行
(北京市海淀区紫竹院南路23号 邮政编码100048)
三河市腾飞印务有限公司印刷
新华书店经售

*

开本 787×1092 1/16 印张 18 字数 403 千字
2019 年 4 月第 4 版第 1 次印刷 印数 1—3000 册 定价 58.00 元

(本书如有印装错误,我社负责调换)

国防书店:(010)88540777　　　发行邮购:(010)88540776
发行传真:(010)88540755　　　发行业务:(010)88540717

编委会名单

主　编　　　杨一栋

编著者　　　杨一栋　王新华　袁锁中　江　驹

　　　　　　　徐锦法　龚华军　曹花荣

校　核　　　甄子洋

第 4 版前言

《直升机飞行控制》(第 4 版)对前一版的文字内容、图形的构建、公式的表达诸方面作了全面细致的订正与校核,以力求内容正确无误,通俗易懂,增进其可读性。除此以外,本版在以下三个方面作了重要补充:

1. 第 2 章"直升机飞行动力学"中增补了直升机 6 自由度全面运动小扰动微分方程组一节,建立了与其对应的结构图形式的数学模型,并逐一构建直升机纵向及侧向平面内运动的结构图形式的数学模型,它十分有益于解决"直升机飞行动力学"难讲难学的教学难题,也十分有益于对直升机飞行控制原理的理解,以及直升机飞行控制律的设计与仿真。

2. 建立了以结构图表示的直升机运动学数学模型,导出了从直升机姿态控制过渡到质点轨迹制导的纵向及侧向运动的运动学方程,也即轨迹制导系统中的运动学环节,这是构建与设计直升机轨迹制导的必要前提。

3. 第 5 章"直升机自动飞行控制系统"中,增设了"直升机旋翼转速自动控制方法"这一节,阐述了其工作原理,给出了旋翼转速自动控制数学模型及结构配量,从而将直升机的飞行控制由 4 个控制通道拓展到 5 个控制通道。

从本书的初版到如今的第 4 版问世经历了 13 个年头,我们衷心感谢广大读者对本书的需求与支持,感谢南京航空航天大学将本书的再版列入学校"十三五"重点规划教材;感谢国防工业出版社对本书出版工作一贯的大力支持。

最后,我们恳切期待广大读者对本书的不妥及谬误之处给予指正,我们定当不胜感激。

杨一栋
2018 年 8 月

第 3 版前言

作为自动控制系列课程国家优秀教学团队精品教材(第 2 版)发行以来,至今已三年有余了。为了进一步充实教材内容,使其更具学科性,突出物理实质,面向航空工程实际,反映时代的先进性,本书对第 2 版作了全面修订与补充,使直升机的飞行控制技术由姿态与速度控制的内回路扩展至轨迹制导的外回路,主要体现在以下几个方面:

1. 全面论述了直升机在控制与制导领域所采用的多种坐标系及其互相转换关系,从而为轨迹制导,特别是为无人直升机的着舰引导这一复杂的制导技术作了铺垫。

2. 加深了对直升机动力学的研究,通过推导指出了动力学方程的物理实质,以及直升机动力学数学模型多项气动导数的物理意义,使直升机的控制有的放矢,并且起到了教材易讲易学的效果。

3. 为了使直升机现代控制技术由内回路的姿态与速度控制扩充到外回路的轨迹制导,增添了"基于显模型的飞行轨迹制导系统设计"这一节。

4. 为了跟踪直升机的国际先进控制技术,反映我国航空需求,增加了"无人直升机进场着舰轨迹制导系统"这一章。

5. 增加了附录。分别绘出了某无人直升机及 UH-60 直升机线性化小扰动数学模型,以供借鉴。

6. 补充了各章的思考题。

本书的再版得到了南京航空航天大学研究生院、教务处及自动控制系列课程国家优秀教学团队的支持与资助。

由于作者学识所限,难免有谬误及不妥之处,敬请读者指正,不胜感激。

杨一栋

2014 年 11 月

第 2 版前言

为反映直升机飞行控制技术的发展及相应的教学需求，本书对 2007 年出版的《直升机飞行控制》(第 1 版)作了全面的修订与补充。在本版中更加深化了作者的原始写作思想，即力求将固定翼飞行器的飞行控制教学体系与方法移植到直升机飞行控制教学中。因为虽然直升机的旋翼起着升力、推进与操纵机构的多种作用，使直升机的控制方式不同于定翼机，但它毕竟也是飞行器。从控制角度，旋翼可理解为接受配平与控制信号的执行机构，起着类似于定翼机舵面的作用。通过改变旋翼的挥舞运动可完成对高度通道、俯仰与横滚通道的配平与控制。因此在再版时，作者进一步强化了将定翼机的控制思维运用于直升机上，实践证明这可起到易讲易懂的效果。

再版中，作者通过足够的篇幅讲述直升机旋翼的工作机理，以建立控制所必需的旋翼挥舞运动动力学数学模型。书中的第 1 章与第 2 章的最终目的是建立可与固定翼飞机相对照的直升机 4 个通道的动力学结构图数学模型，以使描述直升机动力学特性的各种气动与操纵特性导数都显露在结构图中，从而清晰地显示出直升机操纵的基本机理，旋翼的挥舞作用，直升机的稳定与阻尼特性，通道间的耦合因素，以及作用于直升机上的外界扰动等。因此，第 1、2 两章是直升机飞行控制的"根"，使直升机的飞行控制有的放矢。

为了描述直升机的动力学及相应的控制律，本书所采用的坐标体系都统一在欧美体制上，以利于泛读国际文献，并可与我国参照国际标准 ISO 1151/2—1985 所制订的航空工业标准相一致，与国内出版的"飞行控制系统"类教材相衔接，以适应与国际接轨的培养需求。

与固定翼飞机一样，亦可将直升机的飞行控制分为有人操纵下的飞行控制与自动飞行控制两大类。因此本教材先叙述有人操纵的飞行控制，设立第 3、4 两章。

第 3 章为增稳与控制增稳系统，将定翼机的增稳与控制增稳教学方法移植到直升机上，指出了直升机更需要以电子反馈方式改善直升机稳定性与阻尼特性的实质。

第 4 章为电传操纵方式下的显模型跟踪自适应控制。由于它使直升机四控制通道均具有优良的跟踪控制与解耦特性，这一控制方式已被直升机的控制领域所重视。再版时着重补充了四通道之间解耦原理的论证，以经典控制思维方式化解了读者难以理解的解耦原理学术难点。

第 5 章为直升机的自动飞行控制，与固定翼飞机一样，列出了自动飞行控制多种形式的模态结构，并着重叙述了自动过渡飞行这一特殊的、十分有用的模态。

第 6 章论述了直升机的现代飞行控制技术，以适应直升机动力学时变、多变量以及强耦合的控制需求。该章整理出了 3 种典型的现代控制方法，即高增益控制阵解耦的显模型跟踪，具有特征结构配置效应的隐模型解耦控制以及 H_∞ 回路成形优化控制。这些控制方法较适合于工程应用,已服务于型号或已得到试飞验证。

再版后,增加了第 7 章,定名为直升机的轨迹生成与制导。以舰载直升机自主完成舰上起飞与降落为例,论述了直升机飞行轨迹的实时生成、轨迹跟踪及制导的机理与方法,从而使直升机的飞行控制的内容从姿态控制、速度控制过渡到飞行轨迹的自主飞行,使直升机的控制技术趋向完整。

第 8 章阐述了直升机光传操纵系统,由于光传操纵具有优良的抗电磁干扰、传输信息量大以及结构重量轻等优点,特别对直升机而言,更需要由光传替代电传,这是必然发展的趋势,被誉为新一代操纵系统。再版后,明显地充实了该章内容,充分反映了多年来作者所在学科对光传研究的成果。

从 20 世纪 70 年代末,作者就开始从事直升机飞行控制学科建设,至今已有 30 个年头。使作者永远难以忘记的是,这一工作一直得到中国航空工业总公司(航空部)、前国防科工委、中国直升机设计研究所,以及南京航空航天大学直升机旋翼动力学国防科技重点实验室等单位的多项科研基金资助。作者还应感谢为本书出版提供各类参考文献的专家与学者。感谢众多研究生们,正是他们辛勤的科研活动为本书增添了诸多工程实践内容。

本书的再版得到了南京航空航天大学研究生院、教务处及自动控制系列课程国家优秀教学团队的支持与资助。

由于作者水平所限,加之时间仓促,故渴望读者对本书存在的谬误及不妥之处加以指出,在此不胜感激。

杨一栋
2011 年 2 月

第1版前言

讲了数次"直升机飞行控制"课程，完成了一些直升机飞行控制的研究任务，研究了国内外有关直升机控制的技术文献，因此写就了本书。其实写这本书有个目的，有一种兴趣，想把固定翼飞行器的飞行控制教学方法移植到对直升机的飞行控制教学中。因为虽然直升机由于旋翼起着升力、推进与操纵机构的作用，使直升机的控制方式不同于定翼机，但它毕竟也是飞行器。从控制的角度看，旋翼可理解成接受配平与控制信号的执行机构，起着类似于定翼机的控制舵面的作用。通过改变旋翼的挥舞运动，可完成对高度通道、俯仰与横滚3个通道的配平与控制。因此编者力图将定翼机的控制思维运用到直升机上，这样可起到易讲易懂的效果。要实现这一点，关键在于应花足够的精力去弄清直升机旋翼的工作机理，去建立旋翼挥舞运动动力学模型，因此本书第1章与第2章采用较多篇幅进行介绍。这两章最终目的是建立可与固定翼飞机相对照的直升机4个通道的动力学结构图模型，使描述直升机动力学特性的各种气动与操纵特性导数都显露在结构图中，从而比较容易说清楚直升机操纵的基本机理，旋翼的挥舞作用，直升机的稳定与阻尼特性，各通道的耦合因素，以及作用于直升机的外界扰动等。因此，第1、2两章就成了直升机飞行控制的"根"，离开这一根，控制就会无的放矢。为了描述直升机动力学及建立相应控制律，本书的坐标体系都统一在欧美体制上，以利于泛读国际文献，并可与我国参照国际标准 ISO 1151/2—1985 所制订的航空工业标准相一致，又可与国内出版的"飞行控制系统"类教材相衔接。

与定翼机的飞控一样，直升机的飞行控制也分有人操纵下的飞行控制与自动飞行控制两类。因此本教材先叙述有人操纵下的直升机飞控，设立了第3、4两章。第3章为增稳与控制增稳，与定翼机相比，它更需要以电子反馈与前馈方式改善直升机欠缺的稳定与阻尼特性。第4章为电传操纵方式下的显模型跟踪自适应控制，由于它赐给直升机四控制通道优良的跟踪控制与解耦特性，这一控制方式已日益被直升机控制界所重视。第5章为直升机的自动飞行控制，与固定翼飞机一样，列出了一般自动飞行控制模态结构，并着重开发了自动过渡飞行这一特殊模态。第6章为直升机的现代飞行控制技术，因为直升机动力学属时变，多变量强耦合，更应借助于现代多变量控制理论与方法去控制它。在这一章中，整理出3种典型控制方法，即高增益控制阵解耦的显模型跟踪，具有特征结构配置效应的隐模型解耦控制以及 H_∞ 回路成形优化控制。这些控制方法较适合于工程应用，已服务于型号或已经试飞验证。第7章阐述了直升机光传操纵系统，由于它具有抗电磁干扰、传输信息量大以及结构重量轻等优点，对直升机而言，更需要由光传替代电传，这是发展趋势，被誉为新一代操纵系统。

编著这一教材，得到中国航空工业总公司的多项航空科学基金资助，得到南京航空航天大学直升机旋翼动力学国防科技重点实验室及中国直升机设计研究所的多项研究资助,并得到南京航空航天大学研究生院和教务处的大力支持与协助,在此表示深切的谢意。同时还应感谢为本书提供各类参考文献的专家与学者,感谢众多的研究生们,正是他们的科研活动为本书增添了很多工程实践内容,郑峰婴、陈敬志、朱华三位研究生还直接参与了第6章的写作,张树坤研究生参与了第7章的写作。

由于水平所限,加之时间仓促,所编著内容有谬误与不妥之处,恳请读者指正,在此不胜感激。

杨一栋
2006年12月

目 录

第1章 直升机的基本工作原理 ································· 1
  1.1 绪言 ··· 1
    1.1.1 直升机发展概况 ··· 1
    1.1.2 直升机的分类 ·· 5
    1.1.3 直升机的控制 ··· 11
    1.1.4 主动控制技术在直升机控制中的应用 ············· 13
  1.2 直升机旋翼气动特性 ··· 14
    1.2.1 直升机的组成 ··· 14
    1.2.2 旋翼系统的结构 ·· 15
    1.2.3 旋翼的类型 ··· 16
    1.2.4 旋翼基本参数 ··· 17
    1.2.5 旋翼基本空气动力特性 ································· 18
  1.3 桨叶的挥舞运动 ·· 21
    1.3.1 垂直飞行的均匀挥舞 ···································· 21
    1.3.2 前飞时的周期挥舞 ······································· 22
    1.3.3 挥舞系数的物理解释 ···································· 23
  1.4 直升机的操纵原理 ··· 25
    1.4.1 直升机稳定与操纵基本概念 ·························· 25
    1.4.2 直升机的操纵机构 ······································· 26
    1.4.3 直升机的操纵特点 ······································· 30
  思考题 ··· 31

第2章 直升机飞行动力学 ··· 32
  2.1 坐标系及其转换 ·· 32
    2.1.1 地球坐标系 $O_e\text{-}X_eY_eZ_e$ ································ 32
    2.1.2 地面坐标系 $O_E\text{-}X_EY_EZ_E$ ······························ 33
    2.1.3 机体坐标系 $O\text{-}XYZ$ ······································ 34
    2.1.4 速度坐标系 $O\text{-}X_aY_aZ_a$ ································ 36
    2.1.5 机体坐标系 $O\text{-}XYZ$ 与地面坐标系 $O_E\text{-}X_EY_EZ_E$ 之间的关系 ············· 37
    2.1.6 地理坐标与地面坐标的转换 ·························· 40
    2.1.7 三维空间坐标系之间的转换 ·························· 40
  2.2 作用于直升机上的气动力及气动力矩 ··············· 41

2.3 直升机的平衡动力学 …………………………………………………… 44
 2.3.1 直升机的平衡方程 …………………………………………… 44
 2.3.2 直升机悬停时的平衡 ………………………………………… 44
 2.3.3 直升机平飞时的平衡 ………………………………………… 47
2.4 直升机的稳定性与操纵性 ……………………………………………… 49
 2.4.1 直升机的纵向静稳定性 ……………………………………… 49
 2.4.2 直升机的航向静稳定性 ……………………………………… 51
 2.4.3 直升机的横滚静稳定性 ……………………………………… 51
 2.4.4 直升机的阻尼特性 …………………………………………… 52
 2.4.5 直升机的操纵性 ……………………………………………… 54
2.5 直升机运动学方程及特性分析 ………………………………………… 54
 2.5.1 直升机动力学方程 …………………………………………… 54
 2.5.2 小扰动线性化方程 …………………………………………… 58
 2.5.3 小扰动全面运动微分方程及结构图数学模型 ……………… 68
 2.5.4 小扰动纵向运动微分方程及结构图数学模型 ……………… 74
 2.5.5 小扰动侧向运动微分方程及结构图数学模型 ……………… 76
2.6 小型无人直升机动力学建模及物理特性分析 ………………………… 77
 2.6.1 直升机增稳动力学结构 ……………………………………… 78
 2.6.2 数学模型的建立 ……………………………………………… 79
 2.6.3 增稳动力学的状态空间模型 ………………………………… 81
 2.6.4 小型直升机增稳动力学的结构 ……………………………… 82
思考题 ………………………………………………………………………… 88

第3章 直升机的增稳与控制增稳系统 …………………………………… 90
3.1 直升机增稳与控制增稳系统的结构配置 ……………………………… 90
3.2 增稳与控制增稳系统原理及设计方法 ………………………………… 93
 3.2.1 增稳与控制增稳系统工作原理 ……………………………… 93
 3.2.2 增稳系统设计方法 …………………………………………… 93
3.3 典型控制增稳系统结构分析 …………………………………………… 95
 3.3.1 具有漏泄积分器的增稳系统 ………………………………… 95
 3.3.2 具有姿态角微分信息的控制增稳系统 ……………………… 97
 3.3.3 一种重型直升机的控制增稳系统 …………………………… 98
 3.3.4 有前后两旋翼的重型直升机的控制增稳系统 ……………… 98
 3.3.5 具有高度自动化水平的重型直升机的控制增稳系统 ……… 99
 3.3.6 具有模型跟踪的控制增稳系统 ……………………………… 101
思考题 ………………………………………………………………………… 101

第4章 直升机显模型跟踪控制系统 ……………………………………… 102
4.1 显模型跟踪解耦自适应控制系统设计 ………………………………… 102
 4.1.1 基本MFCS工作机理 ………………………………………… 102
 4.1.2 显模型的设计 ………………………………………………… 103

4.1.3 控制阵 G_3 的设计 … 104
4.2 系统的跟踪性能及解耦机理分析与仿真验证 … 106
4.3 系统参数优化 … 114
　　　4.3.1 控制阵 G_3 的增益阵 R 的选取 … 114
　　　4.3.2 G_4 阵的选取 … 114
　　　4.3.3 G_1,G_2,G_5 阵的选取 … 115
　　　4.3.4 显模型带宽的选取 … 115
　　　4.3.5 采样周期的选取 … 116
4.4 性能评估 … 117
　　　4.4.1 跟踪性能 … 117
　　　4.4.2 解耦性能 … 117
　　　4.4.3 鲁棒性 … 118
4.5 具有非线性特性的显模型跟踪系统的控制策略 … 120
4.6 基于 MFCS 的直升机协调转弯控制 … 123
　　　4.6.1 直升机航向协调控制模态结构配置 … 123
　　　4.6.2 航向协调控制的动特性响应 … 124
　思考题 … 125

第5章 直升机自动飞行控制系统 … 126

5.1 直升机自动飞行控制一般结构 … 126
5.2 各类自动飞行模态一般控制律 … 128
　　　5.2.1 三轴姿态保持模态 … 128
　　　5.2.2 空速保持模态 … 128
　　　5.2.3 地速保持模态 … 128
　　　5.2.4 自动悬停模态 … 129
　　　5.2.5 气压高度保持模态 … 129
　　　5.2.6 航向保持模态 … 130
　　　5.2.7 自动区域导航模态 … 130
　　　5.2.8 对目标的自动航向修正模态 … 131
　　　5.2.9 垂直速度保持模态 … 131
　　　5.2.10 自动飞行控制系统结构 … 131
5.3 基于 MFCS 的自动飞行模态设计 … 132
　　　5.3.1 外回路结构配置 … 133
　　　5.3.2 传递矩阵 T 的确定 … 133
　　　5.3.3 中回路 $FCS|_{u,v,h,\psi}$ 控制律设计 … 135
　　　5.3.4 $FCS|_{u,v,h,\psi}$ 性能验证及分析 … 136
　　　5.3.5 $FCS|_{u,v,h,\psi}$ 抗气流扰动特性 … 137
5.4 直升机自动过渡飞行控制系统设计 … 139
　　　5.4.1 高度的自动过渡 … 139
　　　5.4.2 前向速度的自动过渡 … 140

  5.4.3 按指数规律拉平 ································· 141
  5.4.4 自动过渡的高度与速度控制系统 ···················· 141
  5.4.5 自动过渡控制系统的性能 ·························· 144
 5.5 直升机旋翼转速自动控制方法 ···························· 144
 思考题 ··· 147

第6章 直升机现代飞行控制技术 ·································· 148
 6.1 引言 ··· 148
 6.2 高增益控制阵解耦的显模型跟踪控制系统设计 ················ 148
  6.2.1 高增益显模型跟踪系统 ···························· 149
  6.2.2 控制阵解耦的内回路结构 ·························· 149
  6.2.3 设计举例 ······································· 151
  6.2.4 数字仿真验证 ··································· 153
  6.2.5 中回路设计 ····································· 154
 6.3 隐模型解耦控制系统设计 ································ 156
  6.3.1 引言 ··· 156
  6.3.2 隐模型解耦控制的结构配置 ························ 157
  6.3.3 状态反馈阵和前馈补偿阵的设计 ···················· 158
  6.3.4 内回路设计的仿真验证 ···························· 163
  6.3.5 隐模型解耦控制中回路设计 ························ 165
 6.4 H_∞回路成形控制设计 ································ 165
  6.4.1 H_∞回路成形控制的基本结构配置及设计方法 ········ 165
  6.4.2 内回路的设计指标 ································ 167
  6.4.3 中回路设计技术 ·································· 169
  6.4.4 H_∞回路成形内回路设计举例 ······················ 172
 6.5 基于显模型的飞行轨迹制导系统设计 ······················ 179
  6.5.1 控制器设计 ····································· 179
  6.5.2 仿真与分析 ····································· 181
 思考题 ··· 185

第7章 直升机轨迹生成与制导 ···································· 186
 7.1 引言 ··· 186
 7.2 制导系统的一般结构 ···································· 186
 7.3 直升机舰上起飞过程及轨迹生成 ·························· 188
  7.3.1 Z_E轴的轨迹生成 ································· 189
  7.3.2 X_E轴的轨迹生成 ································· 190
 7.4 直升机着舰过程及轨迹生成 ······························ 192
  7.4.1 返航进场阶段轨迹生成 ···························· 192
  7.4.2 降落段轨迹设计 ·································· 197
 7.5 直升机起降自主飞行的仿真验证 ·························· 200
  7.5.1 LQR显模型飞控系统设计 ·························· 201

  7.5.2 自主起飞轨迹跟踪仿真 203
  7.5.3 返航进场段轨迹跟踪仿真 203
  7.5.4 着舰降落段轨迹跟踪仿真 203
 思考题 205

第8章 无人直升机进场着舰轨迹制导系统 206
8.1 无人直升机三维基准轨迹的生成 206
  8.1.1 直升机及舰在不同坐标系中的运动轨迹 206
  8.1.2 无人直升机三维期望基准轨迹表达式 208
  8.1.3 基于着舰点的三维期望轨迹的生成 209
8.2 无人直升机进场着舰三维制导系统结构 210
 思考题 213

第9章 直升机光传操纵系统 214
9.1 光传飞行控制系统概述 214
  9.1.1 光传操纵系统发展及研究现状 214
  9.1.2 光传操纵系统总体配置 222
9.2 光传操纵系统的关键技术 224
  9.2.1 光传操纵系统的关键组件 224
  9.2.2 光纤数据总线技术 229
  9.2.3 光传余度技术 233
9.3 光纤多路复用技术 245
  9.3.1 空分复用 245
  9.3.2 时分复用 248
  9.3.3 波分复用 249
  9.3.4 时分波分联合复用 251
9.4 直升机上的光传操纵系统 252
  9.4.1 直升机光传操纵系统结构配置 252
  9.4.2 直升机显模型光传操纵系统验证 253
 思考题 256

附录A 某型无人直升机小扰动线性化数学模型 257
附录B UH-60直升机动力学模型 259
附录C 某10kg级模型直升机非线性全量数学模型 264
参考文献 270

第1章 直升机的基本工作原理

1.1 绪　言

1.1.1 直升机发展概况

1946年3月8日,美国贝尔-47直升机获得航空适航证,揭开了直升机使用史的第一页。在以后的几十年里,由于直升机不需要跑道便能起降及具有悬停等功能,得到了十分广泛的应用,以每年10%的速度迅速增长。

直升机按技术的发展可分为4代。

第一代直升机:从20世纪30年代末第一架可以正式飞行的直升机问世至60年代初期,是第一代直升机发展阶段。主要技术特征是:安装活塞式发动机;金属/木质混合式旋翼桨叶;机体为由钢管焊接成的双架式或铝合金半硬壳式结构;装有简易的仪表和电子设备。典型的机型如苏联的米-4和美国的贝尔-47等直升机。

第二代直升机:从20世纪60年代初到70年代中期,发展了第二代直升机。主要技术特征是:安装了第一代的涡轮轴式发动机;全金属桨叶与金属铰接式桨毂构成的旋翼;机体主要仍为铝合金半硬壳结构;开始采用最初的集成微电子设备。典型的机型有苏联的米-8、法国的"超级黄蜂"等直升机。

特别应指出的是,这一时期直升机发展的一个显著特点是军用带动民用。为了适应未来陆、海、空、天、磁多维战争的需要,陆军向空天化方向发展,产生了以武装直升机为作战主体的陆军航空兵,让陆军插上了翅膀。

武装直升机是1960年由贝尔直升机公司开始研制的,至1965年9月,美国军方编号为AH-1的"超眼镜蛇"专用直升机诞生,且参加了1967年的越南战争及1991年的海湾战争。该武装直升机已可全天候昼夜作战,有自主能力,最大起飞重量达到了6697kg,最大飞行速度达227km/h,可续航2.5h,如图1-1(a)所示。

第三代直升机:从20世纪70年代中期至80年代末,属于第三代直升机发展时期。主要技术特征是:安装第二代涡轮轴发动机;全复合材料桨叶及带有弹性元件的桨毂构成的旋翼;机体结构部分使用复合材料;采用大规模集成电路的电子设备和较先进的飞行控制系统。

典型的机型有以下几种:

(1)法国的"海豚"轻型直升机,如图1-1(b)所示,主要用于战术空运及战场救护等。主要战术技术性能:机长13.46m,机宽2.03m,机高4.01m,空重1975kg,最大起飞重量3400kg,最大飞行速度315km/h,巡航速度280km/h,升限4575m,航程870km;动力装置为两台涡轮轴发动机,最大功率2×710轴马力;可运送8~10名士兵或内载1836kg货物或外挂1700kg货物。

主要特点：采用了大量复合材料；涵道式尾桨提高了安全性；起落架为前三点可收放式。

(2) 英国与法国共同研制的装有两台涡轮轴发动机的"山猫"多用途直升机，如图1-1(c)所示。最大起飞重量为5125kg，平飞速度为289km/h，续航时间为2h57min。

(3) 美国的西科斯基公司研制的双发动机单旋翼具有战斗、突击、运输功能的UH-60"黑鹰"直升机，如图1-1(d)所示。起飞重量可达11113kg，最大飞行速度为361km/h，飞行高度5790m，飞行航程2222km，续航时间2h18min。

(4) 美国波音直升机公司的AH-64"阿帕奇"先进攻击直升机，如图1-1(e)所示。起飞重量为10107kg，飞行速度365km/h，升限为3800m，续航3h。在海湾战争中被称为"坦克杀手"，参战315架，击毁3000多辆坦克，2000多辆战车。

第四代直升机：从20世纪90年代以来，直升机技术发展进入第四代，也是当今最先进的一代。主要技术特征包括：安装第三代涡轴发动机；装有进一步优化设计的翼型、桨尖和先进的复合材料旋翼，无轴承或弹性铰式等新型桨毂；机体结构大部分或全部使用复合材料，操纵系统改为电传；机载电子设备采用数据总线、综合显示和任务管理；采用先进的飞行控制及通信导航系统。

典型的机型有美国的"科曼奇"直升机，如图1-1(f)所示。它是双座侦察攻击空战直升机，由美国波音、西科斯基两大公司联合研制，最大起飞重量7896kg，续航时间2.5h，最大平飞速度324km/h，航程可达2334km，被称为"空中隐身杀手"。

直升机发展的一大成就是美国研制出的V-22倾转旋翼机，如图1-1(g)所示。它的最大特点是将传统的涡桨式飞机与直升机融为一体。该直升机是由波音与贝尔两家直升机公司联合研制的，它可转动发动机的短舱，使直升机以不同形式飞行，当正转20°时，直升机可在不平路面上进行短距垂直起降；当发动机短舱处于水平位置时，直升机便成为一般的固定翼飞机，此时的飞行速度可达510km/h；它又是超重型直升机，最大起飞重量可达27.4t。V-22的出现不但对直升机界，对整个航空界都产生了深远的影响。V-22飞机上最先进的系统是三余度数字电传飞行控制系统，它与发动机全权限数字式控制系统完全结合在一起，采用了三套双重主飞行控制计算机，以及三套单故障工作具有控制增稳功能的自动飞行控制计算机，且装有全球定位系统、多普勒导航系统及武装火控系统。

从1956年10月16日中国直升机工业正式建立至今，60多年来，我国直升机工业从引进苏联米格设计局的米-4直升机生产专利起步，经历了仿制起步、探索研制、自主研发和跨越发展等阶段，取得了举世瞩目的成就。特别是20世纪80年代之后，我国直升机工业认真总结了历史的经验教训，系统地提出了中国直升机型号研制和发展的规划。20世纪80年代初，我国引进了属于当时最新水平的法国原宇航公司的SA365N/N1型（"海豚"）直升机生产专利，并加大直-8大型直升机研制力度。20世纪90年代初开始了直-11轻型多用途直升机的研制，这3种型号成为我国直升机三大主流型号，构建了我国直升机产品的基本框架。近年来，为了适应国家国防建设和国民经济建设的需要，在直-8、直-9和直-11这3个型号的基础上，积极开展国际合作，新的改进改型直升机不断投入市场，我国直升机事业呈现出一片欣欣向荣的局面。

我国直升机的主要型号包括以下几种：

(1) 直-5(Z-5)直升机。直-5是我国制造的第一种多用途直升机，也是新中国直升机科研应用的开端，原型为苏联米-4直升机。

直-5可用于物资、人员输送，救生，边境巡逻。1980年停产。

直-5采用一台活塞-7气冷星形14缸发动机，功率1250kW。主螺旋桨直径为21m，长为16.8m，高为4.4m。起落架为固定四点式，前起落架横向轮距1.53m，主起落架横向轮距3.82m，前主轮距3.79m。机舱体积达16m³，一个侧舱门，一个蚌式后舱门。一次可运载11名全副武装的士兵，或8个伤员担架和1名医务人员。发动机舱位于机头，通过传动轴驱动机舱顶部的主旋翼和尾部的尾桨。驾驶舱位于机头前上部，两人机组，两人均可独立完成飞行操纵。可装载1.2t货物，吊运时可运载1.35t。

(2) 直-8(Z-8)直升机。早在20世纪60年代中期，我国在研制轻型和中型直升机产品的同时，已开始考虑研制重型直升机。我国于70年代末购进了14架法国航宇工业公司研制的SA321"超级黄蜂"大型多用途直升机。随后，我国开始在"超级黄蜂"的基础上仿制直-8。

1976年开始直-8研制工作，首架原型机于1985年12月首飞，1989年11月通过国家技术鉴定，1994年12月设计定型。

直-8采用了常规的直升机总体布局，单旋翼带尾桨。旋翼为6片矩形全金属桨叶，桨毂铰接式，装有挥舞铰、轴向铰和带液压减震的摆向铰。位于尾翼顶端的尾桨共5片。为适应水上用途，采用船形机身和水密舱，两侧有固定水陆两用短翼浮筒，可以进行水上起降。在陆上采用不可收放前三点式起落架。直-8采用3台涡轴-6型发动机，单台最大起飞功率1128kW。

直-8可载运27名全副武装的士兵，航程可达到700km，最大载重情况下可载运39人；或装载3000kg货物飞行500km。用于救护时直-8舱内可载15名伤病员及担架，以及1名医护人员。执行搜索救援时，机上可装备1台液压救生绞车和两只救生艇，可在陆地和海上执行救援任务。

直-8除了可作为可靠的舰载直升机外，还可用于人员运输、地质勘探、航空测绘、建筑施工、森林防火、边防巡逻、通信联络指挥等民用用途。

(3) 直-9(Z-9)直升机。直-9轻型多用途直升机是由哈尔滨飞机制造公司引进法国专利研制生产的。用于人员运输、近海支援、海上救护、空中摄影、海上巡逻、鱼群观测、护林防火等，并可作为舰载机使用。军事用途包括侦察、近距火力支援、反坦克、搜索救护、反潜、侦察校炮及通信。

直-9采用普通旋翼加涵道风扇尾桨的布局。其旋翼系统由4片复合材料桨叶和星形柔性旋翼桨毂组成。涵道风扇尾桨由一个桨毂和13片模锻的轻合金桨叶组成。旋翼桨叶和尾桨桨叶均具有无限寿命。在尾梁的两侧装有平尾，平尾两端各有一块垂直端板，以提高飞行方向上的稳定性。起落架为可收放的前三点轮式起落架。前起落架为双轮，自动定向，可向后收入机身。主起落架为单轮，可向后内侧收入机身。

涵道尾桨是"海豚"直升机的一大特色，优点在于尾桨占用空间小，气动力效率高，尾桨不易为外物所伤。而且由于涵道尾桨空气阻力小，因此"海豚"的速度比普通直升机要快。涵道尾桨的缺点是比传统普通尾桨重量大、结构复杂、维护较烦琐。

直-9的动力装置采用2台涡轴-8甲发动机,单台功率522kW。主要机载设备包括甚高频和高频通信/导航设备、甚高频全向信标、仪表着陆系统、无线电罗盘、应答机、测距设备、雷达和自主式导航系统。直-9C舰载型是以直-9为基础改进的,1987年12月成功实现舰上起降。

(4) 武直-10(WZ-10)直升机。WZ-10为发展自Z-9B的中型专用武装直升机,全机净重约5543kg。其具有地形跟随与回避能力,可消灭包括敌方地面固定和机动有生力量,并兼具一定的空战能力。WZ-10直升机全长约14.15m(桨叶转动时),高约3.84m,最宽处(包括短机翼)约4.35 m,采用国际流行的纵列式座舱布局,窄机身,后三点式防冲撞起落架。主桨由4片全复合材料桨叶构成,直径约为12m,尾桨为11片弹性玻璃纤维宽叶。动力装置采用两台欧洲MTR制造的MTR390涡轴发动机。航电设备采用国产和法制数字化系统。座舱内前后都有平显(HUD)和多功能数字显示器(MFD)。

(5) 直-11(Z-11)直升机。Z-11是中国自行设计与制造的轻型多用途军民两用直升机,1994年12月实现首飞,1997年开始交付使用。Z-11主要用于教练、通信、救护、侦察、护林和旅游等。

Z-11直升机全长13.012m,高3.14m,空重1120kg,最大起飞重量2200kg。动力装置为一台WZ-8D型涡轴发动机,最大连续功率450kW,巡航功率350kW。最大速度278km/h,最优巡航速度220km/h,最大倾斜爬升率9.5m/s,航程560km,续航时间3.7h,有地效悬停升限不低于3700m,无地效悬停升限不低于2930m。

该机为单旋翼尾桨式布局,旋翼为3片复合材料桨叶,尾桨为2片桨叶,滑橇式固定起落架。教练型正副驾驶员各1名,后座可载4名成员,也可单人驾驶。

(6) EC-120直升机。该机是由中国哈尔滨飞机工业集团与法国欧洲直升机公司、新加坡科技宇航公司按照共同投资、共担风险、共享利益的原则联合开发研制的。EC-120直升机通过了法国DGAC及美国、英国和欧洲适航当局等近30个国家和地区的适航认证。EC-120直升机是具有21世纪领先水平的新一代轻型5座直升机,与世界同类直升机相比,具有性能优良、机动性好、有效载荷大、振动水平低等特点,是一种以民为主、军民通用的多用途轻型直升机。EC-120直升机适用于载客和公务运输、新闻采集、外挂运输、农业喷洒、电力巡线、治安巡逻、航空医疗运输、观测、联络、培训等多种用途。

EC-120直升机凭借良好的起降性、机动性、通用性也成为我陆军航空兵新一代直升机教练机的首选机型。它的投入使用,满足了陆军航空兵飞行学员教学训练需要,将对缩短飞行人员培训周期、提高训练质量、提高陆航部队战斗力发挥重要作用。

该直升机的旋翼系统采用球柔性桨毂3片桨叶旋翼,2级减速齿轮传动装置;采用8片桨叶的涵道尾桨。旋翼额定转速为406r/min,尾桨转速为4567r/min。安装了滑橇式起落架。旋翼桨叶、尾桨桨叶、滑橇式起落架及大部分机身均为复合材料结构,中部机身为金属结构。球柔性桨毂和旋翼轴由复合材料成套件构成。装有抗坠毁座椅和燃油系统。EC-120选装一台透博梅卡公司TM319"阿赫耶"2F涡轮轴发动机,单台功率为376kW,传动功率为330kW。

(7) AC-313直升机。AC-313直升机是由中航工业直升机研究所和中航工业昌飞公司共同研制的,是我国完全按照适航条例规定的要求和程序进行研制的首架大型运输直升机,也是我国目前自行研制生产的唯一大型直升机,填补了我国大型民用直升机生产的空白。该机采用优化的机体气动外形、先进的旋翼桨叶翼型和配置,旋翼悬停效率高,具有优良的尾桨抗侧风能力。突破了我国大型运输直升机飞行性能限制瓶颈技术,具备了高原飞行能力,满足了山区复杂地区对直升机飞行性能的苛刻要求。

AC-313直升机是典型的单旋翼带尾桨直升机,并列双驾驶构型,配装3台涡轴发动机,具有前三点不可收放式起落装置。AC-313直升机以复合材料球柔性旋翼系统、发动机全权限数字化电子调节控制、大面积复合材料结构、综合化航电系统、数字化设计制造和最新适航安全性标准等为标志,整机性能达到国际第三代直升机水平。突破的关键技术主要有:传动系统满足30min的"干运转"安全性要求;燃油系统和机体结构满足抗坠毁及雷击安全性要求;驾驶员和乘员座椅通过抗坠毁动态安全测试;机体结构、操纵系统及旋翼系统满足鸟撞安全性要求;机载设备满足雷击和高强辐射场防护设计要求;座舱布局满足乘员应急撤离安全性要求;旋翼和复合材料结构满足基于损伤容限疲劳评定要求;机械系统满足高能转子破裂防护设计要求。

AC-313主要有以下7个特点:

① 安全性高。装有3台发动机,在一台发动机失效的情况下可以继续飞行,在两台发动机失效的情况下可以就近着陆,大大提高了机上人员的生存概率。

② 三防性能佳。严格按照防盐雾、防湿热、防霉菌标准设计,适合在海洋气候条件和其他恶劣环境下使用。

③ 空间大。客舱内有效容积23.5m^3,高1.83m,普通人能在其中直立行走。装配了舒适的航空座椅和内饰。

④ 运载能力强。用于货物运输时,舱内最多可载货4t,或外部吊运5t。用于人员运输时,最多可载乘员27名,或运送15副担架和1名医务人员座椅及工作台。舱内可选装手动或电动绞车,地板上留有系留装置,可方便装卸和固定货物。

⑤ 航程长。机内油箱满油最大航程900km,携带3个转场油箱时,转场航程可增加到1400km以上。

⑥ 操纵性能优。操纵系统设计巧妙,总距及纵横向操纵联动,辅以4轴自动驾驶仪,操作负荷小,飞行品质佳。

⑦ 适用范围广。可在-40~+50℃温度范围内正常使用,最大飞行高度可达6000m,能在海拔4500m的机场起降。

1.1.2 直升机的分类

1. 按用途划分

1) 军用直升机

包括武装、运输、战斗勤务三大类。

(1) 武装直升机:机上有武器系统,用于攻击地面、水面(或水下)及空中目标,也称为攻击直升机或战斗直升机(Attack Helicopter, Combat Helicopter)。现代武装直升机机载武器系统通常包括反坦克(装甲)导弹、反舰导弹、空空导弹、航炮、火箭及机枪等。

(2) 运输直升机:运送作战人员、武器装备及各种军用物资、器材等任务。这类直升机可有大小不等的运载能力,重型直升机可吊运大型武器装备或物资。

(3) 战斗勤务直升机：用于执行各种特定作战勤务，例如执行侦察、通信、指挥、电子对抗、校射、救护、营救、布雷、扫雷、中继制导和教练等不同任务。配备有完成特定使命的机载任务设备。

2) 民用直升机

民用直升机在国民经济建设和公共事务方面具有广泛用途，以执行运输任务为主，能担负多种多样的空中作业，按用途可分为以下几类。

(1) 通用运输直升机：既可内装或外吊物资，也可用于人员运输（有折叠或快速拆装座椅），必要时亦可安装担架用于救护，或用绞车对遇险人员进行营救。能实施多种空中特种作业，如空中摄影、摄像和转播，护林灭火等。

(2) 旅客运输直升机：机舱内设有较舒适的座椅及隔音、减振和其他所需设施，专用于旅客运输。

(3) 公共服务直升机：安装任务所需设备(设施)，服务于各种公共事业，例如公安执法、巡逻、观察、环保取样、消防救火、医疗救护、抢险救灾等。

(4) 特种作业直升机：机上装有任务所需的设备(设施)，专门执行各种空中特种作业，例如地球物理勘探，铺设高压输电线路或石油、天然气管路巡检和维护，农业施肥或喷洒农药，牲畜放牧，渔业应用等。

(5) 起重直升机：这类直升机具有很强的外部吊运能力，视起飞重量的大小，可吊起数吨或十余吨重的物资。可用于建筑、大型设备安装、原木运输等。

(6) 教练直升机：用于民用飞行人员和私人驾驶员的训练。

2. 按结构形式划分

(1) 单旋翼机械驱动式：这是当今最流行的一种结构，它不仅有旋翼，还有尾桨以平衡旋翼旋转产生的反扭矩，典型机型如图1-1(a)~(f)所示。

(2) 共轴双旋翼式：两旋翼共轴，旋转方向相反，相互抵消反扭矩。典型机型如图1-1(h)所示的俄罗斯的卡-50双发共轴武装直升机和如图1-1(i)所示的X-2高速直升机。

(3) 纵列双旋翼式：两旋翼前后排列，旋转方向相反，相互抵消反扭矩。典型机型如图1-1(j)所示的CH-47重型运输直升机。

(4) 横列双旋翼式：两旋翼左右横向排列，旋转方向相反，相互抵消反扭矩。典型机型如图1-1(k)所示的俄罗斯的卡-22横列式直升机。

(a)

(b)

(c)

(d)

(e)

(f)

(g)

(h)

(i)

(j)

(k)

(l)

图 1-1　直升机的主要类型

(a) AH-1W 武装直升机；(b) "海豚"轻型直升机；(c) "山猫"多用途直升机；
(d) UH-60"黑鹰"直升机；(e) AH-64A"阿帕奇"直升机；(f) RAH-66"科曼奇"直升机；
(g) V-22"鱼鹰"倾转翼多用途直升机；(h) 卡-50 双发共轴双旋翼武装直升机；(i) X-2 高速直升机；
(j) CH-47 纵列双旋翼全天候重型运输机；(k) 卡-22 横列双旋翼直升机；(l) 四旋翼直升机。

(5) 旋翼换向式：起飞时为横列式双旋翼，起飞后旋翼轴相对机体倾转，使直升机前飞。如同普通的固定翼飞机，靠机翼产生升力，靠旋翼产生前向力。典型机型如图 1-1(g) 所示的 V-22 直升机。

(6) 多旋翼式：具有两个以上的旋翼(一般为偶数)，共同产生升力，靠对称旋翼反转抵消反扭矩，靠旋翼间的升力差进行俯仰、滚转等飞行操作。典型机型为四旋翼、六旋翼和八旋翼等，如图 1-1(l) 所示。多旋翼直升机具有稳定性好、易操纵等优点，应用前景广阔。

3. 按起飞重量划分

同其他飞行器一样，重量问题是直升机研制、生产和使用中令人非常关注的问题。按重量对直升机分类，具有技术、经济、使用等多方面的内涵。在武装、运输和战斗勤务三大类直升机中，人们尤其重视运输直升机的吨位(起飞总重)、空机重量、有效载重、客(货)

舱容积、外吊能力、航程及续航时间等。

按最大起飞重量可将直升机大致分为小型、轻型、中型、大型和重型。

（1）小型直升机：最大起飞重量 2t 以下的直升机。

（2）轻型直升机：最大起飞重量 2~4t 的直升机。

（3）中型直升机：最大起飞重量 4~10t 的直升机。

（4）大型直升机：最大起飞重量 10~20t 的直升机。

（5）重型直升机：最大起飞重量大于 20t 的直升机。

4. 按其他方法划分

从研制或使用的需要出发，有时也用其他方法来区分不同的直升机。例如按安装发动机的数量，可分为单发、双发或多发（装 3 台以上）直升机。按驾驶员座位区分，可分为单驾驶或双驾驶，按座位排列方式不同还有横列式或纵列式之分。

按允许的起降场地不同可分为：只能在陆地起降的陆用直升机（大部分直升机属于这一类）；可在陆地及水面起降的水陆两用直升机；以军舰或船只为起降基地的舰（船）载直升机。

随着现代战场对军用直升机提出的隐身要求，降低直升机的雷达散射面积、红外辐射强度显得尤为重要，因而直升机以隐身能力的不同，又可区分为隐身、准隐身或非隐身直升机。

随着电子技术的发展，出现了可以按照一定程序自动飞行或由地面（或他机）进行遥控的直升机，因为这种直升机往往没有飞行员。因而，又可分为有人驾驶直升机和无人驾驶直升机。

1.1.3　直升机的控制

直升机有其独特的优点，能够垂直起落，不需要机场跑道，能够空中悬停便于观察和救护，能够任意方向飞行（前飞、侧飞、后飞等），机动灵活。但直升机也存在自身的缺点，如载重较小、经济性低、振动较大、舒适性差、操纵困难、稳定性差等。

直升机作为控制对象，与固定翼飞机相比具有更复杂的气动特性。如果把固定翼飞机看成六自由度的运动体，那么对直升机而言，还必须考虑旋翼和尾桨相对于机身的转动，桨叶相对于铰链接头的转动等。除此之外，直升机本身还有一系列的特殊飞行状态，例如悬停、垂直起落、自旋等，这就造成了直升机飞行控制的如下特点。

（1）3 种操纵装置完成对直升机 4 个通道的控制。

① 驾驶杆：用来改变旋翼倾斜度。前后推拉驾驶杆，使自动倾斜器带动旋翼锥体前后倾斜，以改变俯仰角并实现纵向速度控制。驾驶杆左右操纵，使自动倾斜器带动旋翼锥体左右倾斜，以改变横滚角，实现侧向速度控制。

② 脚蹬：由尾桨拉力形成的力矩平衡旋翼反作用力矩，保证航向稳定。改变尾桨总桨距使拉力变化，实现机头转向控制。

③ 总距油门杆：提放总距杆及调节油门杆，完成旋翼总桨距大小和发动机功率的交联控制，以实现直升机的高度控制，及对发动机输出功率的协调。

由此可知，若用飞行控制系统来代替驾驶员的操纵，则由 5 个通道组成，即俯仰通道、横滚通道、航向通道、高度通道及发动机油门自动控制通道。为了提高直升机对旋翼迎角的稳定性，在某些直升机上采用可调节的水平安定面，其面积为 0.2%~0.5% 桨盘面积。当总桨距提升时（桨距—油门向上），水平安定面安装角加大，其作用是增加控制量储备，以便在不同飞行状态下保持平衡。

（2）由于直升机气动特性的不稳定，对电子反馈的依赖性比固定翼飞机大得多。目前世界上所有直升机的气动特性都是不稳定的，不稳定的程度与直升机结构和飞行状态密切相关。不稳定的程度主要表现在纵向运动，其数学模型的特征根出现一对正实部的复根，表现为长周期运动不稳定，例如，纵向发散振荡周期约 15s，倍幅时间为 3~5s。直升机的不稳定性在低速飞行及悬停状态更为明显，而这正是直升机的主要飞行状态。若这种不稳定的发散靠驾驶员操纵来纠正，则要求直升机的不稳定运动周期不得小于一定数值，使驾驶员来得及通过驾驶杆加以抑制。这种要求正确无误的操作增加了驾驶负担，加大了驾驶难度，特别是当飞行时间较长，进行全天候夜间飞行，或驾驶员肩负侦察、对地攻击、空对空作战等任务情况下，更使驾驶员难以兼顾。因此，目前高性能直升机都装有增稳与控制增稳系统，这已成为直升机飞行控制系统不可缺少的组成部分，而且从起飞到着陆的整个过程中均需接通。

（3）直升机各控制通道之间存在着严重的气动耦合。由于直升机与固定翼飞机相比有着更复杂的气动特征与更特殊的飞行状态，因此 4 个控制通道间存在着很强的轴间耦合，在悬停状态时更是如此。人工驾驶时必须由驾驶员进行复杂、紧张的控制协调，其驾驶难度比一般的飞机大得多。纵向与横向、总距与纵向、总距与航向之间的交叉耦合已成为影响直升机操纵品质的主要因素，因此解耦设计已成为直升机控制界普遍关注的研究课题。从 20 世纪 70 年代开始，学者们已不断发表直升机解耦技术的文章。例如，汉密尔顿公司首先在"黑鹰"直升机上采用具有解耦效果的飞行控制系统，使总距单纯地成为高度控制的手段，而不会影响其他通道。在 20 世纪 80 年代中期，美国陆军与 DFVLR 共同制定了直升机显模型跟踪自适应解耦控制研究计划，其设计思想是将电子显模型设计成四通道线性理想解耦动力学模型，然后设计一个合适的控制律，使直升机强迫跟踪显模型，以达到解耦效果。美国与联邦德国对上述解耦方案进行了联合仿真试验，飞行性能与操纵品质均得到明显的改善，极大地减轻了驾驶员的负担。目前已在先进武装直升机 UH-60A（"黑鹰"）、AH-64（"阿帕奇"）等多种直升机中推广使用。

（4）直升机控制领域在寻求数字化方面已展开了激烈的竞争。西方各大直升机生产公司的飞行增稳系统往往是模拟式的，而数字技术一般仅用于较高级别的功能。例如构成飞行轨迹控制的飞行耦合器采用数字式，以提供战术导航、搜索、反潜、空中指挥、自动悬停及自动着陆等功能。法国 SFIM 公司的"海豚"-2、美国路易斯·纽马克公司的贝尔-212 均采用这种半数字式的过渡方案。美国斯派雷公司推出的 SPZ-7000 是双余度全数字四轴自动飞行控制系统，它安装在 8~10 座的民用直升机贝尔-222 上。另外，波音公司与贝尔公司联合研制的 V-22 倾转旋翼机上采用了三余度数字电传系统。除美国以外，正在研制直升机数字式驾驶仪的还有英国的史密斯和阿古特公司，以及法国的 SFIM 公司。英国史密斯公司数字式自动驾驶仪安装于英国与加拿大联合研制的 EH-101 第二代各种型别的武装直升机上。该系统为双重—双重余度结构，即具有两个相同的飞控计算机，每个计算机又由 4 个微处理机组成。每种微处理机程序分别由英国和意大利的两个独立小组编写，以免发生相似性故障。法国的 SFIM 公司正在研制的 165 型数字式自动驾驶仪将安装在"超级美洲豹"直升机上,其也是一种故障—工作式的双重—双重余度系统。

由此可见,世界各国正在以不同方式寻找直升机飞行控制系统数字化,并展开了激烈的竞争。

(5) 直升机自动飞行控制系统向着多功能、综合化方向发展。目前执行反潜、预警、战场监视、特种部队增援和侦察任务的军用直升机及近海飞行的民用直升机都装有自动飞行控制系统。例如法国的 SFENA 公司制造的 Helistab 飞行控制系统,它具有姿态保持、航向保持、自动配平、航向捕获、协调转弯、高度保持、速度保持、多普勒悬停、自动偏航等功能。目前该公司又研制成功了数字式航迹控制器及导航耦合器,从而构成了 AFDS95 自动飞行控制系统。此后,斯派雷公司的 Helipilot 飞行控制系统也加装了 SPZ7000 数字航迹控制器。目前这些多功能飞行控制系统越来越多地与发动机控制、战术机动导航与武器投放系统综合起来。由英国与加拿大联合研制的 EH-101 武装直升机还将电子仪表系统、飞行自动控制系统与飞行管理系统综合起来,走向了更高层次的综合化。

1.1.4 主动控制技术在直升机控制中的应用

为适应现代化战争的需要,武装直升机的飞行控制技术正向着扩大飞行功能,提高系统工作的可靠性、生存性,减轻驾驶员工作负担方向发展。实现上述目标最有效的途径是采用以电传操纵技术为基础的主动控制技术。直升机的主动控制主要反映在以下几个方面。

1. 放宽纵向静稳定性(Relaxed Longitudinal Static Stability,RLSS)技术

直升机的前飞低速静稳定一直是比较难解决的问题。过去为了保证静稳定,采用了大的尾翼(安定面),这样低速飞行时当主旋翼下洗流冲击到安定面时,使配平受到破坏,同时由于安定面受到主旋翼的脉动旋涡,因此还会引起直升机的振动。另外直升机的操纵与配平一般可以不靠水平安定面,主旋翼本身可以提供全部操纵和大部分的配平任务,因此通过放宽静稳定度,可以减少甚至取消安定面,这对直升机的设计师特别有吸引力。若直升机的平尾完全去掉,则与此有关的一系列问题都将得到妥善解决,例如气流下洗问题、过低配平问题、后重心问题,以及平尾所诱发的振动问题,没有尾翼还可以省去尾部整流罩,以获得紧凑的结构设计。

2. 主动抑振技术

直升机的振动主要是由旋翼所引起的。直升机在前飞时流经旋翼的气流是不均匀的,在桨叶上引起交变的气动载荷,从而在桨毂上产生了振动力与力矩,最终引起机身振动,影响了乘坐品质。美国直升机规范中最初要求振动小于 $0.05g$,由于目前达不到,只好改为 $0.1g$。每项新的直升机发展计划都必须解决的最困难技术问题之一就是振动问题,如何进行振动控制是众多直升机公司研究的热门课题。目前,抑制振动的方法分主动与被动两种,被动方法是直升机产生振动后再进行处理,主动方法一般是采用高次谐波控制(Higher Harmonic Control,HHC)、独立桨叶控制(Individual Blade Control,IBC)、主动后缘襟翼控制(Actively Controlled trailing edge Flap,ACF)或结构响应主动控制(Active Control of Structural Response,ACSR)技术。其中,高次谐波控制技术较为成熟,其通过改变旋翼上的气动载荷,以减小引起振动的力和力矩,即使桨叶上对机身起激振作用的气动

载荷的谐波分量减到最小，就可大大减小振动。它实际上是一个实时自适应控制系统，由于采用了实时辨识，因此适用于所有的飞行状态，无须再采用不断调参的可变增益，是未来直升机振动抑制技术发展的趋势之一。

3. 阵风缓和与乘坐品质控制

由于直升机一般在气流扰动非常严重的低空飞行，因此必须采用主动控制技术，以抑制阵风扰动，改善乘坐品质。

4. 飞行/推力综合控制

1983年开始在直升机上进行验证飞行/推力综合控制。研究设计工作是由美国NASA的艾姆斯与路易斯研究中心会同美国的陆军技术研究所共同发起的。其长远目标是提高航迹控制的精度，扩大飞行包线，减轻驾驶员负担。目前已在UH-60直升机上进行了验证。

5. 电传(Fly By Wire, FBW)与光传(Fly By Light, FBL)操纵技术

电传或光传系统是一切主动控制技术实现的首要前提。1975年波音(伏托尔部分)公司首先在直升机上采用电传操纵系统，并在BV-347型直升机上进行了试飞，它是全电传的，无机械备份。1987年全数字式的三余度全权限电传操纵系统进行了试飞，是波音公司与贝尔公司联合研制的，应用在V-22倾转旋翼机上。除美国外，英国、法国、德国等国也研制了数字式电传操纵系统。

值得一提的是光传操纵已经在直升机上进行试飞。1984年波音(伏托尔部分)等9个公司共同完成了美国陆军提出的研制先进的数字式光传飞行控制系统的任务，并首先在UH-60A"黑鹰"直升机上进行试飞。光纤在飞机上的应用是航空界极为重视的课题，预计光纤将逐步取代铜导线，这是必然的趋势。由于光纤作为信号传输线可以抗电磁干扰、抗核辐射，这对采用复合材料作为蒙皮失去天然屏蔽作用的直升机更为重要。此外，光传系统传输信息量大，可传输更高频率的数据信息。采用光纤后，还可以减轻直升机重量，隔离通道间故障的影响。例如，UH-60A"黑鹰"直升机采用光传后，飞行控制系统重量减轻25%，整机重量减轻110kg。

1.2 直升机旋翼气动特性

1.2.1 直升机的组成

直升机属于旋翼飞行器，典型直升机结构如图1-2所示，主要由机身、发动机舱、旋翼、尾梁、尾桨、水平安定面、垂直安定面和起落架等几部分组成。其中，旋翼和尾桨标示了直升机的结构特点。

旋翼是一个单独的系统，也是直升机最重要的组成部分，它肩负着任何直升机飞行时所需的推进、负重和操控3种功能。旋翼是直升机的关键部件，其作用有以下几点：

(1) 产生向上的拉力克服重力，类似于固定翼飞机机翼的作用。

(2) 产生向前的水平分力使直升机前进，类似于固定翼飞机发动机的作用。

(3) 产生其他分力及力矩使直升机保持平衡或做机动飞行，类似于固定翼飞机操纵面的作用。

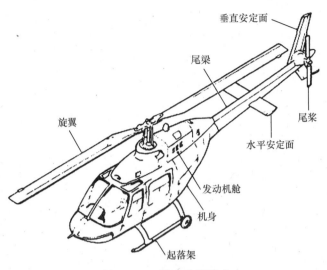

图 1-2 一般直升机组成

(4) 若发动机在空中发生事故停车,可及时操纵旋翼,使其像风车一样自转,产生一定的缓冲升力,保证安全着陆。

由此可见,在旋翼作用下,直升机可以实现垂直上升、下降、悬停、在任何方向上作水平飞行以及按任意航向飞行,进而构成了直升机的各种飞行模态,因此,旋翼是构成直升机主要飞行动力学的器件。下面首先论述旋翼系统的结构、类型、参数以及相关术语。

1.2.2 旋翼系统的结构

旋翼系统主要由桨叶和桨毂组成,桨叶是提供升力的重要部件(一般直升机旋翼由 2~6 片桨叶组成),桨毂的形式决定旋翼的类型。桨叶安装在桨毂上,发动机工作时桨叶与桨毂一起旋转。对铰接式旋翼而言,其原理结构如图 1-3(a)所示。

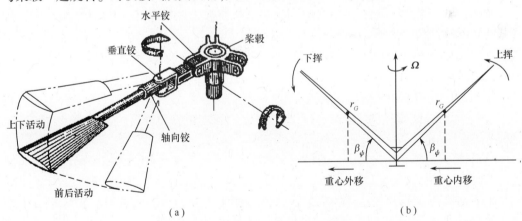

图 1-3 旋翼系统结构及所受科里奥利力
(a) 铰接式旋翼;(b) 桨叶的科里奥利力。

旋翼的数目和组成:旋翼的桨叶数目实际上依赖于直升机的尺寸和所需的飞行高度,它们是与固定翼飞行器的机翼面积、机翼载荷和机翼性能相当的。当发动机出现故障时,旋翼系统包含自由轮设备,允许旋翼自由旋转。

桨毂包含水平、垂直和轴向3个铰。水平铰、垂直铰和轴向铰也分别称为挥舞铰、摆振铰和变距铰,是旋翼的关键部件,其作用如下:

(1) 水平铰的作用。在直升机前飞时,由于飞行速度的存在,使得旋翼前行桨叶的相对气流速度大于后行桨叶的相对气流速度,从而使前行桨叶产生的拉力大于后行桨叶的拉力。在没有水平铰时,两侧桨叶拉力大小不等将构成滚转力矩使直升机滚转。有水平铰时,情况不同。前行桨叶拉力大,便绕水平铰向上挥舞;后行桨叶拉力小,便绕水平铰向下挥舞。这样不平衡的滚转力矩无法传到机身,从而避免了直升机在前飞中产生滚转。

(2) 垂直铰的作用。直升机前飞时,桨叶在绕轴转动时要绕水平铰挥舞,这就造成桨叶重心距旋翼轴的距离不断变化,如图1-3(b)所示,从而引起周期交变的科里奥利力(Coriolis Force),科里奥利加速度是科里奥利力的来源,科里奥利加速度是由于质点不仅作圆周运动,而且也作径向运动或周向运动所产生的。当旋翼旋转运动为匀角速度定轴运动时,科里奥利力的矢量表达式为

$$\boldsymbol{F}_{ge} = 2m_{ye}\boldsymbol{\Omega} \times \boldsymbol{V}_r \qquad (1-1)$$

式中:m_{ye} 为桨叶质量;$\boldsymbol{\Omega}$ 为旋翼旋转角速度;$\boldsymbol{V}_r$ 为桨叶重心对旋翼轴径向速度。

经研究表明,一片桨叶的科里奥利力的最大值高达桨叶自重的7倍以上。巨大的科里奥利力必然会在旋转面内造成很大的交变弯矩,如果无垂直铰,桨叶根部会因材料疲劳而损坏,如果传到机身,将引起机体振动加剧。有了垂直铰,桨叶绕垂直铰摆动一个角度,从而使桨叶根部所受的沿旋转方向的交变弯矩大大减小。

(3) 轴向铰的作用。通过操纵机构,可使桨叶绕轴向铰偏转,以改变桨距角的大小,从而改变桨叶的拉力。在旋翼旋转速度一定的情况下,桨距角大,拉力就大,反之则减小。

1.2.3 旋翼的类型

旋翼的类型大致分为铰接式、跷跷板式、无铰式、无轴承式4种,如图1-4所示。

(1) 铰接式旋翼(又称全铰接式旋翼)是通过桨毂上设置挥舞铰、摆振铰和变距铰使每片桨叶自由地进行挥舞、摆动和改变桨距。

(2) 跷跷板式旋翼通常是指没有单独的挥舞铰和摆振铰,仅安装跷跷板铰链,有挥舞和改变桨距的自由度。

(3) 无铰式旋翼没有挥舞和摆振铰链,只有变距铰。

(4) 无轴承式旋翼就是取消了挥舞铰、摆振铰和变距铰的旋翼,桨叶的挥舞、摆振和变距运动都是通过桨叶根部的柔性元件来完成。

全铰接式旋翼在摆振铰上一般带有桨毂减摆器(简称减摆器),为桨叶绕摆振铰的摆振运动提供阻尼,大大改善了桨叶的受力情况,延长了使用寿命。同时减摆器对于防止出现"地面共振",保证其有足够的稳定性裕度也是很必要的。因此全铰接式旋翼应用广泛,如"超黄蜂"和"云雀"-3等直升机都采用了全铰接式旋翼。

与全铰接式旋翼相比,跷跷板式旋翼的优点是桨毂构造简单,去掉了摆振铰、减摆器,两片桨叶共同的挥舞铰不负担离心力而只传递拉力及旋翼力矩,轴承负荷比较小,没有"地面共振"问题。但是,这种旋翼操纵功效和姿态角速度阻尼比较小,为了加大角速度阻尼,这种形式的旋翼都要带机械增稳装置——稳定杆。目前,还没有好的办法来改善操纵功效,因此对于机动性要求较高的直升机,上述缺点就显得很突出。

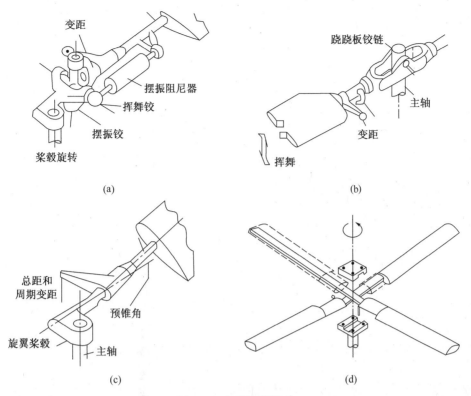

图 1-4　主要旋翼类型
(a)铰接式；(b)跷跷板式；(c)无铰式；(d)交叉梁无轴承式。

与铰接式旋翼相比，无铰式旋翼结构的力学特性与直升机飞行力学特性联系更为密切，这种形式的旋翼会产生一些新的气动力稳定性问题。

无铰式旋翼没有挥舞铰和摆振铰，却仍然保留了变距用的轴向铰，因此还不是真正的"无铰"。由于保留了承受很大力矩和离心力的变距铰，结构重量难以减轻，结构的简化也受到了限制。

无铰式旋翼的发展方向就是进一步取消变距铰，即采用无轴承铰。与一般无铰式旋翼相比，无轴承旋翼的重量可减轻。

1.2.4　旋翼基本参数

1. 旋翼直径 D 和半径 R

旋翼旋转时忽略挥舞，此时桨尖所划圆的直径就是旋翼直径 D，半径 $R=D/2$，任一桨叶剖面离桨毂中心的半径设为 r，铰外伸量为 e，其定义如图 1-5 所示。

2. 桨盘面积 A

旋翼旋转时忽略挥舞，桨叶所划圆的面积称为桨盘面积，如图 1-6 所示，用 A 来表示。

$$A = \pi R^2$$

桨盘面积的大小关系到产生旋翼拉力的大小，通常，旋翼拉力的大小与桨盘面积成正比。

3. 桨盘实度 σ

所有桨叶面积占桨盘面积的比值称为桨盘实度，也称为填充系数，用 σ 表示。

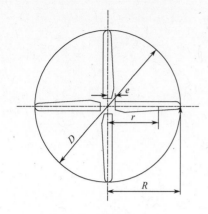
图1-5 旋翼基本参数

图1-6 桨盘面积图

$$\sigma = \frac{总桨叶面积}{桨盘面积} = \frac{A_b}{A} = \frac{b \cdot cR}{\pi R^2} = \frac{bc}{\pi R}$$

式中：b 为桨叶片数；c 为桨叶宽度。

上述计算式是对矩形桨叶而言的，直升机的填充系数一般为 0.03~0.12。

4. 旋翼转速 Ω

由于定义旋翼的转速为 $\Omega(\text{rad/s})$，因此桨尖速度为 $\Omega R(\text{m/s})$，桨叶各切面的圆周速度为 $\Omega r(\text{m/s})$。

1.2.5 旋翼基本空气动力特性

旋翼由几片形状相同的桨叶组成，旋翼的空气动力是建立在每片桨叶的空气动力基础上的，因此下面首先对桨叶的空气动力进行分析。

1. 垂直飞行时桨叶的气动特性

当直升机以速度 V 垂直上升，桨叶以角速度 Ω 旋转时，桨叶不同半径处的圆周速度为 Ωr，桨心处（$r=0$）无圆周速度，桨尖处的圆周速度为 ΩR。由图1-7可知，在某剖面段处桨叶剖面的相对合成气流 W 为 V 与 Ωr 的矢量和，由此可见不同 r 处，合成速度 W 大小与方向均是变化的，其中周向来流速度除了上升速度 V 外，还有诱导速度 v。

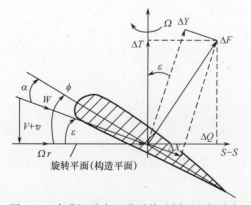
图1-7 直升机垂直上升时桨叶剖面空气动力

图中:桨叶安装角 φ 定义为翼弦与旋转平面之间的夹角;桨叶迎角 α 定义为相对来流速度 W 与翼弦之间的夹角,即使在悬停状态,由于诱导速度的存在,α 也不等于 φ。需要指出的是,φ 角的大小一般按线性规律随 r 的减小而逐渐增大,其原因是由于来流角 ε (相对来流速度 W 与旋转平面间夹角)随 r 的减小而增大。为了使不同旋转半径 r 处均有最佳迎角 α,故必须使安装角"扭转"。对于扭转的桨叶,为方便计算,一般取 70%R 处的安装角 φ 为桨叶安装角,并称该安装角为桨距。翼型升力 ΔY 垂直于此处相对气流 W,阻力 ΔX 与 W 方向一致,作用于翼型的升力计算式为

$$\Delta Y = C_{yx} \frac{1}{2} \rho W^2 S_{yx} \qquad (1-2)$$

式中:W 为翼型相对气流速度(m/s);C_{yx} 为翼型升力系数;$\frac{1}{2}\rho W^2$ 为翼型迎面动压(kg/m²),ρ 为大气密度;S_{yx} 为翼型表面积(m²)。

旋翼的阻力计算公式为

$$\Delta X = C_{x_{yx}} \frac{1}{2} \rho W^2 S_{yx} \qquad (1-3)$$

式中:$C_{x_{yx}}$ 为翼型阻力系数。

图 1-7 中气动合力 ΔF 为 ΔX 与 ΔY 的合成。桨叶拉力 ΔT 是 ΔF 垂直于构造平面的分力,ΔF 在旋转平面中的分力 ΔQ 称为翼型的旋转阻力。因此

$$\Delta T = \Delta Y \cos\varepsilon - \Delta X \sin\varepsilon \qquad (1-4)$$

$$\Delta Q = \Delta X \cos\varepsilon + \Delta Y \sin\varepsilon \qquad (1-5)$$

由式(1-4)可知,当来流角 ε 较小时(一般 ε<10°),多数翼型的拉力 ΔT=ΔY,建立在叶素理论基础上的多段桨叶剖面拉力的总和就是该桨叶的总拉力 T。因此一片桨叶的拉力可视作桨叶半径由 0 至 R 的积分,并考虑损失系数 K,$T_{jy} = K \int_0^R \mathrm{d}Y$。N 片桨叶的拉力则应该乘 N。

2. 直升机前飞时桨叶气动特性

当直升机前飞时,相对气流与旋转轴不平行,出现斜流,如图 1-8 所示。斜流的方向

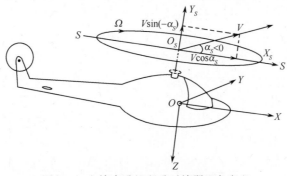

图 1-8　左旋直升机爬升时旋翼迎角定义

可在旋翼的构造轴系 O_S-$X_SY_SZ_S$ 中表示,构造轴系的 O_S 取桨毂中心,Y_S 取旋转轴方向,向上为正,X_S 在旋转平面内,其方向与直升机纵轴 OX 平行,Z_S 轴当旋翼左旋时,由左手定则决定,右旋时用右手定则决定,旋转平面以 S-S 表示。

相对气流 V 与构造平面之间的夹角称为旋翼迎角,以 α_S 表示,如图 1-8 所示。由图 1-8 可知直升机处于爬升状态时 $\alpha_S<0$,垂直上升时 $\alpha_S=-90°$,垂直下降时 $\alpha_S=90°$,平飞时一般 $\alpha_S=-5°\sim-10°$,即低头平飞。将 V 分解后可得沿 X_S 轴的速度分量为 $V_{XS}=V\cos\alpha_S$,沿旋转轴 Y_S 方向上的分量为 $V_{YS}=V\sin(-\alpha_S)$。

下面给出直升机两个重要物理系数的定义。

(1) 直升机的前进比 μ。它描述直升机平行于构造平面的速度 V_{XS} 相对于翼尖旋转速度 ΩR 的比值大小,即 $\mu=\dfrac{V\cos\alpha_S}{\Omega R}$。显然悬停时 $\mu=0$,而前飞速度越大(旋翼转速不变),μ 值越大,直升机最大的 μ 值一般为 0.4,故 $0\leq\mu\leq0.4$。

(2) 轴向来流速度系数 λ。轴向来流速度系数,也称流入比,其定义为 $\lambda=\dfrac{V\sin(-\alpha_S)+v}{\Omega R}$,其中 v 为诱导速度。

直升机前飞时,桨叶的气动特性可类似于垂直飞行时的状态进行描述。图 1-9 所示为前飞时作用于桨叶的周向来流速度及径向来流速度。

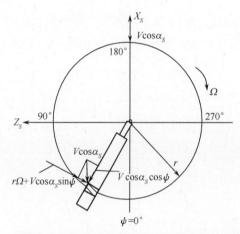

图 1-9 左旋直升机前飞时作用于桨叶的周向及径向来流速度

由图 1-9 可知,桨叶周向来流速度 $W_x=\Omega r+V\cos\alpha_S\sin\psi$;桨叶径向来流速度 $W_z=V\cos\alpha_S\cos\psi$。

由此可见,作为直升机空气动力重要因素的周向来流速度 W_x 与桨叶旋转的方位角 ψ 密切相关。以 X_S 的负方向作为方位角的起点 $\psi=0°$,从 $\psi=0°$ 至 180°半圆区域称前行桨叶区,从 $\psi=180°$ 至 360°半圆区域称后行桨叶区。图 1-10 所示为周向来流速度随方位角 ψ 呈正弦关系变化的曲线。当 $\psi=90°$ 时,$W_x=\Omega r+V\cos\alpha_S$,其值最大;$\psi=270°$ 时,$W_x=\Omega r-V\cos\alpha_S$,其值最小。对于左旋直升机,左半圆区域 W_x 较大,右半圆区域 W_x 较小,因而引起 W_x 左右不对称状态。图 1-11 所示为 $\psi=0°$,90°,180° 及 270° 时的周向来流速度分布。由图 1-11 可知,在后行桨叶区的近根叶区,当 $\Omega r<V\cos\alpha_S$ 时,将出现"反流区",且 μ 越大,反流区则越大,故前进比 μ 受此限制。

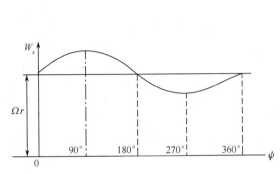

图 1-10 前飞时桨叶周向来流
速度随方位角 ψ 的变化

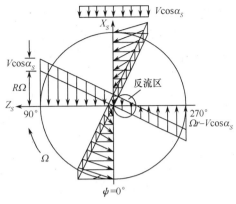

图 1-11 前飞时左旋直升机
桨叶的周向来流速度的分布

在理解了直升机前飞周向来流速度分布后,可以分析前飞时作用于桨叶上的空气动力,如图 1-12 所示,它可与垂直飞行时桨叶空气动力图(图 1-7)进行对照分析。

沿旋转方向的桨叶的周向来流速度 W_x 为

$$W_x = \Omega r + V\cos\alpha_S \sin\psi \tag{1-6}$$

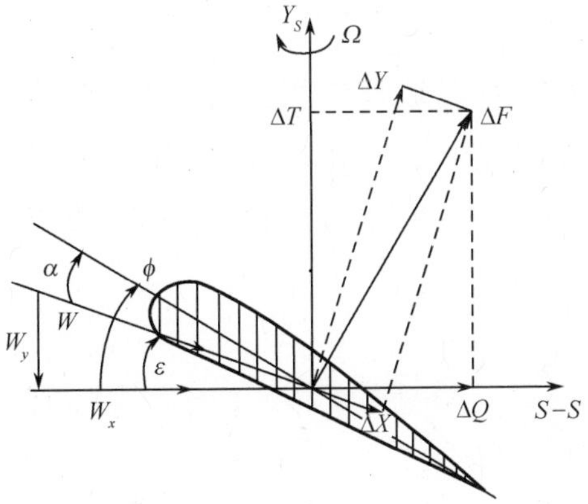

图 1-12 前飞时作用于桨叶上的某段空气动力

与 Y_S 方向相反的速度称为桨叶轴向来流速度,以 W_y 表示,如图 1-12 所示,且有

$$W_y = V\sin(-\alpha_S) + v + v_\beta \tag{1-7}$$

式中:$V\sin(-\alpha_S)$ 为前飞速度而引起的轴向来流速度,如图 1-8 所示;v 为垂直于构造旋转平面的诱导速度;v_β 为挥舞时相对气流速度;由 $\tan\varepsilon = \dfrac{W_y}{W_x}$,可计算前飞时桨叶的来流角 ε。

1.3 桨叶的挥舞运动

1.3.1 垂直飞行的均匀挥舞

直升机悬停或定常垂直飞行时,桨叶形成一个倒置圆锥,圆锥的锥体轴与旋转轴重合,如图 1-13 所示。图中 a_0 称锥角。

直升机垂直飞行时作用于桨叶的力有气动合力 F_{jy},如图 1-14 所示,它力图上抬桨叶。另有水平向外的离心力 F_c,力图拉平桨叶,还有桨叶重力 G_{jy}。当桨叶上翘一定角度 β 时,以上诸力对水平铰的力矩之和为零。此 β 为桨叶与构造平面 $S-S$ 之间的夹角,称为挥舞角。

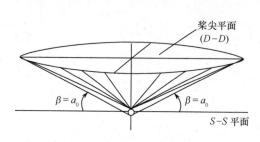

图 1-13 桨叶均匀挥舞　　　　图 1-14 垂直飞行时作用于桨叶的力

在直升机匀速垂直飞行时,由于相对气流是轴对称的,因此桨叶旋转一周过程中,气动力、离心力均不变,此时任意旋转位置的挥舞角 β 等于锥角 a_0,即为均匀挥舞。

1.3.2　前飞时的周期挥舞

直升机悬停时,桨叶向上挥舞,形成锥角为 a_0 的倒锥体,处于均匀挥舞状态,挥舞角 $\beta=a_0$。当直升机前飞时,该锥体轴相对于构造旋转轴 Y_S 出现后倒,从直升机侧视图观察,出现图 1-15(a)所示的后倒角 a_1,此时桨尖平面 $D-D$ 相对构造平面 $S-S$ 也后倒 a_1。因此,在方位角 $\psi=0°$ 处,挥舞角 $\beta=a_0-a_1$,$\psi=180°$ 处,挥舞角 $\beta=a_0+a_1$。

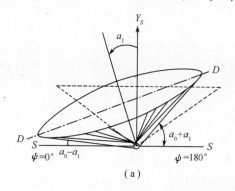 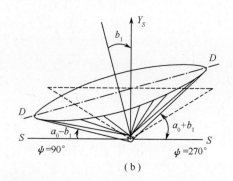

图 1-15　前飞时挥舞角
(a) 后倒图;(b) 侧倒图。

从直升机后视图观察,出现图 1-15(b)所示的侧倒角 b_1,对于左旋直升机,$\psi=90°$ 处,$\beta=a_0-b_1$,$\psi=270°$ 处,$\beta=a_0+b_1$,旋翼向左侧倒。

前飞时,直升机的挥舞既后倒又左侧倒,因此在左后方某旋转方位角处,挥舞角最低,出现 β_{min},在右前方某旋转方位角处挥舞角最高,出现 β_{max},β 随方位角 ψ 的变化,如图 1-16 所示。

周期性挥舞运动的描述非常复杂,在此将前飞时周期挥舞运动近似表达成傅里叶级

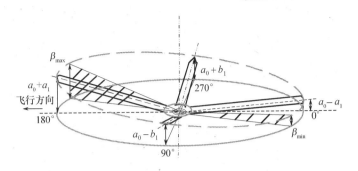

图 1-16 前飞时周期挥舞示意图

数一次近似形式,即

$$\beta = a_0 - a_1\cos\psi - b_1\sin\psi \quad (1-8)$$

式中:β 为桨叶处于不同方位时的挥舞角,向上为正;a_0 为均匀挥舞角(锥度角),向上为正;a_1 为后倒角幅值,向后倒为正;b_1 为侧倒角幅值,左旋直升机,向左侧倒为正。a_0, a_1, b_1 均称为挥舞运动系数。一般 a_0, a_1, b_1 较小,其变化范围为 $a_0 = 3°\sim 10°$,$a_1 = 3°\sim 7°$,$b_1 = 1°\sim 4°$。

1.3.3 挥舞系数的物理解释

1. 旋翼后倒的物理原因

形成后倒角 a_1 的物理原因是由于前飞时,流经桨叶的周向来流速度左右不对称。从 $\psi = 0°$ 起,对于左旋直升机来说,随 ψ 的增加,周向来流速度增加,桨叶拉力逐渐增大,使桨叶逐渐向上挥舞,由于产生向下附加气流 v_β,桨叶迎角减小,桨叶拉力趋于平衡。到达 $\psi = 90°$ 时,周向来流速度达到最大,向上挥舞速度最大,而迎角最小。$\psi = 90°\sim 180°$ 时,周向来流速度逐渐减小,挥舞速度也逐渐减小,但桨叶仍在向上挥舞,在 $\psi = 180°$ 处,挥舞速度减小为零,桨叶不再上挥,到达最高位置。在 $\psi = 180°\sim 270°$ 时,周向来流速度继续减小,挥舞速度也随之减小为负,桨叶向下挥舞,在 $\psi = 270°$ 处,周向来流速度最小,挥舞速度最小。在 $\psi = 270°\sim 360°$ 时,周向来流速度增大,挥舞速度增大,但桨叶仍向下挥舞,在 $\psi = 0°$ 处,挥舞速度增大为零,挥舞角达到最小。

2. 旋翼侧倒的物理原因

产生侧倒角 b_1 的物理原因是由于均匀挥舞角(锥度角)的存在,如图 1-17 所示。在前半圆($\psi = 90°\sim 270°$ 区域),由于桨叶上翘,流速 $V\cos\alpha_s$ 不再与桨叶平行,使桨叶迎角增大,桨叶拉力加大,桨叶上抬,又使得桨叶剖面迎角减小,拉力趋于平衡。在 $\psi = 90°\sim 180°$ 时,均匀挥舞角导致的桨叶迎角增量逐渐增加,挥舞速度由零变为正值,即开始向上挥舞,在 $\psi = 180°$ 处迎角增加最大,挥舞速度也达到最大。在 $\psi = 180°\sim 270°$ 时,迎角增量逐渐减小,挥舞速度也逐渐减小,但桨叶继续向上挥舞。到达 $\psi = 270°$ 时,迎角增量为零,挥舞速度也为零,挥舞角达到最大。在后半圆($270°\sim 90°$),相对气流垂直于桨叶的分速度产生下吹气流,使桨叶迎角减小,拉力减小,向下挥舞,又使迎角增加,从而使桨叶拉力回到平衡值。在 $\psi = 270°\sim 0°$ 时,迎角增量逐渐减小为负值,挥舞速度也逐渐减小为负值,桨叶向下挥舞。在 $\psi = 0°$ 处,迎角增量逐渐减小到负的最大值,向下挥舞速度最大。在 $\psi = 0°\sim 90°$ 时,迎角增量逐渐增加,但仍为负值,挥舞速度也逐渐增加,也仍为负值,桨叶继续向下挥舞。在 $\psi=90°$ 处,迎角增量增加为零,挥舞速度也增加为零,挥舞到达最低点,从而形成如图 1-15(b)所示的侧倒。

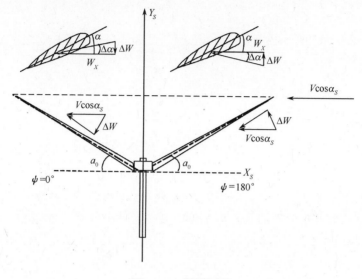

图 1-17 侧倒原因

由以上分析可知,直升机前飞时桨叶出现周期挥舞,导致如下的结果:

(1) 桨尖平面(D-D)与构造平面(S-S)不平行。挥舞角 β 随方位角的变化呈周期性变化,如图 1-18 所示。

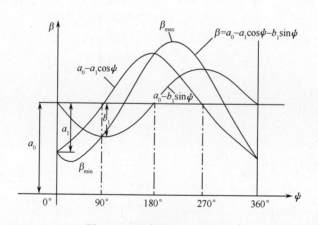

图 1-18 挥舞角 β 与 ψ 关系

(2) 旋翼气动合力 F 是由各桨叶产生的,当桨叶上挥时,桨叶所产生的气动力 F_{jy} 向内侧倾斜,因此可将各桨叶气动力分解为与桨叶旋转平面(D-D)平行及垂直的两个分力 F_{px} 及 F_{cz},如图 1-19 所示。由于各桨叶产生的平行分力相互平衡,垂直分力的合力即为旋翼的气动合力 F。在轴向气流作用下,气动合力 F 与桨毂旋转轴(构造旋转轴)一致,但当机动操纵或工作在扰动状态时,旋翼气动合力 F 将与桨尖平面垂直,而与构造旋转轴不一致。

(3) 机动飞行时旋翼气动合力 F 不再与构造旋转平面(S-S)垂直,在构造轴系中出

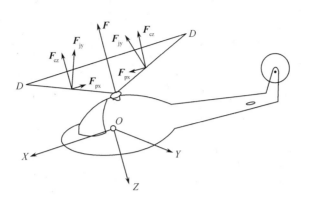

图 1-19 旋翼所产生的气动合力

现拉力 T_S、后向力 H_S 及侧向力 S_S，如图 1-20 所示，即旋翼气动合力 F 分解为垂直于桨毂旋转平面与 Y_S 一致的拉力 T_S，在构造旋转平面内的纵向力 H_S 及侧向力 S_S，且有 $F = T_S + H_S + S_S$。

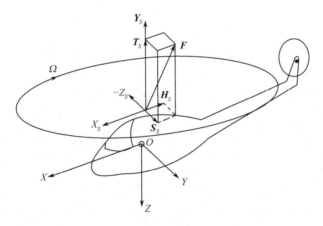

图 1-20 机动飞行时旋翼的拉力、后向力及侧向力

1.4 直升机的操纵原理

1.4.1 直升机稳定与操纵基本概念

直升机在飞行过程中的平衡是驾驶员通过操纵机构使作用于直升机的诸力以及绕重心的诸力矩之和为零，保持某个定常飞行状态，此时直升机处于平衡状态。

稳定性是指在飞行中原来处于平衡状态的直升机，若偶然受到干扰（如突风）破坏了力及力矩的平衡，使直升机偏离原来状态，当干扰消失后，直升机能自动恢复到原来的平衡状态，则认为它是稳定的；反之，若越来越偏离原来的状态，则认为是不稳定的。若停留在干扰消失时的偏离状态上，则称中性稳定。

静稳定性指直升机受到扰动后是否自动产生恢复力和恢复力矩。动稳定性指的是直升机受到扰动后的全过程特性，即动态性能，它往往以物体恢复到它原来位置所需的时间来度量。

直升机的操纵是指直升机原来处于平衡状态,当驾驶员操纵后,直升机的飞行状态发生了改变,建立了新的平衡状态。操纵性指按驾驶员的意图对直升机施加力和力矩后完成机动飞行的能力。直升机的操纵性一般用操纵灵敏度、操纵响应、操纵功效等来表示。

直升机的平衡及操纵,主要是通过保持(对平衡而言)或改变(对于操纵而言)旋翼的空气动力合力的大小和方向以及尾桨的空气动力的大小来实现的。直升机之所以能在空中作各种复杂的运动,关键在于驾驶员可以利用操纵机构来任意调节旋翼空气动力合力 F,即调节合力 F 的大小和方向。

在直升机上,旋翼产生的气动合力,可按坐标轴系分解为旋翼拉力、侧向力和纵向力。垂直飞行或悬停状态下,旋翼气动力大致与地面垂直。显然,改变旋翼气动合力 F 的大小,便产生上下运动,即引起直升机的升、降和悬停;如果使旋翼气动合力 F 左右倾斜,即改变旋翼的侧向力,直升机便产生滚转运动及侧向偏移;如果使旋翼气动合力 F 前后倾斜,即改变旋翼的纵向力,使直升机产生俯仰运动,以改变直升机的前飞速度。

旋翼旋转的同时,机体会受到来自旋翼反作用力矩的作用,所以需要由尾桨的拉力对机体构成航向力矩平衡,从而使直升机保持一定的航向飞行。改变尾桨拉力的大小,即可以实现直升机的机头转向,以稳定及改变航向。

由此可见,直升机之所以能够升、降、悬停、前飞、后飞、左右侧飞、左右转弯,就是通过旋翼和尾桨的操纵来实现的。

1.4.2 直升机的操纵机构

为了改变直升机气动合力 F 的大小,需要操纵旋翼的转速和桨叶的桨距角。因为直升机是由旋翼旋转而产生 F 力的,只要增加旋翼的转速或者加大桨叶的桨距角就可以改变 F 力。为了让发动机能在最有利的转速附近工作,现在直升机都采用保持旋翼转速恒定,通过改变桨叶的桨距角的方法来控制 F 力的大小。

直升机的操纵大多采用自动倾斜器,其桨毂固定于构造旋转轴上,但自动倾斜器能使桨叶的桨距角作周期性变化,从而改变气动合力 F 的方向,以达到操纵的目的。

直升机的操纵机构包括驾驶杆、自动倾斜器、脚蹬和油门总距杆。通过驾驶杆、油门总距杆可操纵自动倾斜器,完成对旋翼的操纵;通过脚蹬可以完成对尾桨的操纵。

1. 旋翼的控制

在直升机上,为了改变旋翼的气动合力 F,有直接控制和间接控制两种方式:

(1) 直接控制。直接改变旋翼轴的方向,从而改变旋翼气动合力的方向。此种类型的控制方法适用于小型的单人飞行器,对重量较大的直升机来说构造困难,已经很少使用。

(2) 间接控制。不用直接改变旋翼轴相对机身的位置,而用间接控制的方法,即通过自动倾斜器的倾斜,周期性地改变桨叶的桨距,即可改变桨尖平面相对机身的位置,从而改变了旋翼的气动合力的方向。这种控制方式目前被广泛采用。

由桨叶的挥舞运动可知,由于桨叶周向来流的左右不对称,导致桨尖平面后倾,产生后倒角;又由于前飞及挥舞角,桨叶各个微段迎角前后位置不对称,桨叶产生周期挥舞,产

生侧倒角,由此可得出以下结论:

① 任何造成桨叶各个微段的升力不对称的因素都会使桨叶产生周期挥舞运动,这是桨叶对干扰的反应,这里将前飞及挥舞角视作干扰因素。

② 桨叶的挥舞运动使桨尖平面相对于旋转平面有了一个倾角,即改变了旋翼气动合力的方向。在干扰因素影响下,桨尖平面在与干扰因素"最不对称"的那个方位相差 90°的位置上产生倾斜。

例如,前飞时周向来流的左右不对称发生在 $\psi=90°$ 及 $\psi=270°$ 方位,但结果使桨尖平面后倾,即发生在相位各相差 90°位置上。前飞时桨叶迎角的前后不对称发生在 $\psi=0°$, $\psi=180°$方位,但结果使桨尖平面左倾,即发生在相位各相差 90°位置上。

因此,若我们希望桨尖平面在某一方位 N 处挥舞最高(如图 1-21 所示),对于左旋直升机,则必须造成"升力不对称",并且在与 N 方位相差 90°的 M 方位上使桨叶升力企图增加最多,若要使 N'方位桨叶挥舞最低,则需在与 N'方位相差 90°的 M'方位上,使升力企图减小最多。

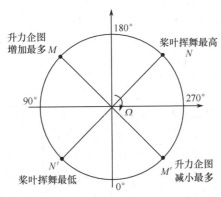

图 1-21 桨尖平面倾斜和升力不对称的位置关系

造成桨叶或桨叶微段升力不对称的简单可行的方法是周期性地改变桨叶的桨距,即人为地通过自动倾斜装置周期改变桨叶迎角。

2. 自动倾斜器

如图 1-22 所示,自动倾斜器由滑筒、导筒、内环、外环、旋转环、操纵摇臂和变距拉杆组成。其中,滑筒套在导筒的外面,可沿导筒上下滑动。滑筒通过一对轴销与内环联系,外环通过一对轴销与内环联系。由于两对轴销互相垂直,因此外环可以向任意方向倾斜。外环与旋转环之间有轴承,而旋转环通过变距拉杆与桨叶相连。旋翼转动时,通过与桨毂相连的拨杆带动旋转环及变距拉杆一起转动,而自动倾斜器的其他部件则不随旋翼转动。

3. 总距杆(总距—油门杆)

上拉总距杆时,滑筒沿导筒向上滑动,带动内、外环和旋转环一起向上移动,通过变距拉杆使总距角(桨距角)同时变大,旋翼拉力增大,直升机上升;反之,下放总距杆,总距角变小,旋翼拉力变小,直升机下降。桨距的改变,不仅改变了旋翼拉力,也要求发动机的输出功率相应改变,使旋翼转速近于常值,因此总距杆与油门杆是连在一起的,又称作"总距—油门杆"。在总距—油门杆的端头,还套有"可以旋转"的手柄,用来单独调节油门的

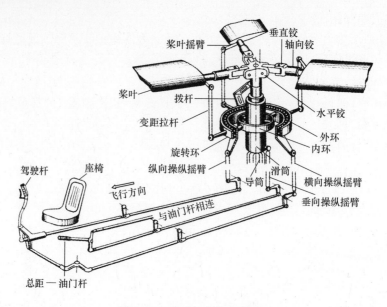

图 1-22 直升机的操纵结构

开度，使得在桨距不变时能单独改变发动机的输出功率。图 1-23 描述了直升机的总距操纵。

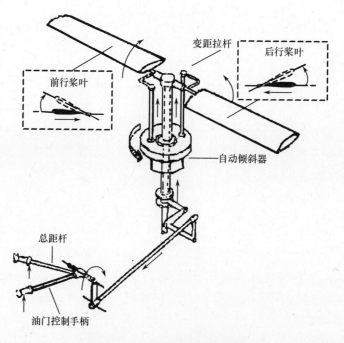

图 1-23 总距—油门控制系统

4. 驾驶杆

驾驶杆与自动倾斜器相连，通常设置在驾驶员的右手边，用来实现纵向和横向操纵。驾驶杆偏离中立位置，若向前，则直升机低头并向前运动；若向后，则直升机抬头并向后退；若向左，则直升机向左滚转并向左侧运动；若向右，则直升机向右滚转并向右侧运动。

驾驶杆又称周期变距杆。

图1-24所示为直升机的周期变距操纵系统。当驾驶杆向前推时,通过自动倾斜器的变距拉杆改变纵向桨叶的桨距,形成纵向周期变距,迫使每片桨叶的桨距进行周期性变化,即周期挥舞;造成旋转锥体及气动合力向前倾,机头下俯,提高前飞行速度。同理,当驾驶杆向左倾时,通过自动倾斜器,改变横向周期变距,从而迫使桨叶周期性挥舞,造成旋转锥体及气动合力向左倾,旋翼拉力的分力向左使直升机向左滚转,直升机向左飞行。驾驶杆向右倾斜时的情况与向左时基本相同。

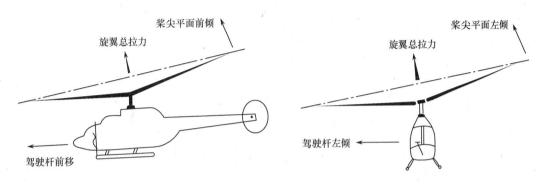

图1-24 驾驶杆的操纵

5. 尾桨

尾桨可用来进行机头转向操纵。借助于脚蹬的动作可以改变尾桨的桨距,从而改变尾桨拉力的大小。为了符合人的生理反应,不论主旋翼的转向如何,当伸出右脚时,机头向右转,当伸出左脚时,机头左转。因此,不论尾桨本身的基本拉力如何,蹬出右脚时,尾桨产生朝左的附加拉力,蹬出左脚时,产生朝右的附加力。图1-25所示为尾桨操纵机构,由钢索、链条、链轮、滑动操纵杆和桨距拉杆组成。滑动操纵杆穿过桨毂中心与装有桨距拉杆的三叉头连接,滑动操纵杆上装有蜗轮,蜗轮外套有链轮,链轮通过链条、钢索等受脚蹬控制。要想右转弯时,驾驶员右蹬舵,通过钢索、链条、链轮和蜗轮,可使滑动变距杆带动三叉头向外伸,尾桨桨叶的迎角变小,拉力变小,改变了它对重心的力矩,使机头向右转动。

图1-26所示为机头方向控制与尾桨的关系。当尾桨拉力所形成的尾桨力矩与旋翼

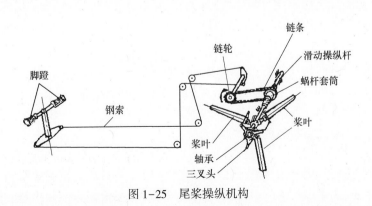

图1-25 尾桨操纵机构

的反作用力矩平衡时,机身不动。如果驾驶员蹬右脚蹬,则尾桨桨距减小,尾桨拉力相应地减小,尾桨力矩小于反作用力矩,使机头右转;反之,驾驶员蹬左脚蹬,尾桨力矩大于反作用力矩,机头向左偏转。

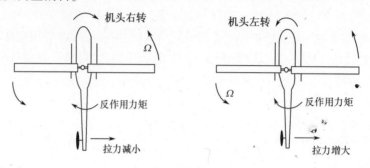

图 1-26　机头方向控制与尾桨关系

脚蹬除了能使直升机转动,它还经常用来调节尾桨力矩的大小,以适应旋翼反作用力矩的变化,保持直升机方向平衡。

在设计上述操纵机构时,不仅需要注意符合人们的生理反应,而且要适宜于人的手脚伸缩范围和体力的大小。如果杆力过大,就需要加助力器。此外,在操纵机构上最好还要表现出"力的梯度",便于驾驶员判别不同的飞行状态。为了使驾驶杆偏离中立位置后有力的感觉,通常在操纵系统中加有具有弹簧效应的人感机构,使驾驶杆力随驾驶杆的位移而改变。

1.4.3　直升机的操纵特点

同固定翼飞机一样,欲改变飞行状态,直升机上的各力和各力矩的平衡关系应作改变,此时驾驶员要有相应的操纵动作。

直升机向前飞行时,除了挥舞后的旋翼锥体向前倾斜外,机身也随之向前倾斜。若直升机在悬停状态,其旋翼拉力通过直升机的重心,拉力等于重力。如果驾驶员推杆使旋翼锥体向前倾斜一个角度,这时旋翼气动合力 F 也就随之向前倾斜。F 力倾斜后有两个作用,一是 F 力的水平分力可使直升机加速;二是由于 F 力的前向分力 H_s 对重心形成下俯力矩,使直升机下俯,从而重力在机头方向出现分量使飞机加速飞行。但是由于不断下俯会使 F 更加倾斜,当直升机加速到要求的速度时,驾驶员应及时将杆拉回到接近中立的位置,以使得俯仰力矩平衡。侧压驾驶杆的情况与此类似。所以操纵直升机,一般都有明显的双重动作,即首先推杆,然后再回杆,所以直升机操纵与固定翼飞机的操纵有相同的特点。

直升机前飞加速时,对右旋直升机而言会向右倾斜。这是由于直升机加速时,旋翼拉力不对称所产生的向右的倾斜力矩,随速度的增大而不断加强,直升机就向右倾斜。反之,减速时直升机会向左倾斜。因此直升机驾驶员在向前推杆增速的同时还需相应地向左压杆,向后拉杆减速,则要相应地向右压杆。

直升机在悬停时,旋翼拉力应通过重心,并与重力平衡。因此直升机的重心位置应与拉力作用点一致,否则会给飞行操作带来困难。如果直升机的重心后移,旋翼拉力对重心形成上仰力矩,为了保持悬停,驾驶员就不得不向前推杆,使自动倾斜器前倾,以保持力矩平衡。

直升机尾桨拉力的大小本来是用来平衡旋翼的反作用力矩的,但是这样的拉力还会引起直升机的侧向运动。例如,右旋直升机在悬停时,尾桨的拉力将使直升机向左移动。此时驾驶员应稍向右压杆使旋翼向右的水平分力与尾桨拉力平衡。

直升机旋翼拉力的增大是靠增大桨距而获得的,而旋翼的桨距是有一定范围的。这个范围还要为自动倾斜器的操纵留出一定的余地,这就决定了直升机不可能作急剧的机动飞行。

由以上分析可知直升机的操纵是比较困难的。因为,当驾驶员操纵某一机构的同时还需协调其他操纵机构,以建立起新的平衡。

例如,要将直升机从悬停状态过渡到前飞状态,驾驶员要向前推杆,产生纵向分力 H_s,以便产生相对重心的纵向力矩,使直升机在前飞的同时要下俯,使重力在机体轴 X 方向产生分力,在直升机加速到要求的速度后,驾驶员应回收驾驶杆到一定的值,从而保持预定的飞行速度。此时为了保持由于气动力 F 的倾斜而引起的高度损失,必须增大总距(油门也适当增加),以增大拉力来平衡重力。由于总距的增大会产生航向反作用力矩的增大,故必须操纵尾桨,使航向力矩平衡。但尾桨桨距的改变又会引起侧向力的变化及机体滚转,此时必须操纵侧向驾驶杆以使旋翼产生滚转力矩平衡尾桨产生的滚转力矩,最后又由机身倾斜的重力分量来平衡尾桨产生的侧力。

由于操纵直升机很困难,一般应采用控制增稳系统、自动飞行控制系统,运用基于电传或光传的主动控制技术以减轻飞行员的疲劳,改善飞行品质。

思 考 题

1. 对直升机如何分类?
2. 简述直升机飞行控制的特点。
3. 试述直升机上采用的主要控制技术。
4. 简述直升机旋翼的结构、类型、基本作用。
5. 试述桨叶的基本气动特性。
6. 直升机的均匀挥舞及周期挥舞将导致什么结果?
7. 简述实现直升机稳定与操纵的基本原理。
8. 直升机有哪些操纵机构,分别起什么作用?
9. 直升机操纵有什么特点?

第 2 章 直升机飞行动力学

为了对直升机进行控制与制导,必须首先建立作为控制对象的直升机动力学与运动方程。绘出其教学模型,并剖析其物理特性,使控制设计者做到有的放矢。所以,本章是控制的基础。

为了描述直升机的运动状态,本章首先建立了各种坐标系,并列出了各坐标系之间的互相转换关系式,以便将姿态控制的坐标系扩充到轨迹制导的坐标系。

因为要对直升机进行控制,必须首先对它进行配平。为此,本章给出了作用于直升机的气动力及气动力矩表达式,建立了定常飞行状态下的平衡动力学,剖析了直升机的静稳定特性、阻尼特性及操纵特性。

本章的最终目的是建立直升机的数学模型,因此着重建立了包括纵向与侧向的,以结构图形式绘出的小扰动线性化数学模型。将各种气动导数直接呈现在结构图中,从而清晰地显露出直升机的自身稳定特性、阻尼特性以及各通道之间的气动耦合特性,为飞控系统设计者进行增稳设计、姿态控制、速度控制及轨迹制导提供了设计依据。

本书为了与国际接轨,采用了我国从 1991 年 2 月开始执行的航空工业新标准,它由 HB6445.1~HB6445.7 的 7 个标准组成。这 7 个标准规定了我国的飞行坐标系,定义了飞行动力学,飞机相对大气、相对于地球运动的概念、量和符号。它是参照国际标准 ISO 1151/1—1985而制定的,仅对这一国际标准略作改动。

2.1 坐标系及其转换

为了确切地描述飞行器的运动状态,必须选定适当的坐标系。比如,要想确定飞机在地球上的位置,采用地球坐标系及地面坐标系;要想描述飞行器的转动与移动,则必须采用机体坐标系及气流(速度)坐标系;为了描述飞机在不同坐标系中的运动,则必须研究各坐标系之间的相互转换,以完成导航与制导任务。

2.1.1 地球坐标系 O_e-$X_e Y_e Z_e$

地球坐标系如图 2-1 所示,它是原点 O_e 定在地球中心的笛卡儿正交坐标系,$O_e Z_e$ 与地球自转轴重合,朝上为正。$O_e X_e$ 在赤道平面内指向格林尼治子午线与赤道的交点,$O_e Y_e$ 在赤道平面内,指向遵循右手定则。由经纬度可以确定地球表面的某点在地球坐标系中的位置。此轴系与地球固连。

地理坐标,指的是在地球坐标系中经度为 l、纬度为 b 的地球表面上的某点 O_E 的坐标,由式(2-1)可将地理坐标转换为地球坐标,相当于在地球坐标系中由极坐标转换为直角坐标。

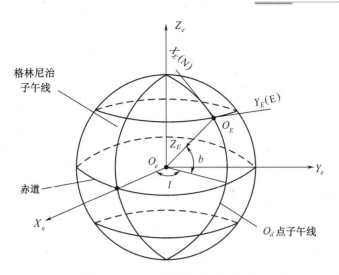

图 2-1 地球坐标系与地面坐标系

$$\begin{cases} X_e = R_N \cos b \cos l \\ Y_e = R_N \cos b \sin l \\ Z_e = R_N \sin b \end{cases} \quad (2-1)$$

式中：R_N 为地球的近似半径，即将地球近似为正球体。

2.1.2 地面坐标系 O_E-$X_E Y_E Z_E$

如图 2-1 所示，该坐标系的原点 O_E 设在地平面上任一点，其经纬度为 l,b。$O_E X_E$ 在地平面内指向北方（N），$O_E Y_E$ 在地平面内指向东方（E），$O_E Z_E$ 轴垂直地面指向地心，按右手定则，其方向向下（D）。故该坐标系亦称为北东地（NED）坐标系。此轴系与地球固连。

若运动物体在地面坐标系中的导航过程中，认为地球不动，则又可称地面坐标系为惯性测量坐标系。由于忽略了地球这一牵连运动，这是一种近似假设，故地面坐标系又称准惯性测量坐标系。为应用方便，有时亦可将地面坐标系的原点 O_E 设在地面上的某一点，例如起飞点。纵轴 $O_E X_E$ 指北，亦可指向飞行方向。

因为要对飞行器的运动轨迹进行制导，必须测量飞行器自身在空中的位置，例如采用惯性/GPS 导航，由于飞行器在空中的位置是定义在地面坐标系中进行度量的，所以飞行器的轨迹最终都应建立在地面坐标系中。在无人机着舰制导中，特别是无人直升机的自动着舰运动，牵涉到多种坐标系，而地面坐标是最关键的坐标系，相当于"母"坐标系，其他坐标系可以认为是辅助坐标系。

飞行器在空中作六自由度运动，对飞行器进行制导一般先控制飞行器的三个姿态角，即控制飞行器相对于地面坐标系的三个欧拉角 ϕ,θ,ψ，从而控制飞机相对于地面坐标系中的航迹倾斜角 γ 及航迹偏转角 χ，从而达到飞行器沿地面坐标系中的三轴线运动的轨迹制导目的。

图 2-2 描述了飞行器相对于地面坐标系轨迹运动的几何关系。

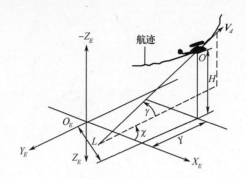

图 2-2　在地面坐标系中建立飞行器运动轨迹

航迹倾斜角 γ 是指飞行器的航迹速度 V_d 与地平面的夹角，向上为正。航迹偏转角 χ 是 V_d 在地平面中的投影(地速)与 $O_E X_E$ 轴之间的夹角，右偏航为正。在地面坐标系中可决定飞行器在某一时刻其重心 O 在地面坐标系中的位置 X_E, Y_E, Z_E，相应的线速度 $\dot{X}_E, \dot{Y}_E$ 及 $\dot{Z}_E$，其表达式为

$$\begin{cases} \dot{X}_E = V_d \cos\gamma \cos\chi \\ \dot{Y}_E = V_d \cos\gamma \sin\chi \\ \dot{Z}_E = -V_d \cos\gamma = -\dot{H} \end{cases} \quad (2-2)$$

式中：左偏航 χ 为负，即 Y_E 为负，反之亦然。

由式(2-2)可知，对一般飞行器，只要控制其航迹速度 V_d 的大小，以及纵向通道控制其航迹角 γ 及侧向通道控制其 χ 角，即能控制飞行器在地面坐标系中的飞行轨迹。

2.1.3　机体坐标系 O-XYZ

机体坐标系(O-XYZ)与机体固连，如图 2-3 所示，原点 O 一般为飞机重心，纵轴 OX 在直升机对称平面内。通过重心，与机身纵轴一致，沿机头方向为正。立轴 OZ 通过重心，在机体对称平面内与桨毂轴平行，向下为正。横轴 OY 通过重心 O 与 XOZ 平面垂直，对于左旋直升机，按左手定则，OY 指向左为正，反之对右旋直升机则按右手定则，OY 指向右为正。图 2-3 为右旋直升机的机体轴系。

由图 2-3 可知，机体坐标系与地面坐标系的关系可由 3 个欧拉角 ψ, θ, ϕ 来表示。首先绕 OZ_E 轴转过一个偏航角 ψ，右偏航为正，构成 O-$X'Y'Z_E$ 轴系，再绕 OY' 轴转过俯仰角 θ，上仰为正，构成 O-$XY'Z'$ 轴系，最后绕 OX 轴转动，得出滚转角 ϕ，右滚为正。

图 2-3 还标出了直升机飞行速度在 3 个机体轴上的投影，分别用 u, v, w 表示。飞机转动角速度在机体轴 OX, OY, OZ 上的投影分别为 p, q, r。由图 2-4 可写出描述欧拉角的角速度 $\dot{\phi}, \dot{\theta}, \dot{\psi}$ 与机体角速度 p, q, r 之间的关系，即

$$\begin{cases} p = \dot{\phi} - \dot{\psi}\sin\theta \\ q = \dot{\theta}\cos\phi + \dot{\psi}\cos\theta\sin\phi \\ r = -\dot{\theta}\sin\phi + \dot{\psi}\cos\theta\cos\phi \end{cases}$$

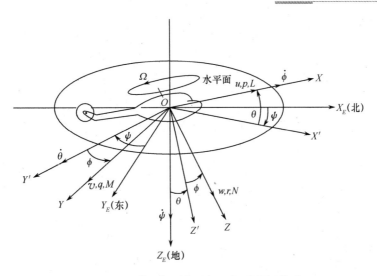

图 2-3　机体坐标系与地面坐标系之间关系

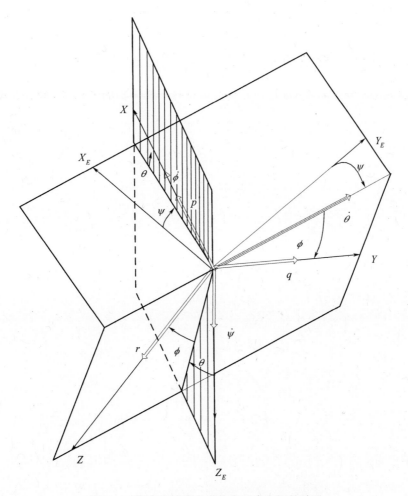

图 2-4　姿态角速率与欧拉角速率之间的关系

其矩阵形式为

$$\begin{bmatrix} p \\ q \\ r \end{bmatrix} = \begin{bmatrix} 1 & 0 & -\sin\theta \\ 0 & \cos\phi & \cos\theta\sin\phi \\ 0 & -\sin\phi & \cos\theta\cos\phi \end{bmatrix} \begin{bmatrix} \dot\phi \\ \dot\theta \\ \dot\psi \end{bmatrix} \qquad (2-3)$$

式(2-3)也可写成如下的形式:

$$\begin{cases} \dot\phi = p + (r\cos\phi + q\sin\phi)\tan\theta \\ \dot\theta = q\cos\phi - r\sin\phi \\ \dot\psi = \dfrac{r\cos\phi + q\sin\phi}{\cos\theta} \quad (\theta \neq 90°) \end{cases} \qquad (2-4)$$

写成矩阵形式为

$$\begin{bmatrix} \dot\phi \\ \dot\theta \\ \dot\psi \end{bmatrix} = \begin{bmatrix} 1 & \sin\phi\tan\theta & \cos\phi\tan\theta \\ 0 & \cos\phi & \sin\phi \\ 0 & \dfrac{\sin\phi}{\cos\theta} & \dfrac{\cos\phi}{\cos\theta} \end{bmatrix} \begin{bmatrix} p \\ q \\ r \end{bmatrix} \qquad (2-5)$$

2.1.4 速度坐标系 $O\text{-}X_aY_aZ_a$

速度坐标系($O\text{-}X_aY_aZ_a$)描述直升机空速相对于机体轴的关系,如图2-5所示,原点

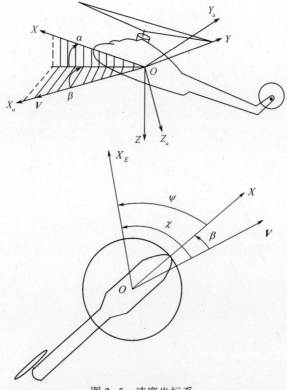

图2-5 速度坐标系

O 设在飞机重心,OX_a 轴与空速向量 V 一致,前飞为正。OZ_a 在直升机对称平面内,垂直于 OX_a 轴,向下为正。OY_a 垂直于 X_aOZ_a 平面,右旋直升机向右为正。由速度坐标系与机体坐标系可建立飞机的迎角 α 与侧滑角 β。机身迎角 α 为 V 在机身对称平面 XOZ 的投影与 OX 夹角,机体轴 OX 在速度轴 V 上方时迎角为正。侧滑角 β 为 V 与对称平面 XOZ 的夹角,V 在 X 轴右侧时侧滑角 β 为正。

由图 2-5 可知,航迹偏转角 $\chi=\psi+\beta$。通常飞行器通过协调转弯的控制,要求侧滑角 $\beta=0$,此时飞机的航向角 $\psi=\chi$。

当 $\theta=0$ 时,则由式(2-4)可计算当前的航向角速率 $\dot{\psi}$:

$$\dot{\psi} = r\cos\phi + q\sin\phi$$

$$\psi = \psi_0 + \int (r\cos\phi + q\sin\phi)\,\mathrm{d}t \tag{2-6}$$

图 2-6 显示了当 $\theta=0$ 时求取航向角速率的几何示意图。同理,由式(2-4)可求出另外两个欧拉角 θ 及 ϕ。

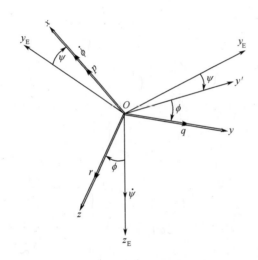

图 2-6 $\theta=0$ 时,$\dot{\psi}$ 的求取几何示图

2.1.5 机体坐标系 O-XYZ 与地面坐标系 O_E—$X_EY_EZ_E$ 之间的关系

由图 2-7 至图 2-9 可写出沿机体的线速度 u,v,w 转换至沿地面坐标系中的三轴线速度 $\dot{X}_E,\dot{Y}_E,\dot{Z}_E$。

假定初始时刻机体坐标系与地面坐标系重合,飞行器或舰船经过三次转动后得到相应的欧拉角。

(1) 飞行器绕地面坐标系的 O_EZ_E 轴顺时针转动一个角度,当前飞机的机体轴 OX 与地面坐标系的 O_EX_E 之间的夹角为航向角 ψ,此时飞行器的机体坐标轴 OX,OY 在水平内。假设转动后的飞机坐标用 (x_1,y_1,z_1) 表示,则由图 2-7 可知

$$\begin{bmatrix} x_1 \\ y_1 \\ z_1 \end{bmatrix} = \begin{bmatrix} \cos\psi & \sin\psi & 0 \\ -\sin\psi & \cos\psi & 0 \\ 0 & 0 & 1 \end{bmatrix} \begin{bmatrix} X_E \\ Y_E \\ Z_E \end{bmatrix} \tag{2-7}$$

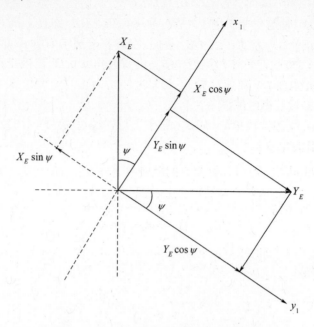

图 2-7 第一次转动后的坐标转换示意图

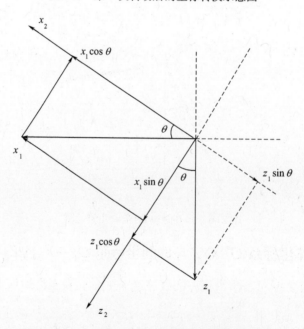

图 2-8 第二次转动后的坐标转换示意图

(2) 飞行器绕机体轴 OY 向上转动一个角度,此时飞机的 OX 与水平面的夹角为 θ。假设此时飞机的坐标用 (x_2, y_2, z_2) 表示。

则由图 2-8 可知

$$\begin{bmatrix} x_2 \\ y_2 \\ z_2 \end{bmatrix} = \begin{bmatrix} \cos\theta & 0 & -\sin\theta \\ 0 & 1 & 0 \\ \sin\theta & 0 & \cos\theta \end{bmatrix} \begin{bmatrix} x_1 \\ y_1 \\ z_1 \end{bmatrix} \qquad (2-8)$$

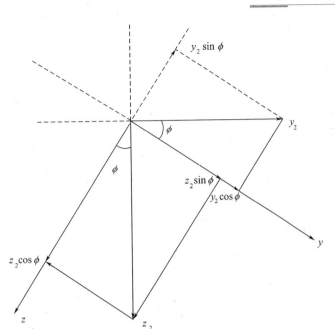

图 2-9 第三次转动后的坐标转换示意图

(3) 飞行器绕 OX 轴向右转动一个角度,此时飞机的 OY 与水平面的夹角为 ϕ,则由图 2-9 可知

$$\begin{bmatrix} x \\ y \\ z \end{bmatrix} = \begin{bmatrix} 1 & 0 & 0 \\ 0 & \cos\phi & \sin\phi \\ 0 & -\sin\phi & \cos\phi \end{bmatrix} \begin{bmatrix} x_2 \\ y_2 \\ z_2 \end{bmatrix} \tag{2-9}$$

经过三次转动,则可以得到机体坐标系与地面坐标系之间的关系为

$$\begin{bmatrix} x \\ y \\ z \end{bmatrix}_B = \boldsymbol{T}_\phi \boldsymbol{T}_\theta \boldsymbol{T}_\psi \begin{bmatrix} x \\ y \\ z \end{bmatrix}_E \tag{2-10}$$

其中

$$\boldsymbol{T}_\phi = \begin{bmatrix} 1 & 0 & 0 \\ 0 & \cos\phi & \sin\phi \\ 0 & -\sin\phi & \cos\phi \end{bmatrix},\ \boldsymbol{T}_\theta = \begin{bmatrix} \cos\theta & 0 & -\sin\theta \\ 0 & 1 & 0 \\ \sin\theta & 0 & \cos\theta \end{bmatrix},\ \boldsymbol{T}_\psi = \begin{bmatrix} \cos\psi & \sin\psi & 0 \\ -\sin\psi & \cos\psi & 0 \\ 0 & 0 & 1 \end{bmatrix}$$

定义 $\boldsymbol{L}_E^B$ 为地面坐标系到机体坐标系的方向余弦,则

$$\boldsymbol{L}_E^B = \boldsymbol{T}_\phi \boldsymbol{T}_\theta \boldsymbol{T}_\psi = \begin{bmatrix} \cos\theta\cos\psi & \cos\theta\sin\psi & -\sin\theta \\ -\cos\phi\sin\psi + \sin\phi\sin\theta\cos\psi & \cos\phi\cos\psi + \sin\phi\sin\theta\sin\psi & \sin\phi\cos\theta \\ \sin\phi\sin\psi + \cos\phi\sin\theta\cos\psi & -\sin\phi\cos\psi + \cos\phi\sin\theta\sin\psi & \cos\phi\cos\theta \end{bmatrix} \tag{2-11}$$

由机体坐标系转换为地面坐标系的方向余弦 $\boldsymbol{L}_B^E = (\boldsymbol{L}_E^B)^{-1}$,且

$$\boldsymbol{L}_B^E = \begin{bmatrix} \cos\theta\cos\psi & -\cos\phi\sin\psi + \sin\phi\sin\theta\cos\psi & \sin\phi\sin\psi + \cos\phi\sin\theta\cos\psi \\ \cos\theta\sin\psi & \cos\phi\cos\psi + \sin\phi\sin\theta\sin\psi & -\sin\phi\cos\psi + \cos\phi\sin\theta\sin\psi \\ -\sin\theta & \sin\phi\cos\theta & \cos\phi\cos\theta \end{bmatrix} \tag{2-12}$$

因此可得

$$\begin{bmatrix} \dot{X}_E \\ \dot{Y}_E \\ \dot{Z}_E \end{bmatrix} = \boldsymbol{L}_B^E \begin{bmatrix} u \\ v \\ w \end{bmatrix} \tag{2-13}$$

即

$$\begin{cases} \dot{X}_E = u\cos\psi\cos\theta + v(\sin\phi\sin\theta\cos\psi - \cos\phi\sin\psi) + w(\sin\phi\sin\psi + \cos\phi\sin\theta\cos\psi) \\ \dot{Y}_E = u\cos\theta\sin\psi + v(\cos\phi\cos\psi + \sin\phi\sin\theta\sin\psi) + w(\cos\phi\sin\theta\sin\psi - \sin\phi\cos\psi) \\ \dot{Z}_E = -u\sin\theta + v\sin\phi\cos\theta + w\cos\phi\cos\theta \end{cases} \tag{2-14}$$

飞行高度 $H = -Z_E$,$\dot{H} = -\dot{Z}_E$。

2.1.6 地理坐标与地面坐标的转换

由图 2-10 可知,设已知坐标原点 O_E 的地理坐标,即经纬度为 l_0,b_0,飞行器当前位置 O_{EA} 的经纬度为 l_A,b_A。采用高斯—克吕格地图投影方法,由下式可将运动体由经纬度表示的当前地理坐标变换为高斯地平面坐标(x_{EA},y_{EA}),即

$$\begin{cases} x_{EA} = [A_x - B_x\cos(2\bar{b})](b_A - b_0) \\ y_{EA} = [A_y\cos\bar{b} - B_y\cos(3\bar{b})](l_A - l_0) \end{cases} \tag{2-15}$$

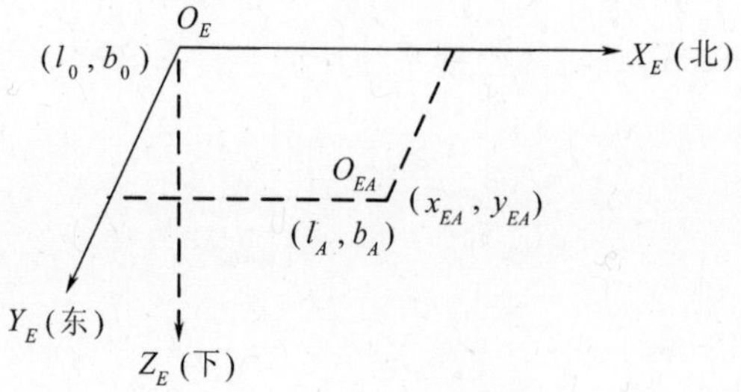

图 2-10 导航坐标系转换

式中:$\bar{b} = (b_A + b_0)/2/57.3$;$A_x = 111132.952\text{m}$;$B_x = 559.849\text{m}$;$A_y = 111412.876\text{m}$;$B_y = 93.503\text{m}$。

通过下式可将飞行器由地面坐标转换为相对应的地理坐标。

$$\begin{cases} l_A = Y_{EA}/[A_y\cos\bar{b} - B_y\cos(3\bar{b})] + l_0 \\ b_A = X_{EA}/[A_x - B_x\cos(2\bar{b})] + b_0 \end{cases} \tag{2-16}$$

2.1.7 三维空间坐标系之间的转换

已知一个运动点 P_1 在正交坐标系 $O_1-X_1Y_1Z_1$ 中的空间位置(如图 2-11 所示),如何转换到正交坐标系 $O_2-X_2Y_2Z_2$ 中的位置,这对无人机的着舰制导时,建立坐标系有重要

的应用价值。

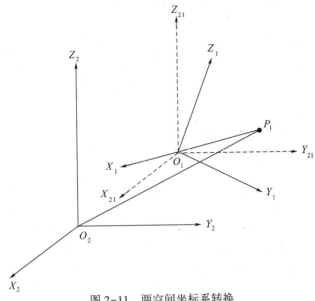

图 2-11 两空间坐标系转换

首先，通过欧拉角，将 P_1 点在 O_1-$X_1Y_1Z_1$ 中的位置 $[X_{11} \quad Y_{11} \quad Z_{11}]^T$ 转换到 O_1-$X_{21}Y_{21}Z_{21}$ 的坐标系中，而 $X_{21}Y_{21}Z_{21}$ 三轴方位分别平行于 X_2 轴，Y_2 轴，Z_2 轴。其转换矩阵 $\boldsymbol{L}_B^E$ 与式(2-12)相一致，并认为 $\boldsymbol{L}_B^E$ 方位余弦中的欧拉角为 ψ,θ,ϕ。

$$\begin{bmatrix} X_{21} \\ Y_{21} \\ Z_{21} \end{bmatrix} = \boldsymbol{L}_B^E \begin{bmatrix} X_{11} \\ Y_{11} \\ Z_{11} \end{bmatrix} \tag{2-17}$$

然后，通过 O_1 与 O_2 的空间矢量 $O_1O_2 = [X_p \quad Y_p \quad Z_p]^T$，将 O_1 平移至 O_2，最终得 P_1 在坐标系 O_2-$X_2Y_2Z_2$ 中的位置 $[X_{12} \quad Y_{12} \quad Z_{12}]^T$，即

$$\begin{bmatrix} X_2 \\ Y_2 \\ Z_2 \end{bmatrix} = \begin{bmatrix} X_p \\ Y_p \\ Z_p \end{bmatrix} + \begin{bmatrix} X_{21} \\ Y_{21} \\ Z_{21} \end{bmatrix} = \begin{bmatrix} X_p \\ Y_p \\ Z_p \end{bmatrix} + \boldsymbol{L}_B^E \begin{bmatrix} X_{11} \\ Y_{11} \\ Z_{11} \end{bmatrix} \tag{2-18}$$

若 ψ,θ,ϕ 为小量，则上式简化为

$$\begin{bmatrix} X_2 \\ Y_2 \\ Z_2 \end{bmatrix} = \begin{bmatrix} X_p \\ Y_p \\ Z_p \end{bmatrix} + \begin{bmatrix} X_{11} \\ Y_{11} \\ Z_{11} \end{bmatrix} + \begin{bmatrix} 0 & -\psi & \theta \\ \psi & 0 & -\phi \\ -\theta & \phi & 0 \end{bmatrix} \begin{bmatrix} X_{11} \\ Y_{11} \\ Z_{11} \end{bmatrix} \tag{2-19}$$

式中：ψ,θ,ϕ 以弧度表示。

2.2 作用于直升机上的气动力及气动力矩

作用于直升机上的力与力矩是分析直升机动力特性的基本因素，决定着直升机的基本性能，因此必须分析由直升机的旋翼、尾桨、平尾、机身所产生的气动力及它们对重心所

构成的气动力矩。

1. 旋翼的气动力

图 2-12 标出了旋翼所产生的气动力与气动力矩。由第 1 章叙述可知,在构造轴中产生的力有拉力 T,后向力 H_S,侧向力 S_S。尾桨产生的气动力为 T_{wj},直升机的重力为 G。由这些力的几何位置可容易地标出这些力对重心所构成的俯仰力矩、横滚力矩及偏航力矩。

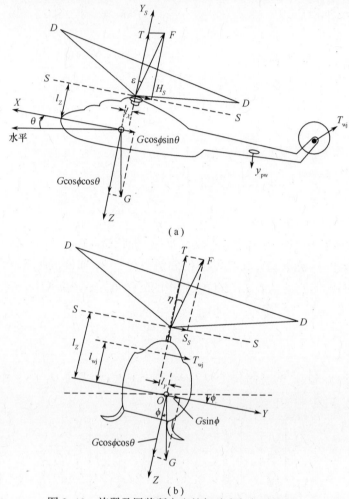

图 2-12　旋翼及尾桨所产生的气动力与气动力矩
(a) 纵向气动力与气动力矩;(b) 侧向气动力与气动力矩。

当后拉操纵手柄飞机抬头时或右压操纵手柄飞机右滚时,旋翼所产生的气动力在机体坐标系中的分量分别为 X_{xy}, Y_{xy}, Z_{xy},其表达式为

$$X_{xy} = -H_S = -F\sin\varepsilon \quad (X\text{轴负方向})$$
$$Y_{xy} = S_S = F\sin\eta \quad (\text{对右旋直升机,是 } Y \text{轴正方向})$$
$$Z_{xy} = -T = -F\cos\varepsilon \quad (Z\text{轴负方向})$$

式中:ε 及 η 分别为气动合力 F 相对于旋转轴 Y_S 的纵向偏转角及侧向偏转角。

2. 尾桨的气动力

尾桨与旋翼不同之处是没有垂直铰和自动倾斜器,故可把它看作无周期变距的构造

平面与机体对称平面平行的小旋翼。因此尾桨拉力可表示为

$$T_{wj} = C_{T_{wj}} \frac{1}{2} \rho (R_{wj} \Omega_{wj})^2 \pi R_{wj}^2 \qquad (2-20)$$

式中：R_{wj} 为尾桨桨叶半径；Ω_{wj} 为尾桨桨叶旋转角速度；$C_{T_{wj}}$ 为尾桨拉力系数。尾桨拉力系数与尾桨桨距近似成正比关系。规定 T_{wj} 与 OY 轴一致为正。

尾桨的阻转力矩 M_{wjz} 近似地与旋翼的阻转力矩 M_{xyz} 成正比。即 $M_{wjz} \approx K_{wj} M_{xyz}$。

3. 平尾的气动力与气动力矩

直升机平尾起水平安定面作用，位于尾梁后段，平尾翼弦与机体纵轴之间的夹角称为平尾安装角 φ_{pw}，此安装角可与油门变距杆或驾驶杆联动。

平尾升力 Z_{pw} 及阻力 X_{pw} 可由下式表示

$$Z_{pw} = C_{Z_{pw}} \cdot \frac{1}{2} \rho V_{pw}^2 S_{pw} \qquad (2-21)$$

$$X_{pw} = C_{X_{pw}} \cdot \frac{1}{2} \rho V_{pw}^2 S_{pw} \qquad (2-22)$$

式中：$C_{Z_{pw}}$ 和 $C_{X_{pw}}$ 分别为平尾升力系数和阻力系数；S_{pw} 为平尾受力面积。

4. 机身的气动力

作用于机身的气动力在机体轴系中的投影有

$$X_{js} = -C_{x_{js}} \cdot \frac{1}{2} \rho V^2 S_{js} \qquad (2-23)$$

$$Y_{js} = C_{y_{js}} \cdot \frac{1}{2} \rho V^2 S_{js} \qquad (2-24)$$

$$Z_{js} = -C_{Z_{js}} \cdot \frac{1}{2} \rho V^2 S_{js} \qquad (2-25)$$

作用于机身气动力对重心所构成的横滚、俯仰及偏航力矩为

$$L_{js} = C_{L_{js}} \frac{1}{2} \rho V^2 S_{js} l_{js} + \Delta L \qquad (2-26)$$

$$M_{js} = C_{M_{js}} \frac{1}{2} \rho V^2 S_{js} l_{js} + \Delta M \qquad (2-27)$$

$$N_{js} = C_{N_{js}} \frac{1}{2} \rho V^2 S_{js} l_{js} + \Delta N \qquad (2-28)$$

式中：$C_{x_{js}}$，$C_{y_{js}}$，$C_{z_{js}}$ 分别为机身在纵向 X，侧向 Y 以及法向 Z 方向的分力气动系数；$C_{L_{js}}$，$C_{M_{js}}$，$C_{N_{js}}$ 分别为机身气动力对重心所构成的滚转力矩、俯仰力矩和偏航力矩气动系数；S_{js} 为机身的最大迎面面积；l_{js} 为机身长度；$\Delta L, \Delta M, \Delta N$ 为绕相应机体轴的修正力矩。

本书中气动力及力矩系数的下标，xy 表示旋翼，wj 表示尾桨，js 表示机身，pw 表示平尾。

由上分析，最终可列出作用在直升机上的力与力矩

$$\begin{cases} X = X_{xy} + X_{wj} + X_{pw} + X_{js} + X_G \\ Y = Y_{xy} + Y_{wj} + Y_{pw} + Y_{js} + Y_G \\ Z = Z_{xy} + Z_{wj} + Z_{pw} + Z_{js} + Z_G \\ L = L_{xy} + L_{wj} + L_{pw} + L_{js} \\ M = M_{xy} + M_{wj} + M_{pw} + M_{js} \\ N = N_{xy} + N_{wj} + N_{pw} + N_{js} \end{cases} \quad (2-29)$$

式中：L_{xy}、M_{xy}、N_{xy} 为旋翼产生的滚转力矩、俯仰力矩及偏航力矩；X_G, Y_G, Z_G 分别为直升机有俯仰与滚转运动时，重力 G 在机体轴上的分量，其值分别为

$$\begin{cases} X_G = -G\sin\theta \\ Y_G = G\cos\theta\sin\phi \\ Z_G = G\cos\theta\cos\phi \end{cases} \quad (2-30)$$

2.3 直升机的平衡动力学

2.3.1 直升机的平衡方程

当直升机作飞行速度大小与方向都不变的定常直线运动时，直升机处于平衡状态，即作用于机体轴上的合力及合力矩均为零，从而得到 6 个平衡方程。根据平衡方程可求出某一飞行状态下，飞机四个操纵量及两个姿态角，即俯仰角 θ 及滚转角 ϕ 的数值，因此通过平衡状态的计算，可得出某一平衡状态下直升机在空中的姿态，另外还可用来校验操纵系统设计范围是否合理，如果在允许的操纵范围内能使直升机在各种不同飞行状态下都保持平衡，并有一定操纵裕量，则认为直升机是可操纵的。

在机体坐标系中，对于右旋直升机，则所建立的纵向平衡方程为

$$\sum X = 0, \quad X_{xy} + X_{wj} + X_{pw} + X_{js} - G\sin\theta = 0 \quad (2-31)$$

$$\sum Z = 0, \quad Z_{xy} + Z_{wj} + Z_{pw} + Z_{js} + G\cos\phi\cos\theta = 0 \quad (2-32)$$

$$\sum M = 0, \quad M_{xy} + M_{wj} + M_{pw} + M_{js} = 0 \quad (2-33)$$

横侧向平衡方程为

$$\sum Y = 0, \quad Y_{xy} + Y_{wj} + Y_{pw} + Y_{js} + G\cos\theta\sin\phi = 0 \quad (2-34)$$

$$\sum L = 0, \quad L_{xy} + L_{wj} + L_{pw} + L_{js} = 0 \quad (2-35)$$

$$\sum N = 0, \quad N_{xy} + N_{wj} + N_{pw} + N_{js} = 0 \quad (2-36)$$

2.3.2 直升机悬停时的平衡

直升机保持高度不变，前飞速度为零，且绕各机体轴的力矩总和为零的飞行状态称为悬停。直升机处于悬停状态时，必须使作用于机体轴上的力与力矩保持平衡。下面将分别分析悬停时的纵向俯仰力矩与纵向力的平衡，航向力矩的平衡，横滚力矩的平衡以及侧向力的平衡。

1. 悬停时纵向力与力矩的平衡

以直升机重心位于旋翼转轴的前面为例,如图 2-13 所示。此时可列出悬停时纵向力的平衡方程。

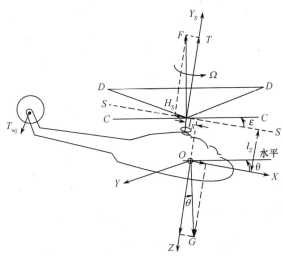

图 2-13 右旋直升机悬停时纵向力与力矩

由前向力方程 $\sum X = 0$ 可得

$$- H_S - G\sin\theta = 0 \tag{2-37}$$

沿 OX 轴正方向的力为正。由于 X 轴位于水平面下方,故图中 θ 为负值。H_S 为拉驾驶杆后引起自动倾斜器纵向倾角 ε 而引起的后向力。ε 是操纵平面 C-C 与构造平面 S-S 之间的夹角,桨尖平面 D-D 与 C-C 平行,旋翼气动合力 F 与 C-C 或 D-D 相垂直。

由垂向力方程 $\sum Z = 0$ 可得

$$- T + G\cos\theta = 0 \tag{2-38}$$

沿 OZ 轴正方向的力为正,T 为与构造平面相垂直的拉力。式(2-38)中没有考虑平尾的气动力。

由俯仰力矩平衡方程 $\sum M = 0$ 可得

$$- Tl_X + H_S l_Z + M_{js} + M_{wj} = 0 \tag{2-39}$$

绕 Y 轴正方向的力矩为正。式中,l_X 为桨毂与重心在 X 轴方向的距离;l_Z 为桨毂与重心在 Z 轴方向的距离;M_{js} 为机身俯仰力矩;M_{wj} 为尾桨引起的纵向力矩。

从上述三个力与力矩的平衡方程可解得三个参数,即拉力 T、后向力 H_S 及机身俯仰角 θ,由 T 可求出旋翼悬停时的总距 δ_c,由 H_S 可求得悬停时的纵向周期变距 δ_e。

在悬停纵向平衡分析中可知,桨尖平面 D-D 始终水平,使合力 F 垂直向上以平衡重力 G。拉力 T 与构造平面 S-S 垂直。操纵平面 C-C 也总是水平。

下面分几种情况进行悬停状态平衡分析。

(1) 假定旋翼轴心在机体轴 OZ 的延长线上,分析俯仰力矩对机身姿态及对操纵倾角的影响。

① $M_{oth} > 0$。称 M_{oth} 为除旋翼所产生的俯仰力矩以外的其他俯仰力矩。当 $M_{oth} > 0$ 时,

直升机产生抬头力矩,此时机身抬头 $\theta>0$,如图 2-14 所示。为获得力矩平衡,驾驶员向前推杆,即操纵平面 $C-C$ 相对于构造平面 $S-S$ 前倾角 ε,$\varepsilon<0$,形成前向力 H_S,其产生的低头力矩平衡 $M_{oth}>0$ 的抬头力矩。

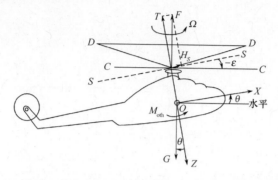

图 2-14　旋翼轴心在机体轴 OZ 的延长线上,当 $M_{oth}>0$ 时的悬停状态

② $M_{oth}<0$。与上述情况相反,直升机出现了低头力矩使 $\theta<0$,为平衡低头力矩,驾驶员需拉杆,出现操纵倾角 $\varepsilon>0$ 及后向力 $-H_S$,以克服低头力矩,如图 2-15 所示。

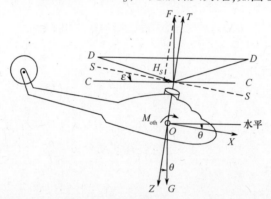

图 2-15　旋翼轴心在机体轴 OZ 的延长线上,当 $M_{oth}<0$ 时的悬停状态

(2) 若 $M_{oth}=0$,下面将研究后重心及前重心悬停时,机身姿态及操纵倾角。

① 当重心在旋翼轴后：$l_X>0$,此时如图 2-16 所示,与旋翼轴心在 OZ 上相比,增加了一个由 T 产生的抬头力矩,因此有类似于图 2-14 所示的平衡状态。

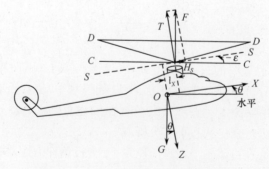

图 2-16　$M_{oth}=0$,后重心时悬停姿态图

② 当重心在旋翼轴前：$l_x<0$，如图 2-17 所示。与旋翼轴心在机体轴 OZ 的延长线上相比，增加了一个低头力矩。因此有类似于图 2-15 所示的平衡状态。

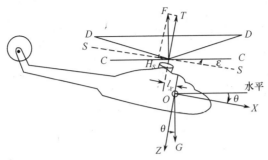

图 2-17　$M_{oth}=0$，前重心时悬停状态

2. 悬停时航向力矩的平衡

以直升机重心在旋翼轴心的后面为例，绕机体垂直轴 OZ 的力矩平衡状态，如图 2-18 所示。航向力矩为

$$\sum N = 0, \quad -T_{wj}l_{TX} - S_S l_X + M_k = 0$$

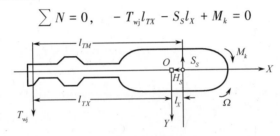

图 2-18　右旋直升机悬停时航向力及力矩

绕 Z 轴正方向力矩为正。式中 l_{TX} 为尾桨至重心的距离，l_X 为旋翼转轴至重心 O 的距离，M_k 为旋翼产生的反作用力矩，近似估计时 $T_{wj}l_{TX}=M_k$，由上式可估算尾桨拉力 T_{wj} 的大小，由于 $T_{wj}=\dfrac{M_k}{l_{TX}}$，从而可求得尾桨距 δ_r 的大小。由悬停至垂直上升时，反作用力矩 M_k 增加，此时需增加尾桨桨距 δ_r。

3. 横滚力矩及侧向力的平衡

由图 2-19 可列出作用于右旋直升机悬停时的横滚力矩及侧向力平衡方程

$$\sum L = 0: \quad T_{wj}l_{wj} - S_S l_Z + Tl_Y = 0 \tag{2-40}$$

$$\sum Y = 0: \quad -S_S + T_{wj} + G\sin\phi = 0 \tag{2-41}$$

式中：沿 OX 轴正方向滚转的力矩（即右滚）为正，图中滚转角 ϕ 为负（即左滚），沿 OY 轴正方向的力为正。由以上两式可求得悬停时，由横向周期变距所产生的侧向力 S_S，从而获得横向周期变距 δ_a，并求出滚转角 ϕ，由图可知，为获得悬停，驾驶员需左压杆。

2.3.3　直升机平飞时的平衡

这里将直升机作水平直线匀速飞行称为平飞状态。与悬停状态相似，可作出平飞时

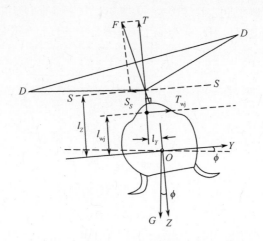

图 2-19　右旋直升机悬停时的横滚力矩及侧向力

作用于纵向的力与力矩。如图 2-20 所示，此时可列出纵向平衡方程，如式（2-42）所示。

$$\begin{cases} \sum X = 0: & H_S - G\sin\theta - D_{js}\cos\theta = 0 \\ \sum Z = 0: & -T + G\cos\theta - D_{js}\sin\theta + T_{pw} = 0 \\ \sum M = 0: & Tl_X - H_S l_Z + M_{js} + M_{wj} + M_{pw} = 0 \end{cases} \quad (2-42)$$

式中：D_{js} 为机身阻力；T_{pw} 为平尾升力；M_{pw} 为平尾所产生俯仰力矩；M_{js} 为机身的俯仰力矩。一般俯仰角 θ 很小，由 $\sum Z = 0$ 可求得 T 近似等于重力，从而可求得直升机平飞时，在不同飞行速度下总距 δ_c 的估计值。

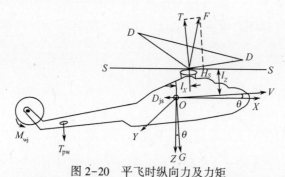

图 2-20　平飞时纵向力及力矩

平飞时侧向平衡方程也与悬停状态相类似，平衡状态如图 2-18、图 2-19 所示。故可列出相应平衡方程。

$$\begin{cases} \sum N = 0: & -T_{wj} l_{TX} - S_S l_X + M_k = 0 \\ \sum Y = 0: & -S_S + T_{wj} + G\sin\phi = 0 \\ \sum L = 0: & T_{wj} l_{wj} - S_S l_Z + Tl_Y = 0 \end{cases} \quad (2-43)$$

由 $\sum N = 0$ 可知，若 S_S 较小，则由式 $M_k = T_{wj} l_{TX}$ 可估算不同平飞状态下尾桨拉力 T_{wj}，

从而得出尾桨桨距 δ_{r}。考虑到多种飞行状态的需要,一般尾桨桨距变化较宽(δ_{r} = 8° ~ 20°)。由横滚力矩平衡可知,为平衡尾桨拉力 T_{wj} 所构成的横滚力矩,对右旋直升机,必须向左压杆,产生横向周期变距 δ_{a},获得 $-S_{S}$,以完成力矩平衡,如图 2-19 所示。

2.4 直升机的稳定性与操纵性

直升机的稳定性与一般物体的稳定性定义是一致的,若直升机的定常运动受到某种扰动离开了平衡位置,当扰动去掉后,若能自动返回平衡位置,则称为静稳定,若停留在干扰消失时的偏离状态则称为中性稳定,若偏离原平衡状态越来越大,则称为静不稳定。直升机的静稳定分纵向、航向及横向静稳定性,本节仅分析其物理特性。

2.4.1 直升机的纵向静稳定性

1. 构造迎角 α_S 不变,前向飞行速度 u 变化 Δu 后的静稳定性

α_S 为直升机机体轴 OX 与直升机空速之间的夹角,称为旋翼迎角,此 α_S 角又称为构造迎角。

若由于扰动使 u_0 发生变化,如果由此产生的附加力矩能使飞行速度复原,则称直升机具有速度稳定性。当直升机以 u_0 速度前飞,趋于平衡状态的旋翼气动合力为 F_0,如图 2-21 所示。

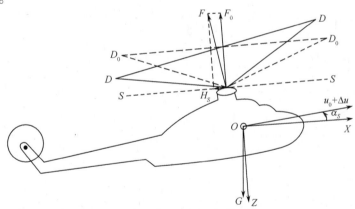

图 2-21 $\Delta\alpha_S = 0$ 时的速度静稳定性

产生速度静稳定的物理原因是由于旋翼的工作。其过程是:前飞时,当飞行速度增加 Δu,桨叶周向来流左右不对称性程度增大,从而使桨尖平面后倒增强,所增加的后向力 ΔH_S 一方面使速度减小,另一方面它又对直升机重心所构成的抬头力矩增大,从而减小前飞速度,使速度恢复至原来值。当前飞速度减小时,则产生与此相反的过程,使速度增加。在悬停状态 $u_0 = 0$ 时,若出现前向速度 Δu,会产生桨尖平面后倒的不均匀周期挥舞,气动合力 F 对重心构成抬头的俯仰力矩,以减小飞行速度,回到悬停状态,故在悬停状态也是速度静稳定的。

综上可知,构造迎角不变时的速度静稳定可用下式表示

$$\left.\frac{\Delta M}{\Delta u}\right|_{\alpha_S = c} > 0(\text{静稳定}), \quad \left.\frac{\Delta M}{\Delta u}\right|_{\alpha_S = c} < 0(\text{静不稳定})$$

由于直升机旋翼对速度具有静稳定性，故直升机悬停状态在阵风扰动作用下，由于静稳定的物理反应，使直升机相对于地面坐标有明显的漂移，这增加了悬停保持操纵的难度。

2. 前飞速度 u 不变，构造迎角变化 $\Delta\alpha_S$ 后的静稳定性

若直升机构造迎角 α_S 由于抬头力矩干扰而使 $\Delta\alpha_S$ 出现正值，如果能产生低头力矩，使直升机恢复至原来 α_{S0}，则认为直升机是静稳定的，反之则是静不稳定的。

当构造迎角 $\Delta\alpha_S$ 为正时，相当于直升机抬头，由图 2-22 可知，此时相当于原来的构造迎角 α_{S0} 的负值减小，从而使相对气流在垂直于构造旋转平面的分速度近似减小 $u \cdot \Delta\alpha_S$，又由图 2-23 可知，它相当于增加了翼型的迎角，由 α_0 增加 $\Delta\alpha$，从而引起桨叶升力增加，导致周期挥舞运动的变化，引起旋翼左右两边升力不对称性更为明显，亦即使桨叶的桨尖平面更加后倒，它所产生的附加抬头力矩使 $\Delta\alpha_S$ 进一步增加。另外由于抬头出现正的 $\Delta\alpha_S$，旋翼的气动合力 F 也随之增加 ΔF，所以更加大了附加的抬头力矩。

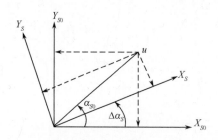

图 2-22 $\Delta\alpha_S$ 增加对垂直于构造平面分速度的影响　　图 2-23 $\Delta\alpha_S$ 增加引起翼型迎角增量 $\Delta\alpha$

当构造迎角减小时，桨尖平面相对于机身前倾，产生附加低头力矩，但由于构造迎角的减小，使旋翼气动合力也减小，所以 $\Delta\alpha_S$ 所引起的低头力矩与相对于 $\Delta\alpha_S$ 增加所引起的抬头力矩从数量上要小一些。

悬停时，当机身俯仰角改变 $\Delta\theta$ 时，由于此时的操纵平面也同样改变 $\Delta\theta$，因此桨尖平面与机身相互关系并无改变，无附加力矩生成，故悬停状态随俯仰角的变化是中性稳定的。

在前飞状态，保持速度不变（$\Delta u = 0$）时，若 $\left.\dfrac{\Delta M}{\Delta\alpha_S}\right|_{\Delta u=0} > 0$，则对构造迎角变化是静不稳定的。若 $\left.\dfrac{\Delta M}{\Delta\alpha_S}\right|_{\Delta u=0} < 0$，则为静稳定的。通常直升机上安装有水平安定面，其面积一般为桨盘面积的 0.2%～0.5%，且安定面是可动的。当操纵总桨距增大时，水平安定面安装角应增大，反之亦然。水平安定面改善了直升机在前飞时旋翼按迎角的静不稳定性。由于水平安定面在重心之后，当构造迎角出现正值，即飞机抬头时水平面出现附加升力，使直升机低头，故 $\left.\dfrac{\Delta M}{\Delta\alpha_S}\right|_{平尾} < 0$，故此时整个直升机构造迎角静稳定性应取决于下式

$$\left(\frac{\Delta M}{\Delta\alpha_S}\right)_{全机} = \left(\frac{\Delta M}{\Delta\alpha_S}\right)_{旋翼} + \left(\frac{\Delta M}{\Delta\alpha_S}\right)_{桨毂} + \left(\frac{\Delta M}{\Delta\alpha_S}\right)_{机身} + \left(\frac{\Delta M}{\Delta\alpha_S}\right)_{平尾} + \cdots \leq 0$$

需说明的是，通常桨毂及机身对迎角 $\Delta\alpha_S$ 是静不稳定的，故由平尾产生静稳定显得

更为重要。

由上分析可知,直升机在前飞状态,由姿态变化 $\Delta\theta$ 而引起的构造迎角变化 $\Delta\alpha_S$,从而出现的静不稳定,除了采用平尾气动增稳外,还应采用以姿态角变化作为电子反馈的增稳系统。它与固定翼飞机不一样,固定翼飞机的电子反馈增稳系统,采用迎角或与迎角有比例关系的法向加速度作为反馈量。

2.4.2 直升机的航向静稳定性

固定翼飞机航向静稳定性主要由垂尾起作用,对于直升机则由尾桨起主要作用。

下面叙述由于侧滑角改变 $\Delta\beta$ 后的航向静稳定性。在此,侧滑角的定义与固定翼飞机一样,是指飞行速度矢量与直升机纵向平面间的夹角。对于左旋翼直升机而言,定义左侧滑为正,如图 2-24 所示。若由于干扰出现侧滑,如果新出现的附加力矩能消除侧滑则认为航向是静稳定的。

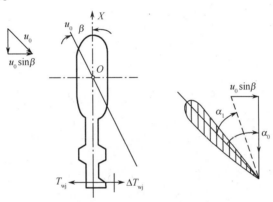

图 2-24 左侧滑时航向静稳定力矩

以左侧滑为例,当机头右偏出现左侧滑时,对尾桨增加了周向来流速度 $u_0\sin\beta$,从而减小了尾桨的翼型迎角,从而导致向左拉力 T_{wj} 减小,相当于产生了向右的尾桨拉力增量 ΔT_{wj},使机头左偏,力图消除左侧滑角,故航向是静稳定的。这是对前飞而言的,若直升机倒飞,风从机尾向机头吹,此时是侧滑静不稳定的。

仅就侧滑而言的航向静稳定可用下式表示:$\dfrac{\Delta N}{\Delta\beta}>0$,则航向静稳定;$\dfrac{\Delta N}{\Delta\beta}<0$,则航向静不稳定。

应注意航向力矩及侧滑角的正负极性,在标准坐标系中,由于立轴向下,故判断航向力矩的正负,左旋直升机应按左手定则决定,右旋直升机则按右手定则决定,也即左旋直升机左偏航为正,右旋直升机右偏航为正。左旋直升机左侧滑为正,右旋直升机右侧滑为正。

2.4.3 直升机的横滚静稳定性

对右旋直升机而言,若由于某种干扰力矩($L_d>0$)使飞机产生右横滚($\phi>0$),此时旋翼气动合力发生右倾斜,使直升机向右移动(侧向速度 $v>0$),前飞时出现右侧滑($\beta>0$),如图 2-25 所示。对于旋翼来说,此时与纵向时由于前飞而出现旋翼后倒相类似,由于直升机右侧滑向右移动,出现旋翼左倒,因此出现向左滚转的恢复力矩,可理解为由侧滑而引起的力矩($L_\beta\beta<0$)。对于尾桨来说,由于向右移动,相对气流使尾桨构造迎角增大,从而使向左拉力加大,一般该拉力在重心上面,故出现左滚恢复力矩。由上分析可知,直升机前飞时在旋翼与尾桨上均会出现横滚静稳定力矩。

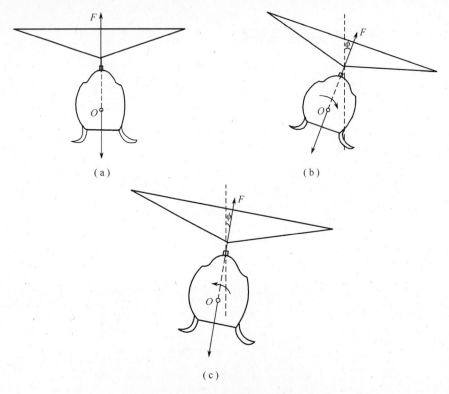

图 2-25 横滚静稳定过程

(a) 初始状态($\Delta v=0,\Delta\phi=0,\Delta\beta=0$);(b) 干扰状态($L_d>0,\Delta\phi>0,\Delta v>0,\Delta\beta>0$);
(c) 横滚恢复稳定($L_\beta\beta<0,\Delta\phi$减小,$\Delta v$减小,$\Delta\beta$减小)。

由以上纵向、航向与横滚静稳定特性的物理原因可知,由于悬停时前飞速度为零,旋翼与尾桨均失去了产生稳定力矩的条件,因此在悬停状态俯仰、航向与滚转三个通道都是静不稳定的。所以悬停状态更需要采用电子反馈,以增加三个通道的稳定性。

2.4.4 直升机的阻尼特性

1. 俯仰阻尼力矩

以 $M=M_q q$ 表示阻尼力矩(M_q 为单位俯仰角速度而引起的俯仰力矩)。俯仰阻尼力矩 $M_q q$ 主要是由旋翼引起的。当直升机以角速度 q 绕 OY 轴转动时由于桨叶和桨毂是铰接式连接的,机身抬头这一特性,不能立即使旋翼桨尖平面相应地抬起一个角度,如图 2-26 所示。它是通过自动倾斜器与桨叶摇臂相连的小拉杆改变桨叶的安装角,然后通过空气动力的作用才使旋翼桨尖平面跟着直升机而转动,所以桨尖平面的转动滞后于机身的转动。由图 2-26 可知,这将导致出现一个逆向的低头力矩,即阻尼力矩。同理,当机头低头转动时,即出现抬头阻尼力矩。也即当 $M_q = \dfrac{\Delta M}{\Delta q} < 0$ 时,则有阻尼力矩。显然阻尼力矩仅在有角速度时才存在,当停止转动时 $q=0$,由于桨尖平面将会跟踪构造旋转平面,阻尼力矩即消失。从结构上考虑,增加桨叶绕水平铰惯性矩、压低直升机重心位置等可增加阻尼。

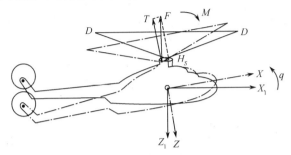

图 2-26 俯仰阻尼力矩

2. 偏航阻尼力矩

当直升机出现机头转动角速度 r 时,则出现偏航阻尼力矩 N,且

$$N = N_r \cdot r$$

式中:N_r 为偏航阻尼力矩系数且 $N_r = \dfrac{\Delta N}{\Delta r} < 0$。航向阻尼力矩主要由尾桨提供。以图 2-27 所示的左旋直升机为例,当出现偏航角速度 r 时,则出现尾桨轴向来流 rl_{TX},它减小了尾桨构造迎角,尾桨向左的拉力减小了 ΔT_{wj},相当于增加了向右的尾桨拉力 ΔT_{wj},从而出现与 r 相反的对重心 O 的偏航阻尼力矩。若机头产生 $-r$,则过程相反,出现右偏航阻尼力矩。

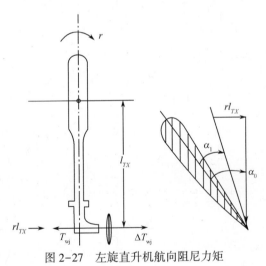

图 2-27 左旋直升机航向阻尼力矩

3. 横滚阻尼力矩

横滚阻尼力矩 $L = L_p p$ 主要由旋翼及尾桨产生,p 为滚转角速度。当 $L_p = \dfrac{\Delta L}{\Delta p} < 0$ 时,则有横滚阻尼力矩。旋翼产生横滚阻尼力矩的物理原因与俯仰阻尼力矩产生原因相类似,横滚阻尼主要由尾桨产生,尾桨产生阻尼力矩的原因如图 2-28 所示。若直升机产生如

图所示的左滚运动,对尾桨产生附加来流 pl_{wj},使尾桨桨叶迎角减少,拉力减小 ΔT_{wj},从而产生右滚力矩 $\Delta T_{wj} l_{wj}$ 以阻尼左滚。当直升机右滚时,则出现左滚阻尼力矩。

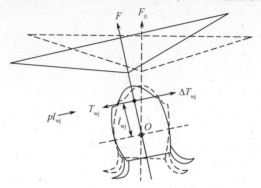

图 2-28　横滚阻尼力矩

2.4.5　直升机的操纵性

操纵性指直升机在操纵状态下,飞行状态改变的动态特性。它涉及两个含义:操纵的灵敏度和操纵时动态过程响应的时间。操纵灵敏度指的是操纵机构移动单位角度或某单位行程时,直升机所能达到的稳态转动角速度。故纵向操纵灵敏度为自动倾斜器纵向偏转 $\Delta \delta_e$ 角所产生的俯仰角速度 Δq,航向灵敏度为尾桨桨距变化 $\Delta \delta_r$ 角所产生的偏航角速度 Δr,横向灵敏度为自动倾斜器横向偏转 $\Delta \delta_a$ 角所产生的横滚角速度 Δp。因此操纵灵敏度不仅与操纵功效(单位操纵量所对应的操纵力矩大小)有关,还与阻尼力矩有关。稳态后直升机各通道操纵力矩与阻尼力矩相平衡。由于直升机的阻尼力矩较小,因此直升机比固定翼飞机具有较高的操纵灵敏度。

操纵性的另一含义是操纵时的动态响应时间。为了适应人的反应时间(一般在 0.5~1.0s 之间),希望各操纵通道角速度动态过渡时间在 0.5~1.0s 之间到达稳态值。但由于直升机频带较窄,因此对轻型直升机,在悬停状态时,俯仰角速度的响应时间往往为 2.0~7.5s,偏航角速度的响应时间为 2.5~5.5s,滚转角速度的响应时间为 1.0~1.5s。为了加快响应的动态过程,应在直升机自身结构上采取措施,如在旋翼中增加"稳定杆",另外各通道采用电子反馈,进行人工阻尼。

2.5　直升机运动学方程及特性分析

2.5.1　直升机动力学方程

与一般固定翼飞行器一样,直升机机体动力学方程可由牛顿第二定律导出。该定律的矢量形式为

$$\begin{cases} \sum \boldsymbol{F} = \dfrac{\mathrm{d}}{\mathrm{d}t}(m\boldsymbol{V}) \bigg|_i \\ \sum \boldsymbol{M} = \dfrac{\mathrm{d}\boldsymbol{H}}{\mathrm{d}t} \bigg|_i \end{cases} \qquad (2-44)$$

式中：F 为外力；m 为飞行器质量；V 为飞行器质心速度；M 为外力矩；H 为动量矩；$|_i$ 表示在惯性空间中，亦即直升机在惯性空间坐标中的动力学方程。

假设 m 为常数，又假设与地球坐标系固连的地面坐标系为惯性参考系，亦即设地面坐标系为惯性坐标系，则去掉上式中的"$|_i$"，于是式(2-44)可写成

$$\sum F = m \frac{\mathrm{d}V}{\mathrm{d}t} \tag{2-45}$$

$$\sum M = \frac{\mathrm{d}H}{\mathrm{d}t} \tag{2-46}$$

将惯性坐标系中的绝对速度 V 及绝对动量矩 H 分解到机体坐标系中。机体坐标系是动坐标系，由动坐标系表示的绝对导数可写为

$$\frac{\mathrm{d}V}{\mathrm{d}t} = 1_V \frac{\widetilde{\mathrm{d}V}}{\mathrm{d}t} + \boldsymbol{\Omega} \times V \tag{2-47}$$

$$\frac{\mathrm{d}H}{\mathrm{d}t} = 1_H \frac{\widetilde{\mathrm{d}H}}{\mathrm{d}t} + \boldsymbol{\Omega} \times H \tag{2-48}$$

式中：1_V 为沿 V 的单位向量；$\boldsymbol{\Omega}$ 为动坐标系对惯性坐标系（即地面坐标系）的总角速度向量；× 表示叉积；1_H 为沿动量矩 H 的单位向量；$\frac{\widetilde{\mathrm{d}V}}{\mathrm{d}t}$ 和 $\frac{\widetilde{\mathrm{d}H}}{\mathrm{d}t}$ 表示直升机在机体坐标系中的相对导数。

将 V 和 $\boldsymbol{\Omega}$ 分解到机体坐标系上的分量分别为

$$V = iu + jv + kw \tag{2-49}$$

$$\boldsymbol{\Omega} = ip + jq + kr \tag{2-50}$$

式中：u 为沿机体 OX 轴线速度；v 为沿 OY 轴线速度；w 为沿 OZ 轴线速度；p 为绕 OX 轴角速度；q 为绕 OY 轴角速度；r 为绕 OZ 轴角速度；i, j, k 分别为沿机体轴 OX, OY, OZ 的单位向量。

式(2-47)中的第一项表示 $\boldsymbol{\Omega}=0$ 时的惯性加速度，第二项 $\boldsymbol{\Omega} \times V$ 表示线速度 V 方向发生改变，而产生的加速度，亦即直升机作曲线运动时在重心处产生的惯性加速度。

而

$$\boldsymbol{\Omega} \times V = \begin{vmatrix} i & j & k \\ p & q & r \\ u & v & w \end{vmatrix} \tag{2-51}$$

对上式展开得

$$\boldsymbol{\Omega} \times V = i(wq - vr) + j(ur - wp) + k(vp - uq) \tag{2-52}$$

将式(2-47)中的 $1_V \frac{\mathrm{d}V}{\mathrm{d}t}$ 分解到机体坐标系上，则

$$1_V \frac{\widetilde{\mathrm{d}V}}{\mathrm{d}t} = i \frac{\widetilde{\mathrm{d}u}}{\mathrm{d}t} + j \frac{\widetilde{\mathrm{d}v}}{\mathrm{d}t} + k \frac{\widetilde{\mathrm{d}w}}{\mathrm{d}t} \tag{2-53}$$

令 $\dot{u} = \tilde{\mathrm{d}}u/\mathrm{d}t, \dot{v} = \tilde{\mathrm{d}}v/\mathrm{d}t, \dot{w} = \tilde{\mathrm{d}}w/\mathrm{d}t$，则上式变成

$$1_V \frac{\tilde{\mathrm{d}}V}{\mathrm{d}t} = i\dot{u} + j\dot{v} + k\dot{w} \tag{2-54}$$

将式(2-45)中的 $\sum F$ 分解到机体坐标系上，则

$$\sum F = iX + jY + kZ \tag{2-55}$$

将式(2-54)及式(2-52)代入式(2-47)则得

$$\frac{\mathrm{d}V}{\mathrm{d}t} = i(\dot{u} + wq - vr) + j(\dot{v} + ur - wp) + k(\dot{w} + vp - uq) \tag{2-56}$$

将式(2-56)，式(2-55)代入式(2-45)则最终可得由机体坐标系表示的力的牛顿动力学方程

$$\begin{cases} m\left(\dfrac{\mathrm{d}u}{\mathrm{d}t} + wq - vr\right) = \sum X \\ m\left(\dfrac{\mathrm{d}v}{\mathrm{d}t} + ur - wp\right) = \sum Y \\ m\left(\dfrac{\mathrm{d}w}{\mathrm{d}t} + vp - uq\right) = \sum Z \end{cases} \tag{2-57}$$

图 2-29 绘出了直升机质心移动动力学各物理量的方向，表明了直升机在惯性坐标系中的绝对速度 V 及机体转动 Ω 而引起的绝对加速度分解至机体坐标系中的各分量。

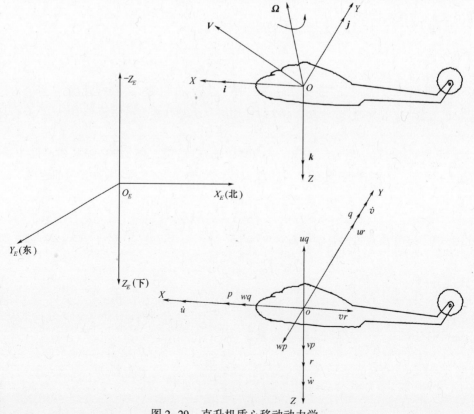

图 2-29　直升机质心移动动力学

下面推导飞机在外力矩作用下直升机绕质心转动的动力学方程。式(2-46)中的 H 是动量矩。当一物体以 Ω 绕质心 O 转动时,单元质量 dm 引起的动量矩为

$$d\boldsymbol{H} = \boldsymbol{r} \times (\boldsymbol{\Omega} \times \boldsymbol{r})dm \qquad (2-58)$$

如图 2-30 所示。

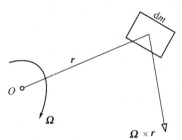

图 2-30 以 Ω 绕质心 O 转动时的动量矩

式(2-58)中,r 为质心至单元质量 dm 的向径。对式(2-58)积分,则可得飞机的动量矩

$$\boldsymbol{H} = \int d\boldsymbol{H} = \int \boldsymbol{r} \times (\boldsymbol{\Omega} \times \boldsymbol{r})dm \qquad (2-59)$$

将 $r = ix+jy+kz$;$\Omega = ip+jq+kr$ 代入上式可得

$$\begin{aligned}\boldsymbol{H} = &\boldsymbol{i}\int[(y^2+z^2)p - xyq - xzr]dm + \\ &\boldsymbol{j}\int[(z^2+x^2)q - yzr - xyp]dm + \\ &\boldsymbol{k}\int[(x^2+y^2)r - xzp - yzq]dm\end{aligned} \qquad (2-60)$$

因为绕 X 轴的转动惯量为 $\int(y^2+z^2)dm = I_x$,绕 Y 轴的转动惯量为 $\int(x^2+z^2)dm = I_y$,绕 Z 轴的转动惯量为 $\int(x^2+y^2)dm = I_z$,以及惯性积 $\int xy dm = I_{xy} = I_{yx}$,$\int yz dm = I_{yz} = I_{zy}$,$\int xz dm = I_{xz} = I_{zx}$,又由于飞机的 OXZ 平面对称,故 $I_{xy} = I_{yx} = I_{yz} = I_{zy} = 0$,式(2-60)可写为

$$\begin{cases} H_x = pI_x - rI_{xz} \\ H_y = qI_y \\ H_z = rI_z - pI_{xz} \end{cases} \qquad (2-61)$$

因式(2-48)中的

$$1_H \frac{\widetilde{d\boldsymbol{H}}}{dt} = \boldsymbol{i}\frac{\widetilde{dH_x}}{dt} + \boldsymbol{j}\frac{\widetilde{dH_y}}{dt} + \boldsymbol{k}\frac{\widetilde{dH_z}}{dt} \qquad (2-62)$$

因此由式(2-61)及式(2-62)可得

$$\begin{cases} \dfrac{\widetilde{dH_x}}{dt} = \dot{p}I_x - \dot{r}I_{xz} \\[6pt] \dfrac{\widetilde{dH_y}}{dt} = \dot{q}I_y \\[6pt] \dfrac{\widetilde{dH_z}}{dt} = \dot{r}I_z - \dot{p}I_{xz} \end{cases} \qquad (2-63)$$

由于式(2-48)的第二项为

$$\boldsymbol{\Omega} \times \boldsymbol{H} = \begin{vmatrix} \boldsymbol{i} & \boldsymbol{j} & \boldsymbol{k} \\ p & q & r \\ H_x & H_y & H_z \end{vmatrix} = \boldsymbol{i}(qH_z - rH_y) + \boldsymbol{j}(rH_x - pH_z) + \boldsymbol{k}(pH_y - qH_x)$$

(2-64)

又有

$$\sum \boldsymbol{M} = \boldsymbol{i}L + \boldsymbol{j}M + \boldsymbol{k}N \tag{2-65}$$

将式(2-63)~式(2-65)代入式(2-48)又结合式(2-46),则最终可得由机体坐标表示的直升机在外界力矩作用下的牛顿角运动方程

$$\begin{cases} I_x \dfrac{\mathrm{d}p}{\mathrm{d}t} + (I_z - I_y)qr - I_{xz}\left(pq + \dfrac{\mathrm{d}r}{\mathrm{d}t}\right) = \sum L \\ I_y \dfrac{\mathrm{d}q}{\mathrm{d}t} + (I_x - I_z)rp + I_{xz}(p^2 - r^2) = \sum M \\ I_z \dfrac{\mathrm{d}r}{\mathrm{d}t} + (I_y - I_x)pq - I_{xz}\left(\dfrac{\mathrm{d}p}{\mathrm{d}t} - qr\right) = \sum N \end{cases} \tag{2-66}$$

式中:I_x, I_y, I_z 为直升机对 OX、OY、OZ 轴的转动惯量;I_{xz} 为直升机对 OX 和 OZ 轴的惯性积;$\sum L, \sum M, \sum N$ 为绕 OX、OY、OZ 机体轴转动的力矩之和,绕机体轴正方向转动的力矩为正。

2.5.2 小扰动线性化方程

与固定翼飞机一样,直升机的运动可分为基准运动和扰动运动。基准运动是指直升机按照某设计意图,以一定规律进行的运动。扰动运动是在外来干扰或控制作用下,直升机在原基准运动的基础上进行的增量运动。直升机的增量运动量与外界扰动量成线性关系,所以小扰动运动是增量线性化运动。事实证明,运用小扰动法分析直升机的稳定性与操纵性,既可使研究的问题简化,又具有足够的准确度。

1. 小扰动方程的建立

小扰动运动方程的推导过程如下,设某全量非线性运动方程为

$$f(x_1, x_2, \cdots, x_n) = 0 \tag{2-67}$$

式中,变量 $x_i(i=1,2,\cdots,n)$ 为运动状态量或其导数,且可表示成基准运动状态量 x_{i0} 和小扰动偏离量 Δx_i 之和,因此 $x_i = x_{i0} + \Delta x_i$,而不管什么运动,如下两式总是满足的:

$$f(x_{10}, x_{20}, \cdots, x_{n0}) = 0 \tag{2-68}$$

$$f(x_{10} + \Delta x_1, x_{20} + \Delta x_2, \cdots, x_{n0} + \Delta x_n) = 0 \tag{2-69}$$

由于 Δx_i 是小扰动量(又称增量),故可将上式展开成泰勒级数,并忽略其二阶及二阶以上导数,则得到

$$f(x_{10}, x_{20}, \cdots, x_{n0}) + \left(\frac{\partial f}{\partial x_1}\right)_0 \Delta x_1 + \left(\frac{\partial f}{\partial x_2}\right)_0 \Delta x_2 + \cdots + \left(\frac{\partial f}{\partial x_n}\right)_0 \Delta x_n = 0 \quad (2-70)$$

由于式(2-70)中第一项为零,故可得如下线性化小扰动方程

$$\left(\frac{\partial f}{\partial x_1}\right)_0 \Delta x_1 + \left(\frac{\partial f}{\partial x_2}\right)_0 \Delta x_2 + \cdots + \left(\frac{\partial f}{\partial x_n}\right)_0 \Delta x_n = 0 \quad (2-71)$$

式中的系数 $\left(\frac{\partial f}{\partial x_1}\right)_0, \left(\frac{\partial f}{\partial x_2}\right)_0, \cdots, \left(\frac{\partial f}{\partial x_n}\right)_0$，都是某一基准运动确定点的偏导数，均是已知常数。

2. 小扰动全面运动状态方程及运动特性

本节将运用上述方法，对直升机全量运动方程进行线性化处理，建立直升机的小扰动线性化全面运动方程，并对运动模态进行特性分析。

将直升机的姿态变化量 $\Delta\theta$、横滚角变化量 $\Delta\phi$、偏航角变化量 $\Delta\psi$ 及其角速率变化量 $\Delta q, \Delta p, \Delta r$ 和沿三轴的速度变化量 $\Delta u, \Delta v, \Delta w$ 等作为被控量。以 $\Delta W_e, \Delta W_a, \Delta W_r, \Delta W_c$ 分别表示旋翼纵向周期变距、横向周期变距、尾桨桨距及旋翼总距相对应的增量操纵量。则直升机由机体坐标表示的增量线性化状态方程为

$$H\Delta \dot{X} = F\Delta X + M\Delta W \quad (2-72)$$

取状态变量

$$\Delta X = \begin{bmatrix} \Delta u & \Delta v & \Delta w & \Delta\theta & \Delta\phi & \Delta\psi & \Delta q & \Delta p & \Delta r \end{bmatrix}^T$$

控制变量

$$\Delta W = \begin{bmatrix} \Delta W_e & \Delta W_a & \Delta W_r & \Delta W_c \end{bmatrix}^T$$

则各状态系数阵为

$$H = \begin{bmatrix} X_{\dot{u}} & X_{\dot{v}} & X_{\dot{w}} & X_q & X_p & X_r & 0 & 0 & 0 \\ Y_{\dot{u}} & Y_{\dot{v}} & Y_{\dot{w}} & Y_q & Y_p & Y_r & 0 & 0 & 0 \\ Z_{\dot{u}} & Z_{\dot{v}} & Z_{\dot{w}} & Z_q & Z_p & Z_r & 0 & 0 & 0 \\ L_{\dot{u}} & L_{\dot{v}} & L_{\dot{w}} & L_q & L_p & L_r & L_{\dot{q}} & L_{\dot{p}} & L_{\dot{r}} \\ M_{\dot{u}} & M_{\dot{v}} & M_{\dot{w}} & M_q & M_p & M_r & M_{\dot{q}} & M_{\dot{p}} & M_{\dot{r}} \\ N_{\dot{u}} & N_{\dot{v}} & N_{\dot{w}} & N_q & N_p & N_r & N_{\dot{q}} & N_{\dot{p}} & N_{\dot{r}} \\ 0 & 0 & 0 & 1 & 0 & 0 & 0 & 0 & 0 \\ 0 & 0 & 0 & 0 & 1 & 0 & 0 & 0 & 0 \\ 0 & 0 & 0 & 0 & 0 & 1 & 0 & 0 & 0 \end{bmatrix} \quad (2-73)$$

$$F = \begin{bmatrix} X_u & X_v & X_w & X_\theta & X_\phi & X_\psi & 0 & 0 & 0 \\ Y_u & Y_v & Y_w & Y_\theta & Y_\phi & Y_\psi & 0 & 0 & 0 \\ Z_u & Z_v & Z_w & Z_\theta & Z_\phi & Z_\psi & 0 & 0 & 0 \\ L_u & L_v & L_w & L_\theta & L_\phi & L_\psi & 0 & 0 & 0 \\ M_u & M_v & M_w & M_\theta & M_\phi & M_\psi & 0 & 0 & 0 \\ N_u & N_v & N_w & N_\theta & N_\phi & N_\psi & 0 & 0 & 0 \\ 0 & 0 & 0 & 0 & 0 & 0 & 1 & 0 & 0 \\ 0 & 0 & 0 & 0 & 0 & 0 & 0 & 1 & 0 \\ 0 & 0 & 0 & 0 & 0 & 0 & 0 & 0 & 1 \end{bmatrix} \quad (2-74)$$

$$M = \begin{bmatrix} X_{w_e} & X_{w_a} & X_{w_r} & X_{w_c} \\ Y_{w_e} & Y_{w_a} & Y_{w_r} & Y_{w_c} \\ Z_{w_e} & Z_{w_a} & Z_{w_r} & Z_{w_c} \\ L_{w_e} & L_{w_a} & L_{w_r} & L_{w_c} \\ M_{w_e} & M_{w_a} & M_{w_r} & M_{w_c} \\ N_{w_e} & N_{w_a} & N_{w_r} & N_{w_c} \\ 0 & 0 & 0 & 0 \\ 0 & 0 & 0 & 0 \\ 0 & 0 & 0 & 0 \end{bmatrix} \quad (2-75)$$

直升机状态系数阵中的各气动导数有明确的量纲及其物理意义,且与直升机采用的坐标体系及量测单位密切相关。例如以某直升机为例,采用如图 2-31 所示的左旋直升机机体坐标系。原点 O 设在直升机的重心上,纵轴 OX 通过重心,指向机头方向为正。竖轴 OZ 通过直升机重心与桨轴平行向下为正。横轴 OY 与 XOZ 平面垂直。OY 轴的正方向这样规定:对左旋翼直升机,按左手定则以指向左方为正。图 2-31 中的 u,v,w 分别为飞行速度在纵轴、横轴及竖轴方向的速度分量。p,q,r 分别为绕 X,Y,Z 轴的角速度。按左手定则左滚为正,抬头为正,左偏航为正。纵向操纵时拉杆为正,横向操纵时左压杆为正,航向操纵时右脚蹬向前为正,总距操纵时增距为正。

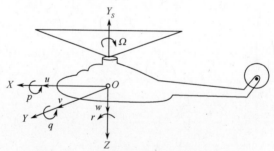

图 2-31 左旋直升机机体坐标系 $O\text{-}XYZ$

状态方程中各系数阵的气动系数的物理含义及量纲单位如表 2-1 所示。

表 2-1 状态方程各参数量纲(千克·米·秒制)

参数	量纲	参数	量纲	参数	量纲	参数	量纲	参数	量纲	参数	量纲
$X_{\dot{a}}$	kg·s²/m	$Y_{\dot{a}}$	kg·s²/m	$Z_{\dot{a}}$	kg·s²/m	$L_{\dot{a}}$	kg·s²	$M_{\dot{a}}$	kg·s²	$N_{\dot{a}}$	kg·s²
$X_{\dot{b}}$	kg·s²/m	$Y_{\dot{b}}$	kg·s²/m	$Z_{\dot{b}}$	kg·s²/m	$L_{\dot{b}}$	kg·s²	$M_{\dot{b}}$	kg·s²	$N_{\dot{b}}$	kg·s²
$X_{\dot{w}}$	kg·s²/m	$Y_{\dot{w}}$	kg·s²/m	$Z_{\dot{w}}$	kg·s²/m	$L_{\dot{w}}$	kg·s²	$M_{\dot{w}}$	kg·s²	$N_{\dot{w}}$	kg·s²
X_u	kg·s/m	Y_u	kg·s/m	Z_u	kg·s/m	L_u	kg·s	M_u	kg·s	N_u	kg·s
X_v	kg·s/m	Y_v	kg·s/m	Z_v	kg·s/m	L_v	kg·s	M_v	kg·s	N_v	kg·s
X_w	kg·s/m	Y_w	kg·s/m	Z_w	kg·s/m	L_w	kg·s	M_w	kg·s	N_w	kg·s
X_q	kg·s/rad	Y_q	kg·s/rad	Z_q	kg·s/rad	L_q	kg·s·m/rad	M_q	kg·s·m/rad	N_q	kg·s·m/rad
X_p	kg·s/rad	Y_p	kg·s/rad	Z_p	kg·s/rad	L_p	kg·s·m/rad	M_p	kg·s·m/rad	N_p	kg·s·m/rad

(续)

参数	量纲	参数	量纲	参数	量纲	参数	量纲	参数	量纲	参数	量纲
X_r	kg·s/rad	Y_r	kg·s/rad	Z_r	kg·s/rad	L_r	kg·s·m/rad	M_r	kg·s·m/rad	N_r	kg·s·m/rad
X_θ	kg/rad	Y_θ	kg/rad	Z_θ	kg/rad	L_θ	kg·m/rad	M_θ	kg·m/rad	N_θ	kg·m/rad
X_ϕ	kg/rad	Y_ϕ	kg/rad	Z_ϕ	kg/rad	L_ϕ	kg·m/rad	M_ϕ	kg·m/rad	N_ϕ	kg·m/rad
X_ψ	kg/rad	Y_ψ	kg/rad	Z_ψ	kg/rad	L_ψ	kg·m/rad	M_ψ	kg·m/rad	N_ψ	kg·m/rad
X_{w_e}	kg/cm	Y_{w_e}	kg/cm	Z_{w_e}	kg/cm	L_{w_e}	kg·m/cm	M_{w_e}	kg·m/cm	N_{w_e}	kg·m/cm
X_{w_a}	kg/cm	Y_{w_a}	kg/cm	Z_{w_a}	kg/cm	L_{w_a}	kg·m/cm	M_{w_a}	kg·m/cm	N_{w_a}	kg·m/cm
X_{w_r}	kg/cm	Y_{w_r}	kg/cm	Z_{w_r}	kg/cm	L_{w_r}	kg·m/cm	M_{w_r}	kg·m/cm	N_{w_r}	kg·m/cm
X_{w_c}	kg/cm	Y_{w_c}	kg/cm	Z_{w_c}	kg/cm	L_{w_c}	kg·m/cm	M_{w_c}	kg·m/cm	N_{w_c}	kg·m/cm

以重量为 4.1t 某直升机为例。其前飞速度为 22m/s,前进比 $\mu=0.1$,其状态方程为 $\boldsymbol{H}_r \Delta \dot{\boldsymbol{X}} = \boldsymbol{F}_r \Delta \boldsymbol{X} + \boldsymbol{M}_r \Delta \boldsymbol{W}$,其中 $\boldsymbol{H}_r, \boldsymbol{F}_r, \boldsymbol{M}_r$ 分别为

$$\boldsymbol{H}_r = \begin{bmatrix} -4100 & 0 & 3.8 & 2310.9 & -1155.8 & 542.2 & 0 & 0 & 0 \\ 0 & -4100 & 0 & -1131.7 & -2362.3 & -89528 & 0 & 0 & 0 \\ 0 & 0 & -4092.3 & 90146 & -177.7 & -29.3 & 0 & 0 & 0 \\ 0 & 0 & 0.5 & -4805.0 & -10738.4 & 48.4 & 300 & -3632 & 1157.0 \\ 0 & 0 & 39.7 & -13234.4 & 5100.8 & -12.6 & -13572.0 & 300 & -272.2 \\ 0 & 0 & -0.2 & 4903.8 & 2055.4 & -1050.8 & -272.0 & 1157.0 & -11644.0 \\ 0 & 0 & 0 & 1 & 0 & 0 & 0 & 0 & 0 \\ 0 & 0 & 0 & 0 & 1 & 0 & 0 & 0 & 0 \\ 0 & 0 & 0 & 0 & 0 & 1 & 0 & 0 & 0 \end{bmatrix}$$

$$\boldsymbol{F}_r = \begin{bmatrix} 105.1 & 111.4 & 26.6 & 40156.6 & 0.5 & 2275.3 & 0 & 0 & 0 \\ -29.3 & 300.5 & -186.7 & 0 & -40156.6 & -8.0 & 0 & 0 & 0 \\ 573.6 & 22.2 & 2283.9 & 8.0 & -2275.3 & 0 & 0 & 0 & 0 \\ -74.7 & 254.5 & -739.1 & 0 & 0 & 0 & 0 & 0 & 0 \\ -290.9 & -168.8 & 294.3 & 0 & 0 & 0 & 0 & 0 & 0 \\ 131.5 & -364.9 & 195.8 & 0 & 0 & 0 & 0 & 0 & 0 \\ 0 & 0 & 0 & 0 & 0 & 0 & 1 & 0 & 0 \\ 0 & 0 & 0 & 0 & 0 & 0 & 0 & 1 & 0 \\ 0 & 0 & 0 & 0 & 0 & 0 & 0 & 0 & 1 \end{bmatrix}$$

$$M_r = \begin{bmatrix} -83.2 & 0 & 0 & 3.3 \\ 9.3 & -54.9 & 141.9 & -11.6 \\ -99.6 & -0.5 & 0 & 437 \\ 34.2 & -239.5 & 36.2 & -4.6 \\ 359.2 & 0 & 7.8 & 2.2 \\ -5.2 & 4.8 & -948.9 & -148 \\ 0 & 0 & 0 & 0 \\ 0 & 0 & 0 & 0 \\ 0 & 0 & 0 & 0 \end{bmatrix}$$

以上各系数阵气动导数的角度以弧度为单位。而直升机自动倾斜器的周期变距以度为单位。所以需对上述矩阵进行量纲的转换,列出以"度"为单位各系数阵 H, F, M。

$$H = \begin{bmatrix} -4100 & 0 & 3.8 & 40.33 & -20.171 & 9.4625 & 0 & 0 & 0 \\ 0 & -4100 & 0 & -19.75 & -41.227 & -1562.4 & 0 & 0 & 0 \\ 0 & 0 & -4092 & 1573.2 & -3.1012 & -0.51134 & 0 & 0 & 0 \\ 0 & 0 & 0.5 & -83.857 & -187.41 & 0.84468 & 5.2356 & -63.386 & 20.192 \\ 0 & 0 & 39.7 & -230.97 & 89.019 & -0.2199 & -236.86 & 5.2356 & -4.7469 \\ 0 & 0 & -0.2 & 85.581 & 35.871 & -18.339 & -4.7469 & 20.192 & -203.21 \\ 0 & 0 & 0 & 1 & 0 & 0 & 0 & 0 & 0 \\ 0 & 0 & 0 & 0 & 1 & 0 & 0 & 0 & 0 \\ 0 & 0 & 0 & 0 & 0 & 1 & 0 & 0 & 0 \end{bmatrix}$$

$$F = \begin{bmatrix} 105.1 & 111.4 & 26.6 & 700.81 & 0.008726 & 39.709 & 0 & 0 & 0 \\ -29.3 & 300.5 & -186.7 & 0 & -700.81 & -0.13962 & 0 & 0 & 0 \\ 573.6 & 22.2 & 2283.9 & 0.13962 & -39.709 & 0 & 0 & 0 & 0 \\ -74.7 & 254.5 & -739.1 & 0 & 0 & 0 & 0 & 0 & 0 \\ -290.9 & -168.8 & 294.3 & 0 & 0 & 0 & 0 & 0 & 0 \\ 131.5 & -364.9 & 195.8 & 0 & 0 & 0 & 0 & 0 & 0 \\ 0 & 0 & 0 & 0 & 0 & 0 & 1 & 0 & 0 \\ 0 & 0 & 0 & 0 & 0 & 0 & 0 & 1 & 0 \\ 0 & 0 & 0 & 0 & 0 & 0 & 0 & 0 & 1 \end{bmatrix}$$

$$M = \begin{bmatrix} -83.2 & 0 & 0 & 3.3 \\ 9.3 & -54.9 & 141.9 & -11.6 \\ -99.6 & -0.5 & 0 & 437 \\ 34.2 & -239.5 & 36.2 & -4.6 \\ 359.2 & 0 & 7.8 & 2.2 \\ -5.2 & 4.8 & -948.9 & -148 \\ 0 & 0 & 0 & 0 \\ 0 & 0 & 0 & 0 \\ 0 & 0 & 0 & 0 \end{bmatrix}$$

状态方程式(2-72)描述了沿机体坐标的3个力及绕机体轴的3个力矩小扰动方程,在小扰动线性化假设下认为

$$\Delta\dot{\theta} = \Delta q, \quad \Delta\dot{\phi} = \Delta p, \quad \Delta\dot{\psi} = \Delta r$$

将式(2-72)化为标准形式的直升机小扰动线性化状态方程,则

$$\begin{cases} \Delta \dot{X} = H^{-1}F\Delta X + H^{-1}M\Delta W \\ \Delta \dot{X} = A\Delta X + B_1\Delta W \end{cases} \quad (2-76)$$

其中,系数阵 $A = H^{-1}F$,控制阵 $B_1 = H^{-1}M$。

若忽略以下甚小的气动导数

$$X_{\dot{v}}, X_{\dot{w}}, Y_{\dot{u}}, Y_{\dot{w}}, Z_{\dot{v}}, Z_{\dot{v}}, L_{\dot{u}}, L_{\dot{v}}, L_{\dot{w}}, L_{\dot{q}}, L_{\dot{r}}, M_{\dot{u}}, M_{\dot{v}}, M_{\dot{w}}, M_{\dot{r}}, M_{\dot{p}}, N_{\dot{u}}, N_{\dot{v}}, N_{\dot{w}}, N_{\dot{q}}, N_{\dot{p}}$$

则式(2-76)中的 A, B_1 阵可写成式(2-77)和式(2-78)。式中 $X_{\dot{u}}$, $Y_{\dot{v}}$, $Z_{\dot{w}}$ 代表飞机的质量 m,而 $L_{\dot{p}}$, $M_{\dot{q}}$, $N_{\dot{r}}$ 代表直升机绕 X 轴、Y 轴、Z 轴的转动惯量。

$$A = \begin{bmatrix} \dfrac{X_u}{X_{\dot{u}}} & \dfrac{X_v}{X_{\dot{u}}} & \dfrac{X_w}{X_{\dot{u}}} & \dfrac{X_\theta}{X_{\dot{u}}} & \dfrac{X_\phi}{X_{\dot{u}}} & \dfrac{X_\psi}{X_{\dot{u}}} & -\dfrac{X_q}{X_{\dot{u}}} & -\dfrac{X_p}{X_{\dot{u}}} & -\dfrac{X_r}{X_{\dot{u}}} \\ \dfrac{Y_u}{Y_{\dot{v}}} & \dfrac{Y_v}{Y_{\dot{v}}} & \dfrac{Y_w}{Y_{\dot{v}}} & \dfrac{Y_\theta}{Y_{\dot{v}}} & \dfrac{Y_\phi}{Y_{\dot{v}}} & \dfrac{Y_\psi}{Y_{\dot{v}}} & -\dfrac{Y_q}{Y_{\dot{v}}} & -\dfrac{Y_p}{Y_{\dot{v}}} & -\dfrac{Y_r}{Y_{\dot{v}}} \\ \dfrac{Z_u}{Z_{\dot{w}}} & \dfrac{Z_v}{Z_{\dot{w}}} & \dfrac{Z_w}{Z_{\dot{w}}} & \dfrac{Z_\theta}{Z_{\dot{w}}} & \dfrac{Z_\phi}{Z_{\dot{w}}} & \dfrac{Z_\psi}{Z_{\dot{w}}} & -\dfrac{Z_q}{Z_{\dot{w}}} & \dfrac{Z_p}{Z_{\dot{w}}} & \dfrac{Z_r}{Z_{\dot{w}}} \\ 0 & 0 & 0 & 0 & 0 & 0 & 1 & 0 & 0 \\ 0 & 0 & 0 & 0 & 0 & 0 & 0 & 1 & 0 \\ 0 & 0 & 0 & 0 & 0 & 0 & 0 & 0 & 1 \\ \dfrac{M_u}{M_{\dot{q}}} & \dfrac{M_v}{M_{\dot{q}}} & \dfrac{M_w}{M_{\dot{q}}} & \dfrac{M_\theta}{M_{\dot{q}}} & \dfrac{M_\phi}{M_{\dot{q}}} & \dfrac{M_\psi}{M_{\dot{q}}} & -\dfrac{M_q}{M_{\dot{q}}} & -\dfrac{M_p}{M_{\dot{q}}} & -\dfrac{M_r}{M_{\dot{q}}} \\ \dfrac{L_u}{L_{\dot{p}}} & \dfrac{L_v}{L_{\dot{p}}} & \dfrac{L_w}{L_{\dot{p}}} & \dfrac{L_\theta}{L_{\dot{p}}} & \dfrac{L_\phi}{L_{\dot{p}}} & \dfrac{L_\psi}{L_{\dot{p}}} & -\dfrac{L_q}{L_{\dot{p}}} & \dfrac{L_p}{L_{\dot{p}}} & \dfrac{L_r}{L_{\dot{p}}} \\ \dfrac{N_u}{N_{\dot{r}}} & \dfrac{N_v}{N_{\dot{r}}} & \dfrac{N_w}{N_{\dot{r}}} & \dfrac{N_\theta}{N_{\dot{r}}} & \dfrac{N_\phi}{N_{\dot{r}}} & \dfrac{N_\psi}{N_{\dot{r}}} & -\dfrac{N_q}{N_{\dot{r}}} & \dfrac{N_p}{N_{\dot{r}}} & \dfrac{N_r}{N_{\dot{r}}} \end{bmatrix} \quad (2-77)$$

$$B_1 = \begin{bmatrix} \dfrac{X_{w_e}}{X_{\dot{u}}} & \dfrac{X_{w_a}}{X_{\dot{u}}} & \dfrac{X_{w_r}}{X_{\dot{u}}} & \dfrac{X_{w_c}}{X_{\dot{u}}} \\ \dfrac{Y_{w_e}}{Y_{\dot{v}}} & \dfrac{Y_{w_a}}{Y_{\dot{v}}} & \dfrac{Y_{w_r}}{Y_{\dot{v}}} & \dfrac{Y_{w_c}}{Y_{\dot{v}}} \\ \dfrac{Z_{w_e}}{Z_{\dot{w}}} & \dfrac{Z_{w_a}}{Z_{\dot{w}}} & \dfrac{Z_{w_r}}{Z_{\dot{w}}} & \dfrac{Z_{w_c}}{Z_{\dot{w}}} \\ 0 & 0 & 0 & 0 \\ 0 & 0 & 0 & 0 \\ 0 & 0 & 0 & 0 \\ \dfrac{M_{w_e}}{M_{\dot{q}}} & \dfrac{M_{w_a}}{M_{\dot{q}}} & \dfrac{M_{w_r}}{M_{\dot{q}}} & \dfrac{M_{w_c}}{M_{\dot{q}}} \\ \dfrac{L_{w_e}}{L_{\dot{p}}} & \dfrac{L_{w_a}}{L_{\dot{p}}} & \dfrac{L_{w_r}}{L_{\dot{p}}} & \dfrac{L_{w_c}}{L_{\dot{p}}} \\ \dfrac{N_{w_e}}{N_{\dot{r}}} & \dfrac{N_{w_a}}{N_{\dot{r}}} & \dfrac{N_{w_r}}{N_{\dot{r}}} & \dfrac{N_{w_c}}{N_{\dot{r}}} \end{bmatrix} \quad (2-78)$$

将式(2-77)、式(2-78)所表达的 A,B_1 阵中各气动导数以简化符号表示（例如，$\dfrac{X_u}{X_{\dot u}}=X_u^{\dot u}$，表示纵向速度 u 变化而引起纵向加速度 $\dot u$ 的变化；$\dfrac{M_u}{M_{\dot q}}=M_u^{\dot q}$ 表示纵向速度 u 变化而引起的俯仰角加速度 $\dot q$ 的变化；$\dfrac{X_{w_e}}{X_{\dot u}}=X_{w_e}^{\dot u}$ 表示纵向周期变距操纵杆 w_e 变化而引起的纵向线加速度 $\dot u$ 的变化；$\dfrac{M_{w_e}}{M_{\dot q}}=M_{w_e}^{\dot q}$ 表示纵向周期变距操纵杆 w_e 变化而引起的俯仰角加速度 $\dot q$ 的变化。其他依此类推），故可将 A,B_1 阵写成式(2-79)及式(2-80)的形式。这相当于将式(2-73)、式(2-74)及式(2-75)所表达的 H,F,M 阵中的三机体轴方向力及机体轴力矩气动导数转化为由于力与力矩的变化而引起的沿三轴方向的线加速度及绕三轴角加速度变化的气动偏导数。这种气动导数的转变有利于表达在控制作用下的直升机气动模型，使其具有明显的物理意义。

$$A = \begin{bmatrix} X_u^{\dot u} & X_v^{\dot u} & X_w^{\dot u} & X_\theta^{\dot u} & X_\phi^{\dot u} & X_\psi^{\dot u} & -X_q^{\dot u} & -X_p^{\dot u} & -X_r^{\dot u} \\ Y_u^{\dot v} & Y_v^{\dot v} & Y_w^{\dot v} & Y_\theta^{\dot v} & Y_\phi^{\dot v} & Y_\psi^{\dot v} & -Y_q^{\dot v} & -Y_p^{\dot v} & -Y_r^{\dot v} \\ Z_u^{\dot w} & Z_v^{\dot w} & Z_w^{\dot w} & Z_\theta^{\dot w} & Z_\phi^{\dot w} & Z_\psi^{\dot w} & -Z_q^{\dot w} & -Z_p^{\dot w} & -Z_r^{\dot w} \\ 0 & 0 & 0 & 0 & 0 & 0 & 1 & 0 & 0 \\ 0 & 0 & 0 & 0 & 0 & 0 & 0 & 1 & 0 \\ 0 & 0 & 0 & 0 & 0 & 0 & 0 & 0 & 1 \\ M_u^{\dot q} & M_v^{\dot q} & M_w^{\dot q} & M_\theta^{\dot q} & M_\phi^{\dot q} & M_\psi^{\dot q} & -M_q^{\dot q} & -M_p^{\dot q} & -M_r^{\dot q} \\ L_u^{\dot p} & L_v^{\dot p} & L_w^{\dot p} & L_\theta^{\dot p} & L_\phi^{\dot p} & L_\psi^{\dot p} & -L_q^{\dot p} & -L_p^{\dot p} & -L_r^{\dot p} \\ N_u^{\dot r} & N_v^{\dot r} & N_w^{\dot r} & N_\theta^{\dot r} & N_\phi^{\dot r} & N_\psi^{\dot r} & -N_q^{\dot r} & -N_p^{\dot r} & -N_r^{\dot r} \end{bmatrix} \quad (2-79)$$

$$B_1 = \begin{bmatrix} X_{w_e}^{\dot u} & X_{w_a}^{\dot u} & X_{w_r}^{\dot u} & X_{w_c}^{\dot u} \\ Y_{w_e}^{\dot v} & Y_{w_a}^{\dot v} & Y_{w_r}^{\dot v} & Y_{w_c}^{\dot v} \\ Z_{w_e}^{\dot w} & Z_{w_a}^{\dot w} & Z_{w_r}^{\dot w} & Z_{w_c}^{\dot w} \\ 0 & 0 & 0 & 0 \\ 0 & 0 & 0 & 0 \\ 0 & 0 & 0 & 0 \\ M_{w_e}^{\dot q} & M_{w_a}^{\dot q} & M_{w_r}^{\dot q} & M_{w_c}^{\dot q} \\ L_{w_e}^{\dot p} & L_{w_a}^{\dot p} & L_{w_r}^{\dot p} & L_{w_c}^{\dot p} \\ N_{w_e}^{\dot r} & N_{w_a}^{\dot r} & N_{w_r}^{\dot r} & N_{w_c}^{\dot r} \end{bmatrix} \quad (2-80)$$

在自动飞行时,假如直升机由串联舵机进行控制,如图 2-32 所示。图中 K_C 为操纵杆位移至助力器位移的传动比,K_S 为串联舵机位移至助力器位移的传动比。例如,已知某直升机:

纵向通道　$K_{C1} = 1.19°/\text{cm}$　　$K_{S1} = 4.35°/\text{cm}$

横向通道　$K_{C2} = 0.781°/\text{cm}$　$K_{S2} = 3.68°/\text{cm}$

航向通道　$K_{C3} = 4.56°/\text{cm}$　　$K_{S3} = 8.09°/\text{cm}$

总距通道　$K_{C4} = 0.752°/\text{cm}$　$K_{S4} = 4.35°/\text{cm}$

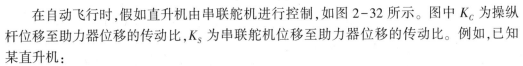

图 2-32　人工操纵与自动飞行传动比转换

则直升机运动方程可将由驾驶杆输入的 ΔW 转化为由作动器输入的 $\Delta \delta$,由于

$$\Delta W = \frac{K_S}{K_C} \Delta \delta = K \Delta \delta \tag{2-81}$$

式中:$\boldsymbol{K} = [K_e \quad K_a \quad K_r \quad K_c]^\mathrm{T}$;$\Delta \boldsymbol{\delta} = [\Delta \delta_e \quad \Delta \delta_a \quad \Delta \delta_r \quad \Delta \delta_c]^\mathrm{T}$,且 $K_e = \dfrac{K_{S1}}{K_{C1}}, K_a = \dfrac{K_{S2}}{K_{C2}}, K_r = \dfrac{K_{S3}}{K_{C3}}, K_c = \dfrac{K_{S4}}{K_{C4}}$。

则式(2-76)可写成

$$\Delta \dot{\boldsymbol{X}} = \boldsymbol{A} \Delta \boldsymbol{X} + \boldsymbol{B} \Delta \boldsymbol{\delta} \tag{2-82}$$

其中 $\boldsymbol{B} = \boldsymbol{B}_1 \boldsymbol{K} =$

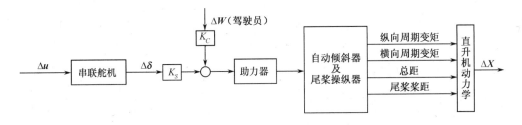

上式中,$X^{\dot{u}}_{\delta_e} = K_e X^{\dot{u}}_{W_e}$,$Y^{\dot{v}}_{\delta_e} = K_e Y^{\dot{u}}_{W_e}$,……,依此类推。

仍以某 4.1t 重直升机为例,在低高度前飞状态,速度为 22m/s,前进比 $\mu=0.1$ 的状态下,此时方程式(2-82)的 $\boldsymbol{A}$ 阵与 $\boldsymbol{B}$ 阵将为

$$A = \begin{bmatrix} -0.0258 & -0.0272 & -0.0070 & -0.1709 & 0.0000 & -0.0097 & 0.0102 & -0.0049 & 0.0023 \\ 0.0071 & -0.0733 & 0.0455 & 0.0000 & 0.1709 & 0.0000 & -0.0048 & -0.0101 & -0.3811 \\ -0.1402 & -0.0054 & -0.5581 & -0.0000 & 0.0097 & 0 & 0.3844 & -0.0008 & -0.0001 \\ 0 & 0 & 0 & 0 & 0 & 0 & 1.0000 & 0 & 0 \\ 0 & 0 & 0 & 0 & 0 & 0 & 0 & 1.0000 & 0 \\ 0 & 0 & 0 & 0 & 0 & 0 & 0 & 0 & 1.0000 \\ 1.2403 & 0.6055 & -1.0832 & -0.0000 & 0.0016 & 0 & -0.9457 & 0.3126 & 0.0005 \\ 1.0993 & -3.5087 & 11.6361 & -0.0000 & 0.0002 & 0 & -1.2981 & -2.9709 & -0.0159 \\ -0.5667 & 1.4329 & 0.2185 & 0.0000 & -0.0000 & 0 & 0.3139 & -0.1260 & -0.0918 \end{bmatrix}$$

$$B = \begin{bmatrix} 0.0740 & 0.0000 & 0.0000 & -0.0052 \\ -0.0083 & 0.0632 & -0.0614 & 0.0164 \\ 0.0887 & 0.0006 & -0.0000 & -0.6181 \\ 0 & 0 & 0 & 0 \\ 0 & 0 & 0 & 0 \\ 0 & 0 & 0 & 0 \\ -5.5627 & 0.3726 & -0.1911 & -0.2058 \\ -2.4301 & 18.4029 & 1.6642 & 1.7999 \\ -0.0184 & 1.7084 & 8.4545 & 4.4001 \end{bmatrix}$$

由式（2-82）可知，反映全面运动的小扰动方程是 9×9 的矩阵方程，其相应的微分方程为 9 阶，因此它具有 9 个特征根，分别代表一定的运动特性，显示出不同的运动模态。以该直升机为例，9 个运动模态在 S 平面中的分布可用图 2-33 表示。由图可知，直升机具有以下典型模态特性：

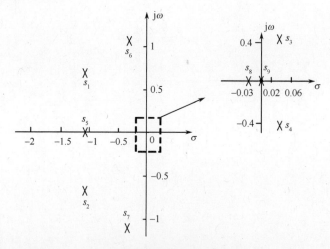

图 2-33 某直升机特征根分布

（1）纵向短周期模态。在纵向小扰动运动方程的诸特征根中，大复根所代表的模态。其相应的两根为 $s_{1,2} = -1.097 \pm 0.658j$。主要特征为迎角和俯仰角的运动均呈短周期特性，具有衰减快的振荡，飞机在该短周期运动内速度变化小。

（2）纵向长周期模态。在纵向小扰动运动中，以小复根所代表的运动模态。其相应

的两根为 $s_{3,4}=0.035\pm0.435\mathrm{j}$。主要特征为飞行速度和俯仰角均呈缓慢的长周期变化,典型周期为 10~30s,且往往呈现不稳定而发散,发散的倍幅时间为 4~5s。从驾驶员可控性考虑,发散周期及倍幅时间应足够地长。

(3) 侧向滚转收敛模态。在侧向小扰动运动方程的诸特征根中,以大实根所代表的运动模态。其相应的根为 $s_5=-1.057$。主要特征是滚转角和滚转角速度呈现衰减快的非周期运动。

(4) 侧向荷兰滚模态。在侧向小扰动运动方程的诸特征根中,复根所代表的运动模态。其相应的两根为 $s_{6,7}=-0.35\pm1.098\mathrm{j}$。主要特征是滚转角、侧滑角和偏航角呈现频率较高的周期性振荡。

(5) 螺旋模态。在侧向小扰动运动方程的诸特征根中,小实根所代表的运动模态。其相应的根为 $s_8=-0.030$。主要特征是非周期的缓慢滚转和偏航运动,具有螺旋运动特性。

(6) 航向随遇平衡模态。是零根 $s_9=0$ 所代表的运动模态,它具有航向随遇平衡的特性。例如在外干扰作用(包括控制作用)下,它显示航向以积分形式偏离。当外干扰或控制消除后,即停止在干扰或控制消除时的位置。故称随遇平衡模态。

由上面直升机全面运动小扰动方程及特征根表明,自然直升机具有不稳定性,以及四通道之间的严重耦合。为了方便工程设计与分析,往往首先不计全面运动方程式(2-82)中纵侧向之间的气动耦合元素,人为地处理成如下纵侧向独立的状态方程。

3. 小扰动纵向状态方程及运动特性

纵向状态方程为

$$\Delta \dot{\boldsymbol{X}} = \boldsymbol{A}_{\mathrm{lon}}\Delta \boldsymbol{X} + \boldsymbol{B}_{\mathrm{lon}}\Delta \boldsymbol{\delta}_{\mathrm{lon}} \tag{2-83}$$

式中:
$$\Delta \boldsymbol{X} = [\Delta u \quad \Delta w \quad \Delta q \quad \Delta \theta]^{\mathrm{T}}, \quad \Delta \boldsymbol{\delta}_{\mathrm{lon}} = \begin{bmatrix} \Delta\delta_e \\ \Delta\delta_c \end{bmatrix}$$

$$\Delta \dot{\boldsymbol{X}} = [\Delta \dot{u} \quad \Delta \dot{w} \quad \Delta \dot{q} \quad \Delta \dot{\theta}]^{\mathrm{T}}$$

$$\boldsymbol{A}_{\mathrm{lon}} = \begin{bmatrix} X_u^{\dot{u}} & X_w^{\dot{u}} & -X_q^{\dot{u}} & X_\theta^{\dot{u}} \\ Z_u^{\dot{w}} & Z_w^{\dot{w}} & -Z_q^{\dot{w}} & Z_\theta^{\dot{w}} \\ M_u^{\dot{q}} & M_w^{\dot{q}} & -M_q^{\dot{q}} & M_\theta^{\dot{q}} \\ 0 & 0 & 0 & 0 \end{bmatrix}, \quad \boldsymbol{B}_{\mathrm{lon}} = \begin{bmatrix} X_{\delta_e}^{\dot{u}} & X_{\delta_c}^{\dot{u}} \\ Z_{\delta_e}^{\dot{w}} & Z_{\delta_c}^{\dot{w}} \\ M_{\delta_e}^{\dot{q}} & M_{\delta_c}^{\dot{q}} \\ 0 & 0 \end{bmatrix} \tag{2-84}$$

4. 小扰动侧向状态方程及运动特性

侧向状态方程为

$$\Delta \dot{\boldsymbol{X}} = \boldsymbol{A}_{\mathrm{lat}}\Delta \boldsymbol{X} + \boldsymbol{B}_{\mathrm{lat}}\Delta \boldsymbol{\delta}_{\mathrm{lat}} \tag{2-85}$$

式中:
$$\Delta \boldsymbol{X} = [\Delta v \quad \Delta p \quad \Delta r \quad \Delta \phi \quad \Delta \psi]^{\mathrm{T}}$$

$$\Delta \dot{\boldsymbol{X}} = [\Delta \dot{v} \quad \Delta \dot{p} \quad \Delta \dot{r} \quad \Delta \dot{\phi} \quad \Delta \dot{\psi}]^{\mathrm{T}}, \quad \Delta \boldsymbol{\delta}_{\mathrm{lat}} = \begin{bmatrix} \Delta\delta_a \\ \Delta\delta_r \end{bmatrix}$$

$$\boldsymbol{A}_{\text{lat}} = \begin{bmatrix} Y_v^{\dot{v}} & -Y_p^{\dot{v}} & -Y_r^{\dot{v}} & Y_\phi^{\dot{v}} & Y_\psi^{\dot{v}} \\ L_v^{\dot{p}} & -L_p^{\dot{p}} & -L_r^{\dot{p}} & L_\phi^{\dot{p}} & L_\psi^{\dot{p}} \\ N_v^{\dot{r}} & -N_p^{\dot{r}} & -N_r^{\dot{r}} & N_\phi^{\dot{r}} & N_\psi^{\dot{r}} \\ 0 & 1 & 0 & 0 & 0 \\ 0 & 0 & 1 & 0 & 0 \end{bmatrix} \quad (2-86)$$

$$\boldsymbol{B}_{\text{lat}} = \begin{bmatrix} Y_{\delta_a}^{\dot{v}} & Y_{\delta_r}^{\dot{v}} \\ L_{\delta_a}^{\dot{p}} & L_{\delta_r}^{\dot{p}} \\ N_{\delta_a}^{\dot{r}} & N_{\delta_r}^{\dot{r}} \\ 0 & 0 \\ 0 & 0 \end{bmatrix} \quad (2-87)$$

仍以上述直升机为例,当纵侧向运动分开后,在纵向的特征根中短周期模态的特征根为 $s_{1,2}=-0.663\pm0.813\text{j}$,长周期模态的特征根为 $s_{3,4}=0.002\pm0.351\text{j}$。侧向的特征根中的横滚模态特征根为 $s_5=-1.855$,荷兰滚模态的特征根为 $s_{6,7}=-0.318\pm1.035\text{j}$,螺旋模态的特征根为 $s_8=-0.023$,随遇平衡的特征根 $s_9=0$。图 2-34 为纵侧向运动独立后的模态在 S 平面中的分布。虽然纵侧向通道独立处理后,对应的特征根与全面运动特征根在数值上有一定差别,但在工程上,对直升机进行四通道控制系统独立设计时,作为控制对象仍有明显参考作用。

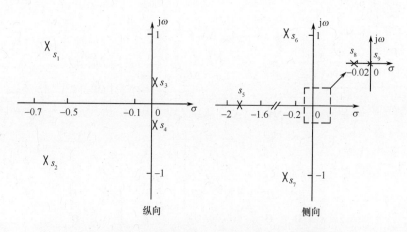

图 2-34 纵向与侧向运动独立后的模态 S 平面中的分布

2.5.3 小扰动全面运动微分方程及结构图数学模型

为进一步理解小扰动全面运动的物理特性,本节将首先列出其微分方程。为此将状态方程式(2-82)展开成如下 6 个微分方程组,如式(2-88)至式(2-93)所示。

$$\Delta \dot{u} = X_u^{\dot{u}}\Delta u + X_v^{\dot{u}}\Delta v + X_w^{\dot{u}}\Delta w + X_\theta^{\dot{u}}\Delta\theta + X_\phi^{\dot{u}}\Delta\phi + X_\psi^{\dot{u}}\Delta\psi - X_q^{\dot{u}}\Delta q - X_p^{\dot{u}}\Delta p - X_r^{\dot{u}}\Delta r$$
$$+ X_{\delta_e}^{\dot{u}}\Delta\delta_e + X_{\delta_a}^{\dot{u}}\Delta\delta_a + X_{\delta_r}^{\dot{u}}\Delta\delta_r + X_{\delta_c}^{\dot{u}}\Delta\delta_c \quad (2-88)$$

$$\Delta \dot{v} = Y_u^v \Delta u + Y_v^v \Delta v + Y_w^v \Delta w + Y_\theta^v \Delta \theta + Y_\phi^v \Delta \phi + Y_\psi^v \Delta \psi - Y_q^v \Delta q - Y_p^v \Delta p - Y_r^v \Delta r$$
$$+ Y_{\delta_e}^v \Delta \delta_e + Y_{\delta_a}^v \Delta \delta_a + Y_{\delta_r}^v \Delta \delta_r + Y_{\delta_c}^v \Delta \delta_c \tag{2-89}$$

$$\Delta \dot{w} = Z_u^w \Delta u + Z_v^w \Delta v + Z_w^w \Delta w + Z_\theta^w \Delta \theta + Z_\phi^w \Delta \phi + Z_\psi^w \Delta \psi - Z_q^w \Delta q - Z_p^w \Delta p - Z_r^w \Delta r$$
$$+ Z_{\delta_e}^w \Delta \delta_e + Z_{\delta_a}^w \Delta \delta_a + Z_{\delta_r}^w \Delta \delta_r + Z_{\delta_c}^w \Delta \delta_c \tag{2-90}$$

$$\Delta \dot{q} = M_u^q \Delta u + M_v^q \Delta v + M_w^q \Delta w + M_\theta^q \Delta \theta + M_\phi^q \Delta \phi + M_\psi^q \Delta \psi - M_q^q \Delta q - M_p^q \Delta p - M_r^q \Delta r$$
$$+ M_{\delta_e}^q \Delta \delta_e + M_{\delta_a}^q \Delta \delta_a + M_{\delta_r}^q \Delta \delta_r + M_{\delta_c}^q \Delta \delta_c \tag{2-91}$$

$$\Delta \dot{p} = L_u^p \Delta u + L_v^p \Delta v + L_w^p \Delta w + L_\theta^p \Delta \theta + L_\phi^p \Delta \phi + L_\psi^p \Delta \psi - L_q^p \Delta q - L_p^p \Delta p - L_r^p \Delta r$$
$$+ L_{\delta_e}^p \Delta \delta_e + L_{\delta_a}^p \Delta \delta_a + L_{\delta_r}^p \Delta \delta_r + L_{\delta_c}^p \Delta \delta_c \tag{2-92}$$

$$\Delta \dot{r} = N_u^r \Delta u + N_v^r \Delta v + N_w^r \Delta w + N_\theta^r \Delta \theta + N_\phi^r \Delta \phi + N_\psi^r \Delta \psi - N_q^r \Delta q - N_p^r \Delta p - N_r^r \Delta r$$
$$+ N_{\delta_e}^r \Delta \delta_e + N_{\delta_a}^r \Delta \delta_a + N_{\delta_r}^r \Delta \delta_r + N_{\delta_c}^r \Delta \delta_c \tag{2-93}$$

式(2-88)至式(2-90)是直升机沿机体三个轴 OX，OY，OZ 的受力方程。表示当各轴向力变化时，所产生的轴向线加速度的变化 $\Delta \dot{u}$，$\Delta \dot{v}$，$\Delta \dot{w}$。式(2-91)至式(2-93)是直升机绕三个机体轴的各种力矩出现变化时，产生的绕三个轴的角加速度的变化 $\Delta \dot{p}$，$\Delta \dot{q}$，$\Delta \dot{r}$。

所谓全面运动的小扰动方程，其"全面"的含义是纵向与横侧向同时运动，即既作沿三轴的线位移运动，同时又作绕三轴的角转动运动，也即飞机同时作 6 自由度运动。利用这种运动方程，可以研究直升机在纵侧向全面操纵及全面气动耦合状态下的机动飞行性能与操纵品质。特别是最终的地面物理仿真时，可使用全面运动方程作为被控对象，来检验所设计的飞行控制性能，并对飞行控制设计参数进行调整。

为了进一步对全面运动小扰动方程进行特性研究，将式(2-88)至式(2-93)的 6 个微分方程组所表达的数学模型改写成由结构图形式表达的数学模型。这样可更清晰地理解直升机数学模型的物理实质，以呈现飞行力学及运动学的物理概念以及各气动导数的物理作用，并为控制对象的地面仿真奠定基础。

由式(2-88)及式(2-91)可构成如图 2-35 所示的小扰动全面运动 X 轴通道控制纵向飞行速度 u 的结构图。由式(2-90)可构成如图 2-36 所示的 Z 轴通道控制飞行速度 w 的结构图。这样，由图 2-35 及图 2-36 则可构成直升机在纵向 OXZ 平面内的小扰动全面运动结构图。

由式(2-89)及式(2-92)可构成如图 2-37 所示的小扰动全面运动 Y 轴通道控制侧向飞行速度 v 的结构图。由式(2-93)可构成如图 2-38 所示的小扰动全面运动机头偏转，即控制航向角 ψ 的结构图。这样由图 2-37 及图 2-38 即可构成直升机在侧向 OXY 平面内的小扰动全面运动结构图。

为了示出结构图中各气动导数对运动的影响程度，图中还给出了某型直升机各气动导数的数值。

现对全面运动的各通道工作机理作如下说明。

（1）全面运动 X 通道的构成及工作机理。

由图 2-35 构成的 X 通道由主通道和耦合通道两部分组成。由主通道可清楚地展示出产生 X 轴向速度 u 的工作机理：

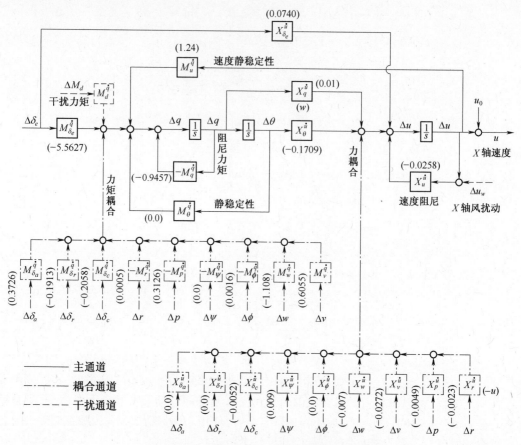

图 2-35 小扰动全面运动的 X 通道结构图

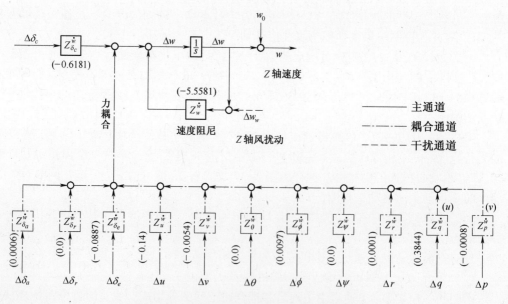

图 2-36 小扰动全面运动的 Z 通道结构图

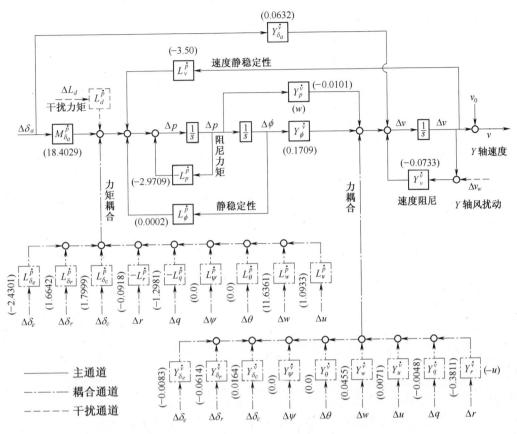

图 2-37 小扰动全面运动的 Y 通道结构图

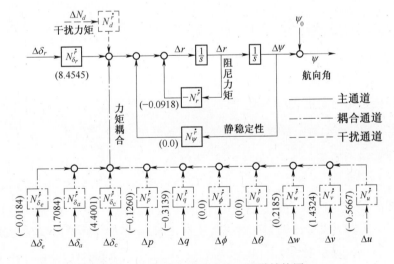

图 2-38 小扰动全面运动的 ψ 通道结构图

输入为纵向周期变距的变化量 $\Delta\delta_e$，它起两个作用，一是通过旋翼挥舞由 $X_{\delta_e}^u \Delta\delta_e$ 产生旋翼气动力 F 的向前或向后的力 H_s，见图 1-20，从而产生 X 轴方向的加速度变化 $\Delta \dot{u}$。

更重要的是由于 H_S 同时引起的另一个作用,它对中心 O 构成了俯仰力矩,即由图中的 $M^q_{\delta_e}\Delta\delta_e$,形成了俯仰角加速度的变化 $\Delta\dot q$。$\Delta\dot q$ 经过不断积分,产生 Δq。由于气动导数 $-M^q_q$ 构成了阻尼力矩反馈,所以 M^q_q 体现了飞机的自然阻尼特性。Δq 经积分后产生俯仰角的变化 $\Delta\theta$,从而由气动导数 M^q_θ 以反馈形式构成飞机的自然静稳定性。由于直升机本身的自然阻尼 M^q_q 及自然静稳定性 M^q_θ 的不足,所以飞控设计者将构建增稳飞行控制系统,以角速率陀螺敏感 Δq 构成电子反馈,以弥补 M^q_q 的不足。又以位置陀螺感受 $\Delta\theta$ 的变化,构成角位移反馈以弥补飞机稳定性的不足。由此可知,直升机是以角位置 $\Delta\theta$ 的反馈来增加静稳定性的,它与固定翼飞机不同,固定翼飞机是以迎角 $\Delta\alpha$ 的反馈或与迎角相关的参数即法向加速度反馈来增加静稳定性的。

由图 2-35 可知,当直升机产生俯仰角 $\Delta\theta$ 的变化时,由于重力 W 在 X 轴方向产生分力,亦即由气动导数 X^u_θ 产生 $\Delta\dot u$,它比前述的由 $X^u_{\delta_e}$ 所产生的 $\Delta\dot u$ 要大得多。而且由结构图 2-35 可知,由于直升机的自然纵向静稳定性(M^q_θ)很小,通常近似为零,所以操纵 $\Delta\delta_e$ 时,直升机的姿态角 $\Delta\theta$ 还会以积分的形式不断增大,所以更是急剧地改变飞行速度 u 变化的原因。因此,当达到预定飞行速度 u 时,操纵杆必须及时回收至接近原配平的状态。由图 2-37 表示的 Y 通道结构图可知,操纵侧飞速度 v 时,也有类似的情况,因为 Y 通道静稳定导数 L^p_φ 也近似为零。所以直升机主要是通过俯仰来得到前飞或后飞的加速度 $\Delta\dot u$,从而改变飞机的速度。而 $X^u_{\delta_e}$ 的作用是由于自动倾斜器工作,使旋翼的桨尖平面倾斜产生操纵力 H_S,这与固定翼飞机操纵舵面上产生的气动力所起的作用相类似。

由图 2-35 可知,当 $\Delta\dot u$ 形成后,经积分产生的 X 轴的轴向速度的变化 Δu,由于空气阻力的作用,产生由阻力气动导数 X^u_u 所构成的负反馈,从而构成如图 2-39 所示的运动学。

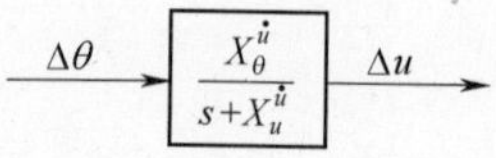

$$\Delta\theta \longrightarrow \boxed{\dfrac{X^u_\theta}{s+X^u_u}} \longrightarrow \Delta u$$

图 2-39 速度 Δu 对姿态角 $\Delta\theta$ 的响应

直升机姿态角的变化 $\Delta\theta$ 所产生的 X 轴向速度的变化 Δu,是一个非周期环节,阻尼 X^u_u 越大,非周期过程的时间常数越小,动态过程越迅速。

这里需要指出的是在 X 主通道中有一项由 Δq 引起的 $\Delta\dot u$,即 $\Delta\dot u=-X^u_q\Delta q$,$-X^u_q$ 的值相当于沿 Z 轴的速度 w。它对应的是由式(2-57)所示的,当直升机由 Z 轴方向的速度 w,又绕 Y 轴作俯仰角速率 q 时,产生的惯性加速度 wq,而 $-X^u_q\Delta q$ 是 wq 小扰动线性化后对应的形式。所以当没有 Z 轴方向的飞行速度 w 时,此项的作用不再存在,其本质也是 Z 通道对 X 通道的耦合作用。另外,主通道还有 $M^q_u\Delta u$ 这一项反馈,即速度变化 Δu 时,所产生的俯仰力矩的变化 ΔM,由它产生的俯仰角加速度的变化 $\Delta\dot q$,使飞机在抬头或低头。在结构图中,若 M^q_u 是正的,则飞机的速度 Δu 增加时,飞机抬头,使速度减小,在结构图中构成负反馈,表明飞机具有速度静稳定性。

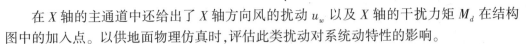

在 X 轴的主通道中还给出了 X 轴方向风的扰动 u_w 以及 X 轴的干扰力矩 M_d 在结构图中的加入点。以供地面物理仿真时，评估此类扰动对系统动特性的影响。

图 2-35 中除主通道外，其余就是耦合通道。它表明除 X 主通道以外，由其他三个操纵量 $\Delta\delta_a$，$\Delta\delta_r$，$\Delta\delta_c$ 以及由这三个操纵量所引起的滚转运动 Δp、$\Delta\phi$，偏航运动 Δr、$\Delta\psi$，以及 Y 轴 Z 轴方向的线运动 Δv、Δw 所引起的对 X 轴主通道所产生的俯仰角加速度 $\Delta\dot{q}$ 以及轴向线位移的加速度 $\Delta\dot{u}$。它们分别称为力矩耦合及力耦合。这些耦合运动将影响直升机的操纵品质。在飞行控制中以电子反馈为核心的增稳系统，以及各种解耦控制系统均可有效地减少这种耦合影响，以提高操纵品质。

(2) Z 通道的构成及工作机理。

由图 2-36 构成了小扰动全面运动 Z 轴通道，也即控制 Z 轴方向飞行速度变化 Δw 的结构图数学模型。它也由主通道与耦合通道两部分组成。由主通道表明，当直升机的总距改变 $\Delta\delta_c$ 时，出现旋翼合力 F 的变化，从而产生 Z 轴方向的加速度变化 $\Delta\dot{w}$，即结构图中的 $\Delta\dot{w} = Z^{\dot{w}}_{\delta_c}\Delta\delta_c$，$\Delta\dot{w}$ 经积分形成 Δw，$Z^{\dot{w}}_w$ 表示速度变化形成的阻力变化，构成负反馈。Δw_w 表示垂风扰动。耦合通道表示其他三个通道工作时，对 Z 轴的轴向力的影响，仅是一种力的耦合。其中的耦合项 $-Z^{\dot{w}}_p\Delta p$ 及 $-Z^{\dot{w}}_q\Delta q$，是动力学全量方程式(2-57)中的 Z 轴方向的力所形成的惯性加速度（$vp - uq$），经小扰动线性化后形成的在 Z 轴方向的加速度 $\Delta\dot{w}$。

(3) Y 通道的构成及工作机理。

由图 2-37 构成了小扰动全面运动 Y 轴通道，也即控制 Y 轴方向飞行速度变化 Δv 的结构图数学模型。它的结构形式与工作机理与 X 轴通道相类似。只是输入量是横向周期变距 $\Delta\delta_a$，使旋翼挥舞产生侧向操纵力 S_s，如图 1-20 所示。与纵向一样，它一方面产生侧向力 S_s，使直升机侧飞 $\Delta\dot{v} = Y^{\dot{v}}_{\delta_a}\Delta\delta_a$，更主要的是它使直升机产生滚转力矩，使直升机产生滚转角 $\Delta\phi$，由重力提供侧力，使飞机侧飞 $\Delta\dot{v} = Y^{\dot{v}}_\phi\Delta\phi$。

与纵向 X 通道一样，也同样有 9 项力的耦合，与 9 项力矩耦合。其中，$\Delta\dot{v} = -Y^{\dot{v}}_p\Delta p$ 及 $\Delta\dot{v} = -Y^{\dot{v}}_r\Delta r$ 这两项力的耦合，来源于全量运动学方程式(2-57)的（$ur - wp$）这一惯性加速度。

(4) 航向角 ψ 通道的构成及工作机理。

由图 2-38 构成了小扰动全面运动 ψ 通道结构图数学模型。它亦由主通道与力矩耦合通道构成。在主通道中控制输入量为尾桨桨距的变化 $\Delta\delta_r$，由它产生绕 Z 轴的力矩变化，从而产生角加速度的变化 $\Delta\dot{r} = N^{\dot{r}}_{\delta_r}\Delta\delta_r$。由 $-N^{\dot{r}}_r$ 构成了阻尼力矩负反馈。由于该通道的气动导数 $N^{\dot{r}}_\psi$ 一般近似为零，所以航向角的变化 $\Delta\psi$ 不会构成航向静稳定力矩，亦即航向通道的静稳定性几乎为零。所以由航向主通道的结构图可知，它有随遇平衡的特征。另外，由于耦合导数 $N^{\dot{r}}_\phi = 0$，$N^{\dot{r}}_\theta = 0$，所以两个欧拉角的变化 $\Delta\phi$、$\Delta\theta$ 不会构成航向的耦合力矩。

由该结构图及其气动导数的数值可知，对 ψ 通道主要的耦合力矩是总距 δ_c 的变化。由于总距变化 $\Delta\delta_c$，旋翼对机体 Z 轴会构成明显的反作用力矩的变化，从而产生偏航角加

速度 $\Delta \dot{r} = N^r_{\delta_c}\Delta\delta_c$，这需要尾桨操纵进行协调。

2.5.4 小扰动纵向运动微分方程及结构图数学模型

前面已经指出，所谓纵向运动是指在 OXZ 平面内的运动，它是仅操纵 X 轴方向的速度 u 及 Z 轴方向的速度 w，忽略侧向对纵向的耦合因素。这是很有工程应用意义的一种定常运动方式。通过这种运动方式，可达到在地面坐标系的 OX_EZ_E 平面内进行轨迹控制。为构成纵向运动结构图数学模型，首先列出与纵向小扰动运动相对应的微分方程：

$$\Delta\dot{u} = X^{\dot u}_u\Delta u + X^{\dot u}_w\Delta w - X^{\dot u}_q\Delta q + X^{\dot u}_\theta\Delta\theta + X^{\dot u}_{\delta_e}\Delta\delta_e + X^{\dot u}_{\delta_c}\Delta\delta_c \qquad (2-94)$$

$$\Delta\dot{w} = Z^{\dot w}_u\Delta u + Z^{\dot w}_w\Delta w - Z^{\dot w}_q\Delta q + Z^{\dot w}_\theta\Delta\theta + Z^{\dot w}_{\delta_e}\Delta\delta_e + Z^{\dot w}_{\delta_c}\Delta\delta_c \qquad (2-95)$$

$$\Delta\dot{q} = M^{\dot q}_u\Delta u + M^{\dot q}_w\Delta w - M^{\dot q}_q\Delta q + M^{\dot q}_\theta\Delta\theta + M^{\dot q}_{\delta_e}\Delta\delta_e + M^{\dot q}_{\delta_c}\Delta\delta_c \qquad (2-96)$$

$$\Delta\dot{\theta} = \Delta q \qquad (2-97)$$

由式(2-94)至式(2-97)可构成如图 2-40 所示的小扰动纵向运动结构图数学模型，现对它作如下说明：

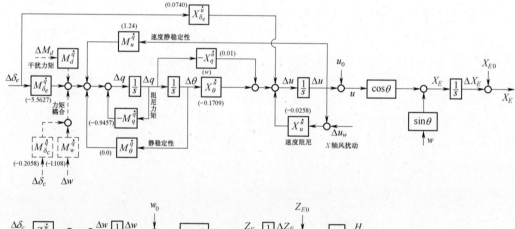

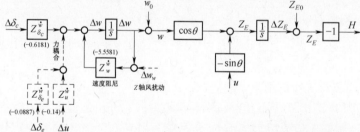

图 2-40 小扰动纵向运动的结构图

(1) 纵向运动由 X 主通道和 Z 主通道及该两通道之间的耦合因素组成。但由于 Z 通道对 X 通道的耦合气动导数 $X^{\dot u}_{\delta_c}$、$X^{\dot u}_w$ 几乎为零，以及 X 通道对 Z 通道的力耦合导数 $Z^{\dot w}_\theta$ 为零，所以在结构图中没有标出。

(2) 控制 X 通道的飞行速度 u，主要依赖于直升机的俯仰角 θ 的改变，例如要增速，直升机就得低头，此时必须操纵旋翼的合力 F 向前倾，但这使得平衡重力的拉力 T 将减小，所以必须操纵总距 Z 通道，增加总距 $\Delta\delta_c$，要增加总距必须加大油门。由此可知，增加飞行速度的能量最终仍需由发动机来提供。所以纵向通道的两个主通道是联动的。正如固定翼飞机操纵纵向姿态,控制飞机高度的同时,必须控制发动机的油门,进行同步控制一样。

(3) 在结构图中给出了在纵向平面内的运动线速度 u、w 转变为地面坐标系中的纵向运动轨迹 $X_E(t)$ 及 $Z_E(t)$ 的结构图数学模型,以最终完成对地面坐标系中的轨迹控制。

(4) 为便于飞控系统参数设计,往往在 X 通道中略去 Z 通道对 X 通道的两项气动力矩耦合,即略去 $M_w^{\dot{q}}$ 和 $M_{\delta_c}^{\dot{q}}$。从而构成如图 2-41 所示的 X 主通道结构图数学模型。它简要地表明,操纵纵向周期变距 $\Delta\delta_e$ 可操控纵 X 轴方向的姿态及速度的变化。

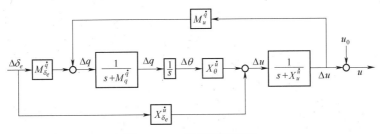

图 2-41 X 轴通道结构图

(5) 纵向 X 通道的运动学环节。

将直升机看作刚体时,其姿态 θ 的变化具有动力学特性,将直升机视作质点,研究其轨迹运动时,具有运动学特性。与研究其他飞行器一样,将刚体的姿态运动变化 $\Delta\theta$ 转化为质点运动速度变化 Δu 的环节称作运动学环节。它是描述直升机轨迹制导系统(大回路)必须具有的环节。凡是构建飞行器的轨迹制导系统时,都必须建立运动学环节。

图 2-40 已显示出姿态变化 $\Delta\theta$ 时,引起的直升机重心(质点)速度变化 Δu。但在设计制导系统时,往往需写出 $\Delta\theta$ 作为输入量,Δu 作为输出量的传递函数 $\dfrac{\Delta u(s)}{\Delta\theta(s)}$。当略去气动导数 $X_q^{\dot{u}}$ 时,亦即认为直升机没有绕 Z 轴的角速度,又略去静稳定导数 $M_u^{\dot{q}}$,因一般直升机此值甚微,或为零,因此由图 2-40 可构建如图 2-41 所示的 X 主通道数学模型,并由此列出如图 2-42 所示的运动学环节。

$$\Delta\theta \longrightarrow \boxed{\dfrac{X_\theta^{\dot{u}}}{s + X_u^{\dot{u}} + X_\theta^{\dot{u}} M_u^{\dot{q}} W_q^\theta(s) + X_{\delta_e}^{\dot{u}} \dfrac{M_u^{\dot{q}}}{M_{\delta_e}^{\dot{q}}}}} \longrightarrow \Delta u$$

图 2-42 X 通道运动学环节

图 2-42 中

$$W_q^\theta = \frac{1}{s(s + M_q^{\dot{q}})} \tag{2-98}$$

为进一步简化此运动学环节,可略去 $X_{\delta_e}^{\dot{u}}$ 气动导数,亦即忽略由纵向周期变距 $\Delta\delta_e$ 引起的纵向力 H_S 所产生的纵向加速度 $\Delta\dot{u}$,这样运动学环节即为

$$W_\theta^u(s) = \frac{\Delta u(s)}{\Delta\theta(s)} = \frac{X_\theta^{\dot{u}}}{s + X_u^{\dot{u}} + X_\theta^{\dot{u}} M_u^{\dot{q}} W_q^\theta(s)} \tag{2-99}$$

由于一般直升机有较小的速度静稳定特性,若再忽略其气动导数 $M_u^{\dot q}$,即最终可将运动学环节简化为如式(2-100)所示形式。

$$W_\theta^u(s) = \frac{\Delta u(s)}{\Delta \theta(s)} = \frac{X_\theta^{\dot u}}{s + X_u^{\dot u}} \qquad (2-100)$$

2.5.5 小扰动侧向运动微分方程及结构图数学模型

所谓侧向运动是指直升机在由机体轴构成的 OXY 平面内的运动,操纵横向周期变距 $\Delta\delta_a$,使 Y 轴方向的速度发生变化 Δv,又操纵尾桨桨距 $\Delta\delta_r$ 使飞机的机头偏转 $\Delta\psi$。从而使直升机的机头与侧向飞行速度向量相一致(重合),达到航向协调控制的目的。侧向通道最终目的是完成在地面坐标系中对 OX_EY_E 平面内的轨迹控制。为建立侧向小扰动结构图数学模型,首先应列出如下微分方程:

$$\Delta\dot v = Y_v^{\dot v}\Delta v - Y_p^{\dot v}\Delta p - Y_r^{\dot v}\Delta r + Y_\phi^{\dot v}\Delta\phi + Y_\psi^{\dot v}\Delta\psi + Y_{\delta_a}^{\dot v}\Delta\delta_a + Y_{\delta_r}^{\dot v}\Delta\delta_r \qquad (2-101)$$

$$\Delta\dot p = L_v^{\dot p}\Delta v - L_p^{\dot p}\Delta p - L_r^{\dot p}\Delta r + L_\phi^{\dot p}\Delta\phi + L_\psi^{\dot p}\Delta\psi + L_{\delta_a}^{\dot p}\Delta\delta_a + L_{\delta_r}^{\dot p}\Delta\delta_r \qquad (2-102)$$

$$\Delta\dot r = N_v^{\dot r}\Delta v - N_p^{\dot r}\Delta p - N_r^{\dot r}\Delta r + N_\phi^{\dot r}\Delta\phi + N_\psi^{\dot r}\Delta\psi + N_{\delta_a}^{\dot r}\Delta\delta_a + N_{\delta_r}^{\dot r}\Delta\delta_r \qquad (2-103)$$

$$\Delta\dot\phi = \Delta p \qquad (2-104)$$

$$\Delta\dot\psi = \Delta r \qquad (2-105)$$

由式(2-101)至式(2-105)可构建如图 2-43 所示的直升机侧向运动结构图。它由 Y 轴控制横向周期变距 $\Delta\delta_a$ 以控制侧向速度 v,以及 ψ 通道控制尾桨桨距 $\Delta\delta_r$ 以控制航向角 ψ 两个通道组成。

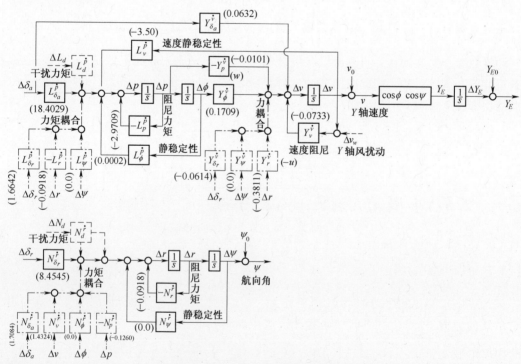

图 2-43 小扰动侧向运动结构图

Y 通道也由主通道及耦合通道组成,其工作机理与纵向的 X 通道工作机理相类似。主通道的工作机理是:操纵横向周期变距 $\Delta\delta_a$,它产生旋翼的侧倒,形成侧向力 S_s,产生侧向加速度 $\Delta\dot{v}$,经阻尼后产生侧向速度 Δv。但主要是由于 S_s 使直升机横滚,产生 $\Delta\varphi$,由于重力在 Y 轴上形成侧力分量,使直升机形成侧向速度 Δv。同样在结构图上仍呈现出侧向运动气动力矩阻尼($L_p^{\dot{p}}$)、气动力阻尼($Y_v^{\dot{v}}$)、横向静稳定($L_\varphi^{\dot{p}}$)和速度静稳定($Y_v^{\dot{v}}$)。当不计耦合因素,又略去横向静稳定时,则可构成如图 2-44 所示的 Y 轴通道简要结构图数学模型,并可导出其运动学环节,如图 2-45 所示。

图 2-45 中,有

$$W_p^\phi(s) = \frac{1}{s + L_p^{\dot{p}}} \tag{2-106}$$

若不计 $Y_{\delta_a}^{\dot{v}}$ 及 $L_v^{\dot{p}}$,则 Y 通道运动学环节可简化为下式:

$$W_\phi^v(s) = \frac{\Delta v(s)}{\Delta\phi(s)} = \frac{Y_\phi^{\dot{v}}}{s + Y_v^{\dot{v}}} \tag{2-107}$$

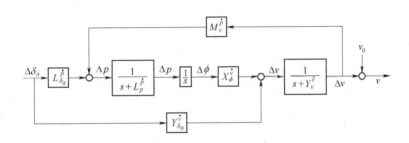

图 2-44 Y 轴主通道结构图

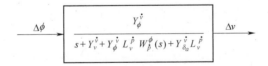

图 2-45 Y 轴主通道运动学环节

2.6 小型无人直升机动力学建模及物理特性分析

小型无人直升机类似于日本 Yamaha 公司的 R-50 直升机,它有足够的有效载荷(22.7kg)和可靠的操作性,可作为研究无人直升机的平台。它的旋翼由两片桨叶组成,并且带一个称作 Bell-Hiller 的稳定杆。其物理构造如图 2-46 所示。旋翼转速为 850r/min,桨尖速度为 137m/s,净重 44kg,最大起飞重量 68kg,可自主飞行 30min。

本节将针对稳定杆这一特殊结构,对该类直升机进行动力学建模,以便于分析稳定杆的物理作用。

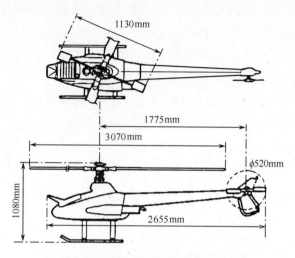

图 2-46 小型无人直升机的结构与布局

2.6.1 直升机增稳动力学结构

图 2-47 所示为直升机机体参照系,其中 X、Y、Z 为机体轴位置;u、v、w 为沿机体轴方向的速度;ϕ、θ、ψ 是 3 个欧拉角,即滚转、俯仰和偏航 3 个姿态角;p、q、r 是绕机体轴 X、Y、Z 转动的角速率;a、b 及 c、d 分别表示旋翼及稳定杆纵向和侧向挥舞角。

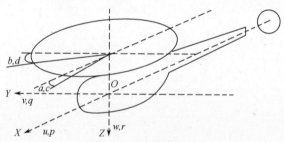

图 2-47 机体坐标系

直升机运动的状态变量为 Δu、Δv、Δw、Δp、Δq、Δr、$\Delta \phi$、$\Delta \theta$、$\Delta \psi$;控制变量为纵向周期变距的变量 $\Delta \delta_e$、侧向周期变距的变量 $\Delta \delta_a$、总距变量 $\Delta \delta_c$,以及尾桨变距变量 $\Delta \delta_r$。如图 2-48 所示,在旋翼桨毂上产生的力和力矩分别为 $H_{x,y,z}$ 和 $L_{x,y,z}$,在机体坐标系中的力和力矩分别为 $F_{x,y,z}$ 和 $M_{x,y,z}$,旋翼拉力为 T,尾桨旋翼拉力为 T_T,h 为旋翼与重心之间的距离。

稳定杆可以看作是一个附属旋翼,稳定杆与主旋翼有同样的控制输入,稳定杆的挥舞运动对主旋翼周期变距输入起控制增稳作用。这个增稳是通过一种固定机械来完成的。在稳定杆及偏航速率反馈共同作用下的直升机增量动力学模型如图 2-49 所示。

系统有 4 个增量控制输入,即纵向周期变距 $\Delta \delta_e$、侧向周期变距 $\Delta \delta_a$、总距 $\Delta \delta_c$ 和脚蹬输入 $\Delta \delta_r$。它们分别通过 4 个作动器(3 个旋翼作动器 G_R 和 1 个尾桨作动器 T_{act})对自然直升机进行操纵,图 2-49 中的偏航阻尼电子反馈和稳定杆的挥舞运动对自然直升机起增稳作用,直升机的状态输出为 3 个方向的飞行速度变化量 Δu、Δv、Δw 和 3 个角速度变化量 Δp、Δq、Δr。

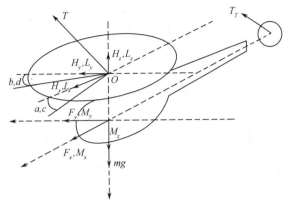

图 2-48 机体坐标系中所产生的力和力矩

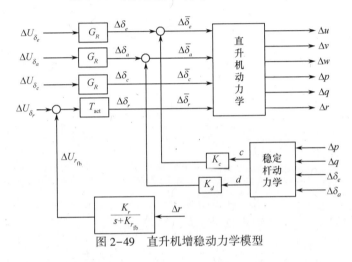

图 2-49 直升机增稳动力学模型

2.6.2 数学模型的建立

1. 旋翼作用下的运动方程

在旋翼纵侧向挥舞运动作用下的直升机线性化增量运动方程为

$$\Delta \dot{u} = -w_0 \Delta q + v_0 \Delta r - g\Delta\theta + X_u \Delta u + X_a a \quad (2-108)$$

$$\Delta \dot{v} = -u_0 \Delta r + w_0 \Delta p + g\Delta\phi + Y_v \Delta v + Y_{\text{ped}}\Delta\delta_r + Y_b b \quad (2-109)$$

$$\Delta \dot{p} = L_u \Delta u + L_v \Delta v + L_w \Delta w + L_b b \quad (2-110)$$

$$\Delta \dot{q} = M_u \Delta u + M_v \Delta v + M_w \Delta w + M_{\text{col}}\Delta\delta_c + M_a a \quad (2-111)$$

式中:a,b 为旋翼纵侧向挥舞角,它们所产生的力导数用 X_a,Y_b 表示,所产生的力矩导数为 L_b,M_a;空气动力学速度导数为 $X_u,Y_v,L_u,L_v,L_w,M_u,M_v,M_w$。

2. 旋翼/稳定杆动力学方程

旋翼/稳定杆是一个复杂系统,为了表明稳定杆对直升机的飞行动力学特性的影响,可对旋翼和稳定杆分别进行建模。

首先对旋翼动力学进行建模。最简单的方法就是把旋翼看作能在纵向和侧向轴上进行倾斜的刚体圆盘,并用傅里叶级数的一次谐波最大近似地表示旋翼挥舞动力学,最后得到如下旋翼的纵向和侧向挥舞方程,即

$$\tau_f \dot{a} = -a - \tau_f \Delta q + A_b b + A_c c + A_{\text{lat}} \Delta \delta_a + A_{\text{lon}} \Delta \delta_e \qquad (2-112)$$

$$\tau_f \dot{b} = -b - \tau_f \Delta p + B_a a + B_d d + B_{\text{lat}} \Delta \delta_a + B_{\text{lon}} \Delta \delta_e \qquad (2-113)$$

再写出如下稳定杆的纵向和侧向挥舞方程，即

$$\tau_s \dot{c} = -c - \tau_s \Delta q + C_{\text{lon}} \Delta \delta_e \qquad (2-114)$$

$$\tau_s \dot{d} = -d - \tau_s \Delta p + D_{\text{lat}} \Delta \delta_a \qquad (2-115)$$

式中：C_{lon} 和 D_{lat} 为纵侧向输入导数；τ_s 为稳定杆的时间常数。

稳定杆动力学与主旋翼动力学通过一种混合器连接。该混合器是一个机械混合器，它的作用是在主旋翼的周期变距的基础上再叠加一个周期变距，所叠加的周期变距与稳定杆的挥舞角成正比。因此，经稳定杆增稳后的主旋翼纵向和侧向的周期变距有如下形式：

$$\Delta \bar{\delta}_e = \Delta \delta_e + K_c c \text{ 和 } \Delta \bar{\delta}_a = \Delta \delta_a + K_d d \qquad (2-116)$$

式中：K_c 和 K_d 为稳定杆传动装置的增益；c 和 d 是混合器的几何函数。

对式（2-114）和式（2-115）进行拉普拉斯变换可得到如下稳定杆纵向和侧向的挥舞运动传递函数，即

$$c = \frac{-\tau_s}{\tau_s s + 1} \Delta q + \frac{C_{\text{lon}}}{\tau_s s + 1} \Delta \delta_e \qquad (2-117)$$

$$d = \frac{-\tau_s}{\tau_s s + 1} \Delta p + \frac{D_{\text{lat}}}{\tau_s s + 1} \Delta \delta_a \qquad (2-118)$$

式（2-117）和式（2-118）表明，稳定杆实际起到角速率延迟反馈（式中第一项）及控制增强的作用（式中第二项），因此可以画出图 2-49，以示稳定杆的物理作用。

在原来不带稳定杆的旋翼挥舞方程式（2-112）和式（2-113）中，引入稳定杆增稳后，其旋翼挥舞方程可写为

$$\tau_f \dot{a} = -a - \tau_f \Delta q + A_b b + A_c c + A_{\text{lon}}(\Delta \delta_e + K_c c) + A_{\text{lat}} \Delta \delta_a \qquad (2-119)$$

$$\tau_f \dot{b} = -b - \tau_f \Delta p + B_a a + B_d d + B_{\text{lat}}(\Delta \delta_a + K_d d) + B_{\text{lon}} \Delta \delta_e \qquad (2-120)$$

式中：B_{lat}、B_{lon} 和 A_{lat}、A_{lon} 为输入导数；τ_f 为主旋翼时间常数；B_a、B_d 和 A_b、A_c 为旋翼本身发生的交叉耦合。

3. 机身垂直动力学方程

直升机机身垂直运动的动力学方程为

$$\Delta \dot{w} = -v_0 \Delta p + u_0 \Delta q + Z_w \Delta w + Z_a a + Z_b b + Z_r r + Z_{\text{col}} \Delta \delta_c \qquad (2-121)$$

4. 偏航动力学方程

通常，自然飞机机身的偏航线性化动力学模型可用如下最简单的一阶系统来表示，即

$$T_{r\delta} = \frac{\Delta r}{\Delta \delta_r} = \frac{N_{\text{ped}}}{s - N_r} \qquad (2-122)$$

式中：$T_{r\delta}$ 为自然飞机的偏航动力学传递函数；N_r 为自然飞机的偏航阻尼系数；N_{ped} 为尾桨控制的灵敏度。

可以采用偏航阻尼系统，以增加自然飞机的运动阻尼，如图 2-50 所示。该偏航增稳系统是通过偏航速率的负反馈完成的。

作动器和速率陀螺的动力学是通过各自的传递函数 T_{act} 和 T_{gyro} 来表示的，这样由

图 2-50 可得到增稳后的偏航动力学的闭环传递函数为

$$T_{r\delta,\text{aug}} = \frac{T_{r\delta} T_{\text{act}}}{1 + T_{r\delta} T_{\text{act}} T_{\text{gyro}}} \tag{2-123}$$

$T_{r\delta,\text{aug}}$ 可以由飞行试验进行辨识得到,因此由式(2-123)可以得出自然直升机的偏航动力学 $T_{r\delta}$

$$T_{r\delta} = \frac{T_{r\delta,\text{aug}}}{T_{\text{act}} - T_{r\delta,\text{aug}} T_{\text{act}} T_{\text{gyro}}} \tag{2-124}$$

为了避免建模的复杂性,在图 2-50 中忽略作动器动力学 T_{act},处理成传动比为 1,且

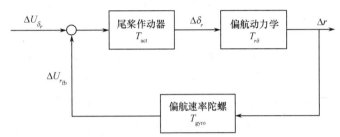

图 2-50 增稳偏航动力学的结构配置

偏航速率陀螺带有一阶滤波器的形式,则

$$\frac{\Delta U_{r_{\text{fb}}}}{\Delta r} = \frac{K_r}{s + K_{r_{\text{fb}}}} \tag{2-125}$$

则经偏航速率反馈后的偏航增稳系统的闭环传递函数为

$$\frac{\Delta r}{\Delta \delta_r} = \frac{N_{\text{ped}}(s + K_{r_{\text{fb}}})}{s^2 + (K_{r_{\text{fb}}} - N_r)s + (K_r N_{\text{ped}} - N_r K_{r_{\text{fb}}})} \tag{2-126}$$

与式(2-126)相应的微分方程为

$$\Delta \dot{r} = N_r \Delta r + N_{\text{ped}} (\Delta \delta_r - \Delta r_{\text{fb}}) \tag{2-127}$$

$$\Delta \dot{r}_{\text{fb}} = -K_{r_{\text{fb}}} \Delta r_{\text{fb}} + K_r \Delta r \tag{2-128}$$

若考虑到 $\Delta v, \Delta p, \Delta w$ 及 $\Delta \delta_c$ 对偏航通道的影响,则式(2-127)应写为

$$\Delta \dot{r} = N_r \Delta r + N_v \Delta v + N_p \Delta p + N_w \Delta w + N_{\text{col}} \Delta \delta_c + N_{\text{ped}} (\Delta \delta_r - \Delta r_{\text{fb}}) \tag{2-129}$$

2.6.3 增稳动力学的状态空间模型

直升机增稳动力学的状态空间方程为

$$\boldsymbol{M} \Delta \dot{\boldsymbol{x}} = \boldsymbol{F} \Delta \boldsymbol{x} + \boldsymbol{G} \Delta \boldsymbol{u} \tag{2-130}$$

式中:$\Delta \boldsymbol{x}$ 为状态变量;$\Delta \boldsymbol{u}$ 为输入变量;系统矩阵 $\boldsymbol{F}$ 包含稳定导数;输入矩阵 $\boldsymbol{G}$ 包括输入导数;$\boldsymbol{M}$ 矩阵包括旋翼挥舞方程中的旋翼时间常数。

式(2-131)表达了状态方程的具体内容,显然该状态方程由如下微分方程组成:

(1) 由式(2-108)、式(2-109)和式(2-121)这 3 式构建的机体纵向、侧向及法向的位移运动($\dot{u}, \dot{v}, \dot{w}$)。

(2) 由式(2-110)、式(2-111)和式(2-129)所构建的机体绕三轴的滚转、俯仰和偏航角运动($\dot{p}, \dot{q}, \dot{r}$)。

(3) 由式(2-112)和式(2-113)所构建的旋翼纵向及侧向的挥舞运动($\dot{a}, \dot{b}$)。

（4）由式(2-114)和式(2-115)所构建的稳定杆纵向及侧向挥舞运动($\dot{c}, \dot{d}$)。

（5）由式(2-128)所构建的偏航阻尼系统运动学($\Delta \dot{r}_{fb}$)。

$$
\begin{bmatrix} \Delta \dot{u} \\ \Delta \dot{v} \\ \Delta \dot{p} \\ \Delta \dot{q} \\ \Delta \dot{\phi} \\ \Delta \dot{\theta} \\ \tau_f \dot{a} \\ \tau_f \dot{b} \\ \Delta \dot{w} \\ \Delta \dot{r} \\ \Delta \dot{r}_{fb} \\ \tau_s \dot{c} \\ \tau_s \dot{d} \end{bmatrix} = \begin{bmatrix} X_u & 0 & 0 & -w_0 & 0 & X_\theta & X_a & 0 & X_r & 0 & 0 & 0 & 0 \\ 0 & Y_v & w_0 & 0 & Y_\phi & 0 & Y_b & 0 & Y_r & 0 & 0 & 0 & 0 \\ L_u & L_v & 0 & 0 & 0 & 0 & 0 & L_b & L_w & 0 & 0 & 0 & 0 \\ M_u & M_v & 0 & 0 & 0 & 0 & M_a & 0 & M_w & 0 & 0 & 0 & 0 \\ 0 & 0 & 1 & 0 & 0 & 0 & 0 & 0 & 0 & 0 & 0 & 0 & 0 \\ 0 & 0 & 0 & 1 & 0 & 0 & 0 & 0 & 0 & 0 & 0 & 0 & 0 \\ 0 & 0 & 0 & -\tau_f & 0 & 0 & -1 & A_b & 0 & 0 & 0 & A_c & 0 \\ 0 & 0 & -\tau_f & 0 & 0 & 0 & B_a & -1 & 0 & 0 & 0 & 0 & B_d \\ 0 & 0 & -v_0 & u_0 & 0 & 0 & Z_a & Z_b & Z_w & Z_r & 0 & 0 & 0 \\ 0 & N_v & N_p & 0 & 0 & 0 & 0 & 0 & N_w & N_r & -N_{ped} & 0 & 0 \\ 0 & 0 & 0 & 0 & 0 & 0 & 0 & 0 & 0 & K_r & -K_{r_{fb}} & 0 & 0 \\ 0 & 0 & 0 & -\tau_s & 0 & 0 & 0 & 0 & 0 & 0 & 0 & -1 & 0 \\ 0 & 0 & -\tau_s & 0 & 0 & 0 & 0 & 0 & 0 & 0 & 0 & 0 & -1 \end{bmatrix} \begin{bmatrix} \Delta u \\ \Delta v \\ \Delta p \\ \Delta q \\ \Delta \phi \\ \Delta \theta \\ a \\ b \\ \Delta w \\ \Delta r \\ \Delta r_{fb} \\ c \\ d \end{bmatrix} + \begin{bmatrix} 0 & 0 & 0 & 0 \\ 0 & 0 & Y_{ped} & 0 \\ 0 & 0 & 0 & 0 \\ 0 & 0 & 0 & M_{col} \\ 0 & 0 & 0 & 0 \\ 0 & 0 & 0 & 0 \\ A_{lat} & A_{lon} & 0 & 0 \\ B_{lat} & B_{lon} & 0 & 0 \\ 0 & 0 & 0 & Z_{col} \\ 0 & 0 & N_{ped} & N_{col} \\ 0 & 0 & 0 & 0 \\ 0 & C_{lon} & 0 & 0 \\ D_{lat} & 0 & 0 & 0 \end{bmatrix} \begin{bmatrix} \Delta \delta_a \\ \Delta \delta_e \\ \Delta \delta_r \\ \Delta \delta_c \end{bmatrix} \quad (2-131)
$$

式中：$X_\theta = -g, X_r = v_0, Y_r = -u_0$。

2.6.4 小型直升机增稳动力学的结构

为了便于设计仿真和理解增稳系统各部分的物理作用，以及理解直升机的各通道之间的气动耦合，建立了直升机增稳动力学总结构，如图 2-51 所示。不考虑纵侧向之间耦合，独立后的纵向结构如图 2-52 所示，独立后的侧向结构如图 2-53 所示。

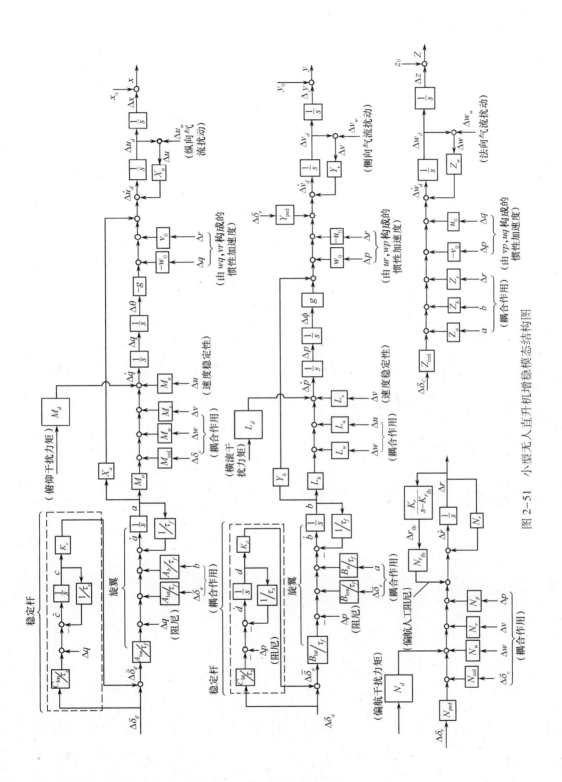

图 2-51 小型无人直升机增稳模态结构图

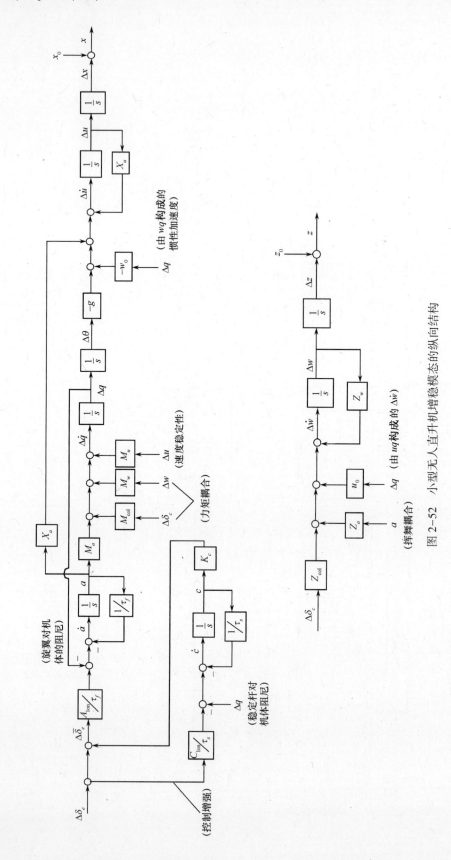

图 2-52 小型无人直升机增稳模态的纵向结构

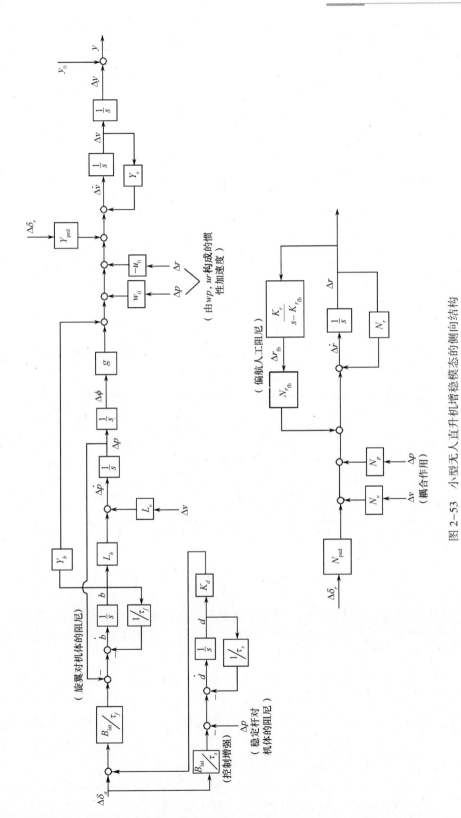

图 2-53 小型无人直升机增稳模态的侧向结构

关于增稳动力学结构模型的物理分析如下：

(1) 结构图表明了 4 个通道的基本工作机理。纵向通道在纵向周期变距 $\Delta\delta_e$ 控制下，产生旋翼挥舞锥体角前倾或后倒的变化 a，由于锥体拉力的倾斜产生了纵向力，一方面通过 X_a 这一力的气动系数直接产生纵向加速度变化 $\Delta\dot{u}$，另一方面这一纵向力又产生纵向力矩的变化，通过 M_a 这一力矩导数产生 $\Delta\dot{q}$，但由于旋翼俯仰阻尼力矩的产生，使俯仰角仅以一次积分的形式变化 $\Delta\theta$，使重力通过结构图上的 g 在机体 X 轴上的分力增大或减小，使纵向加速度产生变化 $\Delta\dot{u}$。由于具有速度阻尼 X_u，故最终形成纵向速度的变化 Δu。由此可知，当速度变化量达到要求的值后，纵向周期变距的操纵量应适当回收，回收的大小取决于速度稳定性导数 M_u。这一物理过程类似于固定翼飞机中操纵高度的过程：改变升降舵 $\Delta\delta_e$ 以改变飞机的俯仰姿态 $\Delta\theta$，从而使航迹倾斜角变化 $\Delta\gamma$，即产生 $\Delta\dot{H}$，它以积分形式改变高度 ΔH，当达到要求的高度时，舵面应回收，使增量舵 $\Delta\delta_e$ 趋于零。

横滚通道的工作机理与纵向通道相类似，在横向周期变距 $\Delta\delta_a$ 控制下，产生旋翼挥舞锥体角左右倾倒的变化 b，它一方面直接产生侧向力，形成侧向加速度的变化 $\Delta\dot{v}$，另一方面这一侧向力又引起横滚力矩的变化，产生 $\Delta\dot{p}$，但是由于旋翼所形成的阻尼力矩的存在，从而使横滚角仅以一次积分的形式改变 $\Delta\phi$，此时由于重力在机体 Y 轴上产生力的变化，形成 $\Delta\dot{v}$，但由于 Δv 引起阻力，故最终构成侧向速度的变化 Δv，当 Δv 到达要求的值后，横向周期变距杆应适当回中，回收的大小取决于横向速度稳定性导数 L_v。

机头偏航的控制是通过尾桨桨距的变化 $\Delta\delta_r$，它直接产生对机身的偏航力矩的变化而形成偏航加速度的变化 $\Delta\dot{r}$，通过自然偏航阻尼力矩 N_r 以及人工电子反馈阻尼，最终达到偏航角速度的变化 Δr，故尾桨桨距控制对应的是偏航角速度。

高度通道的控制是通过总距的变化 $\Delta\delta_c$，它直接产生法向升力，从而产生法向线加速度的变化 $\Delta\dot{w}$，通过自身的速度阻尼 Z_w，最终产生法向速度变化 Δw。故与总距控制 $\Delta\delta_c$ 相对应的是法向速度 Δw，经 $\cos\theta$ 处理后，相当于高度的变化率 $\Delta\dot{H}$。多数直升机的速度控制与高度控制相互之间的耦合很小。而固定翼飞机速度控制与高度控制必须相互协调，由于重力的作用，形成速度与高度控制的严重耦合，也即控制速度必须稳定高度，控制高度必须稳定速度。

(2) 结构图显示了稳定杆对纵向及横向通道的增稳与阻尼作用。

(3) 结构图显示了四通道之间的耦合作用。当不计耦合作用时，可将四通道相互独立，从而形成纵向运动结构图 2-52 和侧向运动结构图 2-53。

(4) 结构图中显示了由于直升机角运动而产生的加速度，其物理意义是直升机做曲线运动时在重心处产生的惯性加速度。这在全量运动方程式(2-57)中表达为 X 轴方向的 wq、$-vr$，Y 轴方向的 ur、$-wp$ 及 Z 轴方向的 vp、$-uq$。经增量线性化处理后，在结构图 2-40 中仍反映出这一力学特性，也即作用在各轴上的外力变化所产生的增量加速度中还包括这一增量角运动而引起的惯性加速度。

(5) 结构图中给出了 3 个通道的气流扰动，标出了迎风 Δu_w、侧风 Δv_w 以及垂风 Δw_w 在结构图中的作用点，以便于通过仿真估计它们对飞机运动的影响。

(6) 结构图中给出了作用于 3 个机体轴的干扰力矩对直升机运动的影响。通过仿真可以得出力矩干扰对各通道控制精度的影响。

表2-2所列为该直升机增稳动力学方程中诸系数以英制表示的量纲,以及在悬停和前飞两种状态下的各气动系数值。

表2-3列出了与表2-2相对应的国际单位(国标)下各气动数值,可作为小型直升机气动系数的参考值。

表2-2 两种飞行状态的气动导数(量纲为英制)

	量纲	悬停 $u_0=0\text{m/s}$ 值	巡航 $u_0=15\text{m/s}$ 值		量纲	悬停 $u_0=0\text{m/s}$ 值	巡航 $u_0=15\text{m/s}$ 值
		M 矩阵				**F** 矩阵	
τ_f	s	0.04631	0.0346	Z_w	1/s	−0.6141	−1.011
τ_s	s	0.3415	0.2591	Z_r	ft/(s·rad)	0.9303	—
				Z_p	ft/(s·rad)	—	11
		F 矩阵		Z_q	ft/(s·rad)	—	49.2
X_u	1/s	−0.05046	−0.1217	N_p	1/s	−3.525	—
X_a	ft/(s²·rad)	−32.2	−32.2	N_v	rad/(s·ft)	0.03013	0.4013
X_r	ft/(s·rad)	—	−11	N_w	rad/(s·ft)	0.08568	—
Y_v	1/s	−0.1539	−0.1551	N_r	1/s	−4.129	−3.897
Y_b	ft/(s²·rad)	32.2	32.2	$N_{r_{fb}}$	rad/(s²·%)	−33.07	−26.43
Y_r	ft/(s·rad)	—	−49.2	K_r	%/rad	2.163	2.181
L_u	rad/(s·ft)	−0.1437	—	$K_{r_{fb}}$	1/s	−8.258	−7.794
L_v	rad/(s·ft)	0.1432	—			**G** 矩阵	
L_w	rad/(s·f)	—	−0.2131	B_{lat}	rad/%	0.1398	0.1237
L_b	1/s²	166.1	213.2	B_{lon}	rad/%	0.0138	0.02003
M_u	rad/(s·ft)	−0.05611	—	A_{lat}	rad/%	0.03127	0.02654
M_v	rad/(s·ft)	−0.05850	—	A_{lon}	rad/%	−0.1004	−0.08372
M_w	rad/(s·ft)	—	0.07284	Z_{col}	ft/(s²·%)	−45.84	−60.27
M_a	1/s²	82.57	108.0	M_{col}	rad/(s²·%)	—	6.980
B_a	1	0.3681	0.4194	N_{col}	rad/(s²·%)	−3.329	—
B_d	1	0.7103	0.6638	N_{ped}	rad/(s²·%)	33.07	26.43
A_b	1	−0.1892	−0.1761	D_{lat}	rad/%	0.2731	0.2899
A_c	1	0.64439	0.5773	C_{lon}	rad/%	−0.2587	−0.2250
Z_b	ft/(s²·rad)	−131.2	—	Y_{ped}	ft/(s²·%)	—	11.23
Z_a	ft/(s²·rad)	−9.748	—	τ_{ped}	s	0.0991	0.05893

表 2-3　两种飞行状态的气动导数(量纲为国标)

	量纲	悬停 $u_0=0$m/s 值	巡航 $u_0=15$m/s 值		量纲	悬停 $u_0=0$m/s 值	巡航 $u_0=15$m/s 值
		M 矩阵				*F* 矩阵	
τ_f	s	0.04631	0.0346	Z_w	1/s	-0.6141	-1.011
τ_s	s	0.3415	0.2591	Z_r	m/s·(°)	0.005	—
				Z_p	m/s·(°)	—	0.059
		F 矩阵		Z_q	m/s·(°)	—	0.262
X_u	1/s	-0.05046	-0.1217	N_p	1/s	-3.525	—
X_a	m/s·(°)	-0.171	-0.171	N_v	(°)/(s·m)	5.66	75.39
X_r	m/s·(°)	—	-0.059	N_w	(°)/(s·m)	4.91	—
Y_v	1/s	-0.1539	-0.1551	N_r	1/s	-4.129	-3.897
Y_b	m/s²·(°)	0.171	0.171	$N_{r_{fb}}$	rad/(s²·%)	-1894.9	-1514.4
Y_r	m/s·(°)	—	-0.262	K_r	%/(°)	0.038	0.0381
L_u	(°)/(s·m)	-26.99	—	$K_{r_{fb}}$	1/s	-8.258	-7.794
L_v	(°)/(s·m)	26.9	—			*G* 矩阵	
L_w	(°)/(s·m)	—	-40.03	B_{lat}	(°)/%	8.01	7.09
L_b	1/s²	166.1	213.2	B_{lon}	(°)/%	0.791	1.148
M_u	(°)/(s·m)	-10.54	—	A_{lat}	(°)/%	1.792	1.521
M_v	(°)/(s·m)	-11.00	—	A_{lon}	(°)/%	-5.753	-4.797
M_w	(°)/(s·m)	—	13.68	Z_{col}	m/(s²·%)	-13.98	-18.382
M_a	1/s²	82.57	108.0	M_{col}	(°)/(s²·%)	—	399.95
B_a	无	0.3681	0.4194	N_{col}	(°)/(s²·%)	-190.75	—
B_d	无	0.7103	0.6638	N_{ped}	(°)/(s²·%)	1894.91	1514.4
A_b	无	-0.1892	-0.1761	D_{lat}	(°)/%	15.65	16.61
A_c	无	0.64439	0.5773	C_{lon}	(°)/%	-14.82	-12.89
Z_b	m/s²·(°)	-0.698	—	Y_{ped}	m/(s²·%)	—	3.425
Z_a	m/s²·(°)	-0.052	—	τ_{ped}	s	0.0991	0.05893

思 考 题

1. 如何决定飞行器在地球坐标系中的地理位置？如何将地理坐标转换为地球坐标？

2. 已知空中飞行器的重心 O 当前的地理坐标(经纬度)，又已知选定的地面坐标原点 O_E 的地理坐标，如何确定飞行器重心 O 在地面坐标系中的位置？

3. 已知某飞行器在地面坐标系中的航迹速度 V 的大小及方向(航迹倾斜角 γ 及航迹偏转角 χ)，如何确定飞行器在地面坐标系中的速度？

4. 什么是欧拉角？如何表述欧拉角速度与机体角速度的关系？

5. 已知机体角速度 r 和 q，及滚转角 ϕ，如何求航向角？

6. 已知飞行器重心在某正交坐标系 O_1-$X_1Y_1Z_1$ 的位置，如何转换至另一正交坐标系 O_2-$X_2Y_2Z_2$ 中的位置？

7. 试说明直升机机体质心移动的全量动力学方程各项物理意义。

8. 由直升机微分方程画出其纵侧向全面运动结构图，并说明工作机理。

9. 通常直升机小扰动方程有9个特征根，试说明它们在根轨迹图中所表达的9个运动模态有什么特征？若不计纵侧向气动耦合，如何在根轨迹图上表达纵侧向独立后的运动模态？

10. 由小型无人直升机增稳模态结构，说明各气动导数的物理意义，说明直升机的自然稳定特性与通道间的耦合特性。在什么条件下可将4个通道各自独立研究？

第3章 直升机的增稳与控制增稳系统

直升机作为控制对象与固定翼飞机相比有更复杂的动力学特性。除了应考虑机体的六自由度运动以外,还必须考虑旋翼及尾桨相对于机身的旋转,以及桨叶相对于挥舞铰的运动。这些决定了直升机具有较差的稳定性与操纵性。

早期的直升机由于执行任务比较简单,性能要求也比较低,直升机的不稳定运动模态发散周期比较长,驾驶员可以对这种不稳定的发散模态进行不断的人工修正。随着直升机性能需求的不断提高,以及执行的任务越来越复杂,特别是武装直升机不仅要执行反潜、对地攻击、对空射击等任务,而且要完成超低空贴地飞行,进行地形跟随与地形回避机动,抵御阵风扰动等操纵,再加上直升机固有的不稳定性,仅依靠人工操纵已十分困难。因此与固定翼飞机相比,更需采用增稳系统(SAS)、控制增稳系统(CAS)或自动飞行控制系统(AFCS),并不断引入主动控制技术,向着电传操纵(FBW)及光传操纵(FBL)方向发展。本章将论述在人工操纵状态下的各工作通道的增稳及控制增稳系统基本工作原理、典型结构及设计方法。为便于论述工作原理、便于设计和仿真,本章首先构建以结构图形式给出的直升机四通道线性动力学模型。

3.1 增稳与控制增稳系统的结构配置

为了便于分析增稳系统基本工作原理,需理解直升机动力学方程各气动导数物理含义,下面列出不计纵侧向之间气动耦合的如下纵向和侧向线性化增量运动动力学方程,其中纵向运动可由式(2-83)、式(2-84)导出:

$$\Delta \dot{u} = X_u^{\dot{u}} \Delta u + X_w^{\dot{u}} \Delta w + X_\theta^{\dot{u}} \Delta \theta - X_q^{\dot{u}} \Delta q + X_{\delta e}^{\dot{u}} \Delta \delta_e + X_{\delta c}^{\dot{u}} \Delta \delta_c \qquad (3-1)$$

$$\Delta \dot{w} = Z_u^{\dot{w}} \Delta u + Z_w^{\dot{w}} \Delta w + Z_\theta^{\dot{w}} \Delta \theta - Z_q^{\dot{w}} \Delta q + Z_{\delta e}^{\dot{w}} \Delta \delta_e + Z_{\delta c}^{\dot{w}} \Delta \delta_c \qquad (3-2)$$

$$\Delta \dot{q} = M_u^{\dot{q}} \Delta u + M_w^{\dot{q}} \Delta w + M_\theta^{\dot{q}} \Delta \theta - M_q^{\dot{q}} \Delta q + M_{\delta e}^{\dot{q}} \Delta \delta_e + M_{\delta c}^{\dot{q}} \Delta \delta_c \qquad (3-3)$$

由式(2-85)、式(2-86)、式(2-87)可导出侧向运动方程,即

$$\Delta \dot{v} = Y_v^{\dot{v}} \Delta v + Y_\phi^{\dot{v}} \Delta \phi + Y_\psi^{\dot{v}} \Delta \psi - Y_p^{\dot{v}} \Delta p - Y_r^{\dot{v}} \Delta r + Y_{\delta a}^{\dot{v}} \Delta \delta_a + Y_{\delta r}^{\dot{v}} \Delta \delta_r \qquad (3-4)$$

$$\Delta \dot{p} = L_v^{\dot{p}} \Delta v + L_\phi^{\dot{p}} \Delta \phi + L_\psi^{\dot{p}} \Delta \psi - L_p^{\dot{p}} \Delta p - L_r^{\dot{p}} \Delta r + L_{\delta a}^{\dot{p}} \Delta \delta_a + L_{\delta r}^{\dot{p}} \Delta \delta_r \qquad (3-5)$$

$$\Delta \dot{r} = N_v^{\dot{r}} \Delta v + N_\phi^{\dot{r}} \Delta \phi + N_\psi^{\dot{r}} \Delta \psi - N_p^{\dot{r}} \Delta p - N_r^{\dot{r}} \Delta r + N_{\delta a}^{\dot{r}} \Delta \delta_a + N_{\delta r}^{\dot{r}} \Delta \delta_r \qquad (3-6)$$

上述6个方程的物理含义十分清楚,式(3-1)、式(3-2)和式(3-4)是力的方程,它们表示沿机体各轴力的变化而引起的对应各机体轴向线加速度的变化。例如式(3-1),$\Delta \dot{u} = f(\Delta u, \Delta w, \Delta \theta, \Delta q, \Delta \delta_e, \Delta \delta_c)$ 表示方程右边诸状态变量变化 $\Delta u, \Delta w, \Delta \theta, \Delta q$,及操纵量变化 $\Delta \delta_e, \Delta \delta_c$ 均会引起 X 轴方向的加速度的变化 $\Delta \dot{u}$。式(3-3)、式(3-5)和式(3-6)是绕三轴的力矩方程,它们分别表示沿三机体轴 Y、X 及 Z 的力矩变化而引起的绕对应各轴

的角加速度的变化,例如式(3-3),$\Delta \dot{q} = f(\Delta u, \Delta w, \Delta \theta, \Delta q, \Delta \delta_e, \Delta \delta_c)$ 表示方程右边 6 个因素均会引起绕 Y 轴的力矩变化,从而引起对 Y 轴的角加速度的变化 $\Delta \dot{q}$ 。

由式(3-1)、式(3-2)、式(3-3)可建立直升机纵向运动以结构图形式表示的数学模型,以及相应的控制增稳系统。以结构图形式构建的增稳系统结构配置便于物理概念的理解以及在 Matlab 环境下进行仿真。

图 3-1 所示为对应于式(3-1)和式(3-3)的 X 轴方向力的方程及绕 Y 轴的力矩方程以结构图形式给出的数学模型(虚线框内),并在此基础上构建了俯仰控制增稳系统。

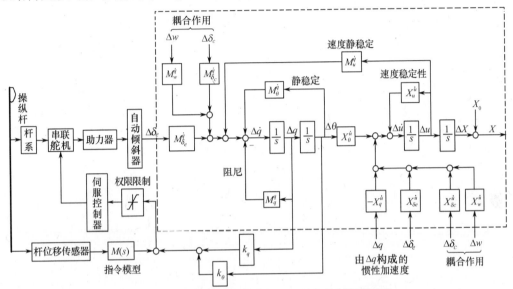

图 3-1 纵向俯仰通道气动模型及俯仰控制增稳系统

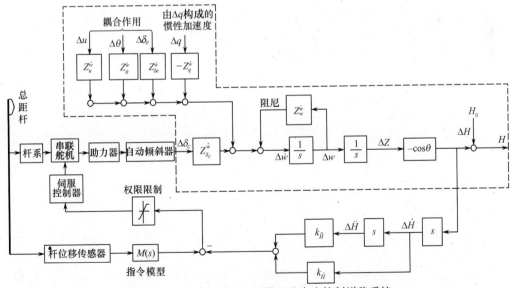

图 3-2 纵向高度通道气动模型及高度控制增稳系统

图 3-2 所示为对应于式(3-2)的法向力方程的数学模型(虚线框内),并在此基础上构建了高度的控制增稳系统。

由式(3-4)、式(3-5)和式(3-6)可建立由结构图形式表示的侧向运动的直升机数学模型,并在此基础上建立了相应的控制增稳系统。其中图 3-3 所示为侧向的横滚通道气动模型及其控制增稳系统,图 3-4 所示为侧向的航向通道气动模型及航向控制增稳系统。

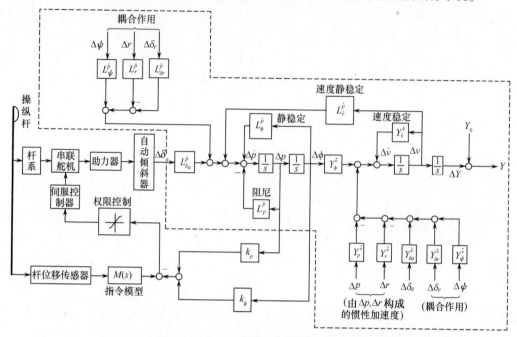

图 3-3 侧向的横滚通道气动模型及横滚控制增稳系统

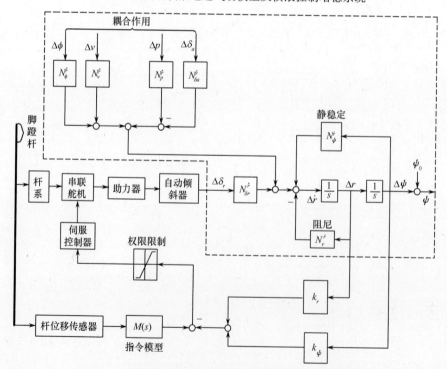

图 3-4 侧向的航向通道气动模型及航向控制增稳系统

3.2 增稳与控制增稳系统原理及设计方法

3.2.1 增稳与控制增稳系统工作原理

早期直升机多采用机械稳定装置,例如贝尔稳定杆、霍尼韦尔稳定杆、洛克希德稳定杆等。这种稳定装置主要适用于小型及跷跷板式旋翼直升机。由于稳定杆不能在整个飞行包线内提供足够的稳定裕量,且稳定杆及其联动装置又增加了旋翼阻力,所以这种稳定装置迅速被具有电子反馈的增稳及控制增稳系统所替代。

通常直升机三机体轴增稳系统的控制律都由姿态角速率及角位移反馈组成,分别增加直升机阻尼力矩及稳定(恢复)力矩,用这种电子反馈方式改善直升机的稳定性。

1. 俯仰增稳系统

图 3-1 给出俯仰增稳系统中的角速率 k_q 反馈,以并联反馈的形式弥补自然直升机中阻尼力矩系数 M_q^q 的不足,角位移 k_θ 反馈以并联反馈的形式弥补自然直升机俯仰运动静稳定力矩系数 M_θ^q 的不足。

2. 高度增稳系统

图 3-2 中的高度增稳系统中的 k_H 反馈弥补自然直升机 Z 轴方向的速度稳定性导数 Z_w^w 的不足。而 $k_{\dot{H}}$ 反馈可增加 $\dot{H}$ 稳定系统的阻尼。

3. 横滚增稳系统

图 3-3 中的横滚控制增稳系统中的 k_p 反馈,以并联反馈的形式弥补自然直升机中横滚阻尼力矩系数 L_p^p 的不足,k_ϕ 反馈以并联反馈的形式弥补直升机横滚稳定力矩系数 L_ϕ^p 的不足。

4. 偏航增稳系统

图 3-4 中的偏航控制增稳系统中的 k_r 反馈,以并联反馈的形式弥补直升机偏航阻尼力矩系数 N_r^r 的不足,而 k_ψ 反馈以并联反馈的形式弥补偏航稳定力矩系数 N_ψ^r 的不足。

由以上分析可知,驾驶员操纵的是一架通过电子反馈进行增稳后的等效直升机。与固定翼飞机的增稳系统相似,由于电子反馈增加了稳定性但降低了系统增益,削弱了操纵灵敏度。为了获得稳定性和操纵性之间的平衡,需要从驾驶员操纵机构增加前馈通道,以某种电子模型的形式输入舵机,以增强操纵性,即构成控制增稳系统。

由于直升机的俯仰、横滚及航向增稳系统一般都采用对应各轴的角速度和角位移反馈,它们相当于在根轨迹 S 平面中增加一个具有相位超前补偿作用的零点,使增稳后的等效飞机的特征根分布得到改善。同样对于输出为 $\Delta \dot{H}$ 的高度增稳系统,k_H 及 $k_{\dot{H}}$ 反馈也相当于在根轨迹 S 平面中增加一个零点,以改善直升机总距通道的动态特性。

3.2.2 增稳系统设计方法

以图 3-1 所示的纵向俯仰通道增稳系统为例,可采用经典控制的基本设计方法进行增稳控制律设计。设俯仰通道增稳控制律为

$$\Delta \delta_e = k_q \Delta q + k_\theta \Delta \theta \tag{3-7}$$

式中:k_q 为单位俯仰角速率 Δq 的变化而产生的自动倾斜器纵向周期变距;k_θ 为单位俯仰角 $\Delta \theta$ 的变化所产生自动倾斜器纵向周期变距。

若被增稳的对象为某中型直升机,工作在前飞状态($\mu=0.1$)。先不考虑纵侧向之间气动耦合,按给出的气动导数可求得纵向通道的直升机传递函数为

$$\frac{\Delta \theta(s)}{\Delta \delta_e(s)} = \frac{1.01(s+0.629)(s+0.0145)}{(s^2-0.042s+0.152)(s^2+1.36s+0.864)} \tag{3-8}$$

对式(3-7)进行拉普拉斯变换,得

$$\Delta \delta_e(s) = k_q \left(s + \frac{k_\theta}{k_q}\right) \Delta \theta(s) \tag{3-9}$$

所以在增稳系统的根轨迹图上,增稳系统将提供一个零点 $s=-\frac{k_\theta}{k_q}$,该零点的选取应使直升机不稳定的长周期运动模态处于稳定,且有足够的阻尼。图 3-5 所示为在不计舵机、助力器等环节的惯性,当选取的零点 $s=-\frac{k_\theta}{k_q}=-0.8, k_\theta=0.8, k_q=1$ 时的闭环根轨迹,此时增稳系统获得的特征根将为 $s_{1,2}=0.157\pm j0.24, s_{3,4}=-1.01\pm j0.829$,从而使此飞行状态具有足够的稳定性。

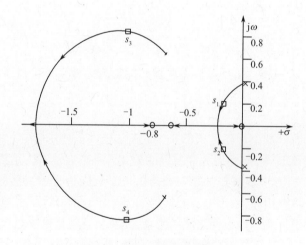

图 3-5 俯仰增稳系统根轨迹

再以航向增稳系统为例,该直升机在悬停状态时,航向偏转角对尾桨桨距的动力学传递函数为

$$\frac{\Delta \psi(s)}{\Delta \delta_r(s)} = \frac{1.99(s+0.0232)}{(s^2+0.556s+0.870)(s-0.138)} \tag{3-10}$$

其航向增稳控制律为

$$\Delta \delta_r = k_r \Delta r + k_\psi \Delta \psi \tag{3-11}$$

与俯仰增稳一样,航向增稳系统将对直升机系统提供一个零点,零点值在 $s=-\frac{k_\psi}{k_r}$ 处。当

选取 $k_r=0.4, k_\psi=0.8$ 时,增稳系统提供的零点 $s=-2$。通过根迹法设计(图 3-6)则可得闭环的根为 $s_{1,2}=-0.626\pm j1.143$ 及 $s_3=0.034$,从而使偏航通道具有较大阻尼的荷兰滚模态,并使原来发散的模态($s=0.138$)缓慢地发散,接近零根。

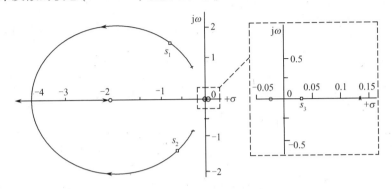

图 3-6 航向增稳系统根轨迹

在设计控制增稳系统时,需指出的是:由于液压助力器与旋翼自动倾斜器的环相连,当操纵自动倾斜器使桨叶挥舞后的锥体轴偏转,使旋翼推力倾斜,这是一个桨叶飞轮运动效应重调的动态过程,这一动态过程一般用纯延迟环节 $e^{-\tau s}$ 近似。其时延 τ 约等于旋翼转一周时间的 1/3,所以,在增稳系统设计综合时,应考虑在控制对象中加入这一动态时延因素。

3.3 典型控制增稳系统结构分析

3.3.1 具有漏泄积分器的增稳系统

轻型直升机通常采用无助力操纵,此时驾驶杆对旋翼的操纵采用刚性连接,对尾桨的操纵由于距离较远用钢索连接。中型及重型直升机(质量超过 4t)对旋翼的操纵通常采用液压助力器。轻型直升机为改善控制性能也可采用液压助力器。

在直升机的手动操纵机构上一般有如图 3-7 所示的操纵杆感觉系统。

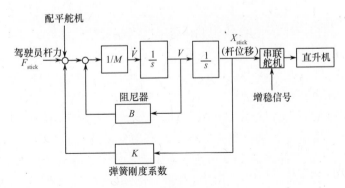

图 3-7 操纵杆感觉系统

由于无助力器时，操纵杆上的力与空气动力有关，而空气动力又与速度有关，因此为了使飞行员在不同飞行状态有不变的感觉特性，其弹簧刚度系数 K 应随飞行速度变化。但因直升机飞行速度变化范围不大，因此往往对该系数不作调整。

以法国 MBB 公司 BO-105 轻型武装直升机增稳系统为例，由于采用无铰旋翼，因此在高速飞行时，要比有铰旋翼更具有强烈的俯仰不稳定性。它在俯仰及横滚通道均装有增稳系统，以减轻驾驶员工作负担，提高武器发射精度，并使驾驶员能作短时间松杆飞行，由于 BO-105 有较大的立尾，已具有较好的航向稳定性，因此没有设置航向增稳系统。

BO-105 直升机的俯仰增稳系统具有漏泄积分器，其基本结构如图 3-8 所示。

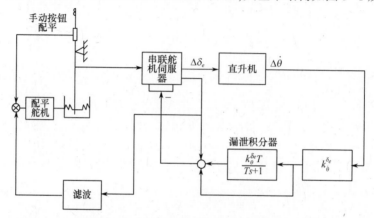

图 3-8　具有漏泄积分器的增稳系统

该增稳系统的舵机串接在驾驶杆与旋翼操纵面之间的操纵杆系中，最大行程为±3.5±0.4mm，最大速度为 5.1mm/s。增稳系统中配平舵机具有人工或自动消除驾驶员操纵驾驶杆后所承受的力。当人工配平时，可按驾驶杆上的按钮，通过舵机消除杆力；当自动配平时，由差动舵机的输出经滤波器输给配平舵机，该滤波器只允许由于直升机重心运动引起的长周期分量通过，它可调整配平舵机，使操纵杆以及操纵杆系移到平衡位置，使串联舵机处于置中位置。该系统具有如下控制律：

$$\Delta\delta_e = -\left(1 + k_\theta^{\delta_e}\frac{T}{Ts+1}\right)k_{\dot\theta}^{\delta_e}\Delta\dot\theta \tag{3-12}$$

式中：$k_{\dot\theta}^{\delta_e}$ 及 $k_\theta^{\delta_e}$ 分别为俯仰角速度及俯仰角至纵向周期变距传动比；T 为漏泄积分器时间常数。

漏泄积分器由于在短时间内具有积分效果，因此它在短时间内为增稳系统提供了姿态反馈信号。所以，当直升机受到突然扰动后，例如在扰流大气中飞行时，增稳系统能使直升机回到扰动前的姿态，以稳定角位置，从而使驾驶员有短时间的松杆飞行的可能性。松杆飞行时间长短取决于速率陀螺的灵敏度及该积分器的时间常数 T，一般要求速率陀螺的灵敏度为 2°/min，若取最大测量角速度为 30°/s，这足以达到上述短时间内保持在扰动时姿态稳定及松杆飞行。以 BO-105 直升机为例，取漏泄积分器时间常数为 12s，能使驾驶员松杆飞行达到几分钟。

BO-105 横滚通道的控制律与俯仰通道形式一致，只是参数有所不同。俯仰通道的

$k_\theta^{\delta_e}$ 为 0.118，$k_\theta^{\delta_e}$ 为 0.118，而横滚通道的 $k_\phi^{\delta_a}$ 为 0.098，$k_\phi^{\delta_a}$ 为 0.118。

漏泄积分器在短时间内对速率陀螺信号进行积分获得姿态信号，这是十分理想的。由于该信息经短时间后漏泄（或称洗出），增稳系统就把被驾驶员保持的姿态作为新的基准，并使新的基准不受突然扰动的影响。

图 3-9 所示为在阶跃干扰作用下，不同类型增稳系统对稳定姿态的效果。曲线 1 为自然直升机的俯仰姿态变化，曲线 2 为仅有阻尼器增稳时的 $\Delta\theta$ 变化，曲线 3 为装有阻尼器及漏泄积分器的 $\Delta\theta$ 变化，曲线 4 为有姿态角反馈的姿态系统时的 $\Delta\theta$ 变化。

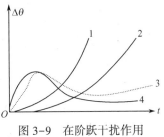

图 3-9 在阶跃干扰作用下俯仰角动态变化

3.3.2 具有姿态角微分信息的控制增稳系统

这种类型的控制增稳系统，由位置陀螺提供姿态角反馈信息，通过对姿态角信息的微分以获得姿态角速度信息，从而省去角速度陀螺。其典型应用有英国的"山猫"直升机，它既可作为中型武装直升机，也可作为一种半刚性旋翼的中型多用途直升机，用于战术运输、后勤支持、反坦克、侦察及搜索援救等。这种直升机气动特性不同于铰链式直升机，性能上要求它能进行低空高速机动飞行，速度变化和姿态变化范围都比较大。由于要求具有良好巡航性能，具有自动过渡到悬停的工作模态，因此必须具有姿态、航向及高度保持模态，及由巡航状态向悬停状态的自动过渡模态。

图 3-10 所示为人工操纵时的俯仰通道控制增稳工作模态，横滚控制增稳系统结构与其类同。由于驾驶员有前馈信号输入增稳系统，可采用较大反馈增益，在提高了稳定性同时，改善了操纵响应。

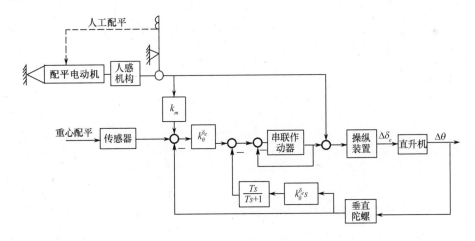

图 3-10 具有姿态角微分的控制增稳系统

该模态可有效地改善"山猫"直升机在悬停状态以及速度增加到 120kn 左右时，直升机所产生的振荡，而且当速度达到 160kn 和处于极限后重心时，适当调整增稳系统，使系统具有足够阻尼。该系统的控制律为

$$\Delta\delta_e = k_\theta^{\delta_e}\Delta\theta + k_{\dot\theta}^{\delta_e}\frac{sT}{sT+1}\Delta\dot\theta \qquad (3-13)$$

当系统选取 $k_\theta^{\delta_e}=0.2$，$k_{\dot\theta}^{\delta_e}=0.1$ 时，系统具有满意阻尼性能。增稳系统设置洗出网络 $\dfrac{Ts}{Ts+1}$，可洗出低频稳态姿态角信号，以不影响串联作动器在权限范围内正常工作，该洗出网络的时间常数大约为5s。

3.3.3 一种重型直升机的控制增稳系统

AH-56A 是美国洛克希德公司研制的重型直升机,其控制增稳系统如图3-11所示。手柄上的力通过机械和电气通道传递至液压助力器,构成控制增稳系统。其中电气通道通过限幅与时间常数为 T_1 的惯性环节,使操纵信号限幅后软化, $\dfrac{1}{T_4s+1}$ 是截止频率为 0.5 rad/s 的滤波器,以抑制驾驶员急剧动作而引起的扰动。为提高直升机的阻尼与稳定性引入了俯仰角速率 q 及旋翼力矩反馈,它们分别经过时间常数为 $T_2=3\mathrm{s}$, $T_3=10\mathrm{s}$ 的滤波环节。当飞机速度大于 200 km/h 时控制增稳系统是十分必要的。

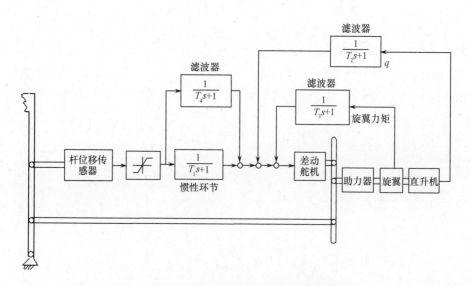

图 3-11 AH-56A 重型直升机俯仰控制增稳系统

3.3.4 有前后两旋翼的重型直升机的控制增稳系统

美国为海军用的重型直升机 CH-46 研制了如图 3-12 所示的控制增稳系统。该直升机由前旋翼和后旋翼组成,不可逆的中间液压助力器及混合器能保证纵向与横向周期变距操纵时,能互不影响地操纵动力液压助力器的分油门。脚蹬及周期变距手柄装有加载机构,其中主位置可按飞行状态通过制动离合器改变。电动液压差动舵机有一定权限,为保证安全,所有控制机构都是双重的,并分别由两个独立的液压机构供给能源。

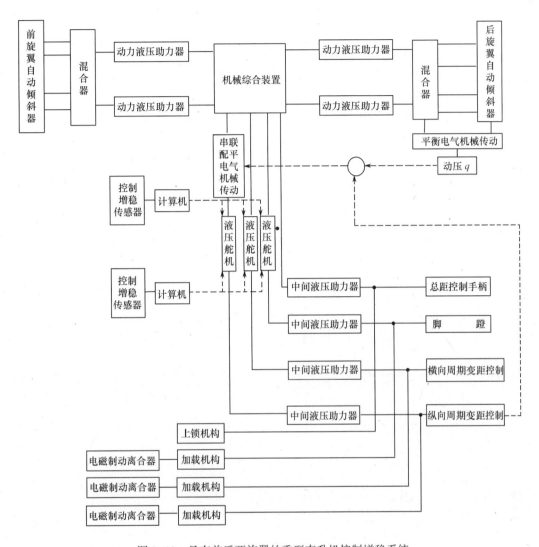

图 3-12 具有前后两旋翼的重型直升机控制增稳系统

3.3.5 具有高度自动化水平的重型直升机的控制增稳系统

图 3-13 所示为具有高度自动化水平的重型直升机 CH-47C 的控制增稳系统,它具有前后两旋翼,其特点是给纵向与横向周期变距控制引入了自动加载器,该自动加载器引入了速度及角速度信号。系统加入了直升机动力学平衡及配平计算机,使手柄的控制有足够的储备。由于具有前后两旋翼,需有机械信号综合装置。配置了具有三轴阻尼以及对航向及横向进行控制增稳的系统。系统的另一特点,配置了协调转弯计算机,按一定的横滚角速度 p 对方向舵机进行协调控制。该直升机若进入自动导航、悬停及着陆时,则由图中四通道的轨迹稳定与控制计算机来完成,它输给可移动飞行员操纵杆的电磁离合器。

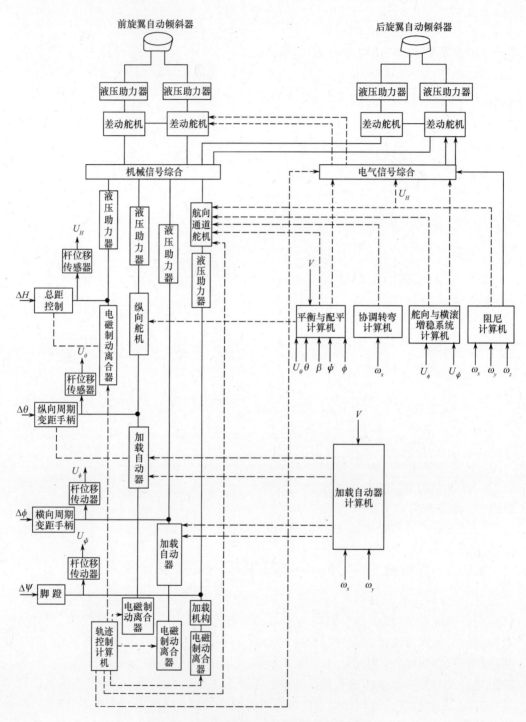

图 3-13 CH-47C 重型直升机控制增稳系统

3.3.6 具有模型跟踪的控制增稳系统

图 3-14 所示为具有模型跟踪的控制增稳系统。其特点是引入了按操纵品质要求的电子动力学模型。其输出为 $\dot{X}_m$，由卡尔曼滤波器根据实时飞行状态，即根据飞行速度 V，法向加速度 a_z，飞行姿态角 θ 及角速率 q 不断地估计出实际的飞行状态 $\dot{X}_E$，以跟踪模型的输出。若有误差则通过滤波器将误差信号输入增稳系统，以消除对模型的跟踪误差。为了达到精确跟踪的目的，将来自其他轴的解耦信号输入增稳系统。

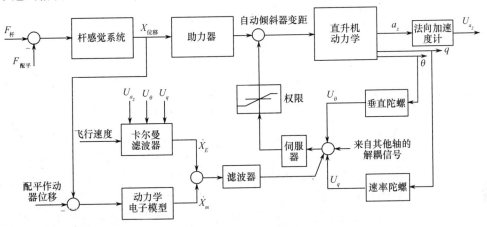

图 3-14 具有模型跟踪的控制增稳系统

思 考 题

1. 试说明直升机 4 个通道增稳及控制增稳系统的构成及工作机理。如何通过各通道的电子反馈改善直升机的气动特性？
2. 试述控制与控制增稳系统的几种典型结构。

第4章 直升机显模型跟踪控制系统

直升机动力学特性表现为高阶、强耦合。轴间耦合包括俯仰与横滚、总距与俯仰、总距与航向之间的耦合,它不仅增加了驾驶员的工作负担,且已成为直升机贴地飞行时影响操纵品质的主要因素。显模型跟踪控制系统(Model-Follow Control System, MFCS)可以有效地减小轴间耦合,提高飞行操纵品质。

显模型为一电子指令模型,它体现了飞行员对飞行器的操纵动力学特性要求,因此改变模型特性即可以灵活地改变操纵特性的要求。对于直升机的俯仰、横滚、航向、总距4个通道可根据操纵品质要求分别设计显模型。MFCS要求跟踪控制律能使控制对象在一个采样周期内强迫跟踪显模型并具有优良的跟踪动特性与稳态性能。所选择的4个通道的显模型是线性独立模型,通过跟踪控制律设计,可使各通道直接跟踪各自的显模型,使得通道间具有优良的解耦性能。

本章首先阐述MFCS工作的基本机理,给出了显模型及控制阵的设计方法,对系统的解耦机理进行了详细分析、论证及仿真验证。然后对MFCS进行了参数优化设计,对系统的动态跟踪性能、解耦性能及鲁棒性进行了评估。最后,对基于MFCS的直升机协调转弯进行了设计与仿真。

4.1 显模型跟踪解耦自适应控制系统设计

4.1.1 基本MFCS工作机理

用矢量表示的典型的显模型跟踪控制系统的结构如图4-1所示。驾驶员指令 ΔW 不与实际飞机相连,而与显模型相连,矢量 $\Delta W = [\Delta W_e, \Delta W_a, \Delta W_r, \Delta W_c]^T$ 为四通道的驾驶杆输入量,显模型的输出为 $\Delta x_m = [\Delta \theta_m, \Delta \phi_m, \Delta r_m, \Delta w_m]^T$,它体现直升机操纵4个通道时所要求的状态量。外回路反馈阵 G_1,用于选择俯仰角变化量 $\Delta \theta$ 及横滚角变化量 $\Delta \phi$ 作为反馈量。内回路反馈阵 G_2,用于选择俯仰角速率变化量 Δq、滚转角速率变化量 Δp、偏航角速率变化量 Δr 和地垂速率变化量 Δw 作为反馈量。姿态误差 e_1 经比例阵 G_5,以一定的比例关系转变成速率指令 Δx_{2c},它与直升机实际的速率信号 Δx_2 之差形成速率误差 e_2。该误差信号经控制阵 G_3 后,又以比例加积分的形式形成作动器控制信号 ΔU,其中积分信号的引入可抑制稳态误差,并使整个飞行包线内保持直升机自动配平,该信号通过作动器操纵桨距 $\Delta \delta$,使直升机的实际状态量 Δx 跟踪显模型的输出。由于外回路姿态信号已经通过 G_5 变成速率信号加入到内回路,而控制阵 G_3 的设计准则是在数字控制一拍采样周期内使内回路速率信号 Δx_2 跟踪速率指令 Δx_{2c},所以,直升机实际状态量 Δx 能够一拍跟踪模型输出量 Δx_m。

为了提高跟踪的动静态性能,应对前向增益对角阵 R 和积分常数阵 G_4 进行设计。

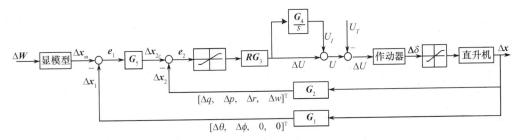

图 4-1 用矢量表示的显模型控制系统

其中,调节对角阵 R 的元素可以改善系统在一拍内跟踪的动态特性,调节对角阵 G_4 的相应元素可以减少系统一拍跟踪的稳态误差。需要指出的是,4 个作动器中任一个的速率或位置限制超出饱和值时,控制量与直升机实际输出量之间的误差迅速建立起来,且由于饱和积分而导致系统不稳定。克服的办法是停止控制输出信号的积分,哪个轴的作动器处于限制状态,就把 G_4 阵的相应元素置零。

显模型跟踪控制系统具有良好的解耦性能,通过 G_3 阵设计可使直升机的输出状态量分别跟踪相应的模型输出。而不操纵的其他通道由于显模型输出量为 0,因此处于镇定状态。解耦机理的详细物理分析和仿真验证见 4.2 节。

4.1.2 显模型的设计

显模型是线性解耦模型,显模型的设计可以充分体现模型跟踪控制系统设计的灵活性,根据不同的性能指标,可采用两种形式的显模型:纵向通道、横向通道、偏航通道的显模型是二阶线性模型,总距通道为一阶线性模型。可使驾驶员在纵向通道控制俯仰姿态角,横向通道控制横滚姿态角,脚蹬控制航向角速率,通过总距控制高度的变化率。各通道显模型传递函数为

纵向通道 $\quad \dfrac{\Delta\theta_m(s)}{\Delta W_e(s)} = \dfrac{C_{11}\omega_{n1}^2}{s^2 + 2\zeta\omega_{n1}s + \omega_{n1}^2}$

横向通道 $\quad \dfrac{\Delta\phi_m(s)}{\Delta W_a(s)} = \dfrac{C_{22}\omega_{n2}^2}{s^2 + 2\zeta\omega_{n2}s + \omega_{n2}^2}$

航向通道 $\quad \dfrac{\Delta r_m(s)}{\Delta W_r(s)} = \dfrac{C_{33}\omega_{n3}^2}{s^2 + 2\zeta\omega_{n3}s + \omega_{n3}^2}$

总距通道 $\quad \dfrac{\Delta w_m(s)}{\Delta W_c(s)} = \dfrac{C_{44}}{\tau_{m4}s + 1}$

式中:$C_{ii}(i=1,2,3,4)$ 为各通道的灵敏系数;τ_m 为时间常数;ζ 为阻尼系数;ω_n 为模型带宽。

1. 显模型带宽设计

带宽的选择直接关系到显模型跟踪性能的好坏。在一定范围内,系统的跟踪性能会随着带宽的增加而下降。这是因为直升机的响应速度较慢,本身带宽比较窄。如果显模

型带宽过大,将使直升机响应速度难以跟上显模型输出状态的变化。根据实际直升机动力学模型的带宽,并结合军用规范对各通道小幅度操纵输入的短周期响应的要求,可设定各通道对应带宽 ω_n,例如针对某型直升机,可分别设定如下各显模型的带宽。

纵向通道: $\omega_{n1} = 3\text{rad/s}$,时间常数 $\tau_{m1} = 0.33\text{s}$

横向通道: $\omega_{n2} = 3\text{rad/s}$,时间常数 $\tau_{m2} = 0.33\text{s}$

航向通道: $\omega_{n3} = 5\text{rad/s}$,时间常数 $\tau_{m3} = 0.20\text{s}$

总距通道: $\omega_{n4} = 4\text{rad/s}$,时间常数 $\tau_{m4} = 0.25\text{s}$

2. 灵敏系数 C_{ii} 的确定

灵敏系数 C_{ii} 的选择有两条准则:一是在驾驶员操纵下获得良好的性能,这在很大程度上取决于经验和主观感觉;另一条定量的方法是利用军用规范对直升机性能的要求来确定灵敏系数,这可参考军用旋翼飞行品质规范(如 ADS-33C)要求后确定显模型的灵敏系数 C_{ii}。考虑到总距通道中速度方向是向下为正,正的总距操纵对应的垂直速度为负,所以总距通道的灵敏系数为负。例如针对某型直升机的操纵特性要求,可取

纵向通道: $C_{11} = 6°/\text{cm}$ 横向通道: $C_{22} = 12°/\text{cm}$

航向通道: $C_{33} = 10°/(\text{s}\cdot\text{cm})$ 总距通道: $C_{44} = -2\text{m}/(\text{s}\cdot\text{cm})$

由此可见,俯仰通道输入 1cm 的杆位移,将产生 6° 的俯仰角输出。同理,总距通道输入 1cm 的总距杆位移,将产生大小为 2m/s、方向向上的地垂速度。因此可写出显模型的灵敏度矩阵

$$\boldsymbol{C}_m = \begin{bmatrix} 6 & 0 & 0 & 0 \\ 0 & 12 & 0 & 0 \\ 0 & 0 & 10 & 0 \\ 0 & 0 & 0 & -2 \end{bmatrix}$$

3. 阻尼系数 ζ 的选取

可参照军用规范(如 ADS-33C)对系统阻尼的要求来确定。例如可选取二阶线性显模型的阻尼系数 $\zeta = 0.7$。

4.1.3 控制阵 G_3 的设计

设计模型跟踪系统控制阵 G_3 的第一步是将自然直升机非线性动力学方程线性化,产生线性化运动方程,由图 4-1 可知,包含作动器动力学的直升机线性状态方程为

$$\Delta\dot{\boldsymbol{X}} = \boldsymbol{A}\Delta\boldsymbol{X} + \boldsymbol{B}\Delta\boldsymbol{U} \tag{4-1}$$

式中:$\boldsymbol{A}$ 为 9×9 动力学状态矩阵;$\boldsymbol{B}$ 为 9×4 控制矩阵;

状态向量 $\Delta\boldsymbol{X} = [\Delta u \quad \Delta v \quad \Delta w \quad \Delta\theta \quad \Delta\phi \quad \Delta\psi \quad \Delta q \quad \Delta p \quad \Delta r]^\text{T}$;

控制向量 $\Delta\boldsymbol{U} = [\Delta u_e \quad \Delta u_a \quad \Delta u_r \quad \Delta u_c]^\text{T}$,其中 $\Delta u_e, \Delta u_a, \Delta u_r, \Delta u_c$ 分别为操纵纵向、

横向、航向、高度 4 个作动器 $\Delta\boldsymbol{\delta} = [\begin{array}{cccc}\Delta\delta_e & \Delta\delta_a & \Delta\delta_r & \Delta\delta_c\end{array}]^T$ 的输入信号;用后向差分法将上述方程离散化,得

$$\frac{\Delta X(i+1) - \Delta X(i)}{T} = A\Delta X(i+1) + B\Delta U(i) \quad (4-2)$$

式中:T 为模型跟踪系统的采样时间。

经推导,式(4-2)可写为

$$\Delta X(i+1) = (I - AT)^{-1}\Delta X(i) + (I - AT)^{-1}BT\Delta U(i)$$

令

$$A_D = (I - AT)^{-1}, B_D = (I - AT)^{-1}BT$$

则可得离散化直升机动力学方程为

$$\Delta X(i+1) = A_D \Delta X(i) + B_D \Delta U(i) \quad (4-3)$$

式中:A_D 为直升机离散动力学方程的状态矩阵;B_D 为直升机离散动力学方程的控制矩阵。

因为上述线性运动方程是相对于配平状态的小扰动而进行线性化的,因此,式(4-3)又可展开成相对于配平状态的方程,即

$$X(i+1) - X_T(i) = A_D(X(i) - X_T(i)) + B_D(U(i) - U_T(i)) \quad (4-4)$$

式中:$X_T(i)$ 为配平状态;$\Delta U(i) = U(i) - U_T(i)$,表示 4 个作动器相对于配平位置的变化。

假定:经历上一个采样周期后,可使系统进入新的配平状态,这是显模型跟踪控制系统设计中的一个重要假设,即

$$X(i) = X_T(i) \quad (4-5)$$

因此式(4-4)可写为

$$X(i+1) = X(i) + B_D[U(i) - U_T(i)] \quad (4-6)$$

由图 4-1 可知,PI 控制器的输出为

$$U(i) = \Delta U(i) + U_I(i) \quad (4-7)$$

又因为积分器的输出信号总是跟踪系统的配平信号,所以

$$U_I(i) = U_T(i) \quad (4-8)$$

将式(4-7)、式(4-8)代入式(4-6),则

$$X(i+1) = X(i) + B_D \Delta U(i) \quad (4-9)$$

模型跟踪控制系统的目的应使实际状态跟踪指令状态,最好的跟踪效果应使直升机的当前输出状态 $X(i+1)$ 和显模型的前一拍输出 $X_m(i)$ 相等,即

$$X(i+1) = X_m(i) \quad (4-10)$$

将式(4-10)代入式(4-9),得

$$e(i) = X_m(i) - X(i) = B_D \Delta U(i) \quad (4-11)$$

因此可最终获得如图 4-1 所示的内回路角速率控制的比例控制项的控制律:

$$\Delta U(i) = B_D^{-1}[X_m(i) - X(i)] = B_D^{-1}e(i) = G_3 e(i) \quad (4-12)$$

由式(4-12)可知,所导出的控制阵 G_3 是自然直升机离散动力学控制阵 B_D 的逆

$$G_3 = B_D^{-1} \qquad (4-13)$$

由于控制量 $n=4$,小于状态量 $m=9$,不能直接求逆,因此需将状态矢量 X 分解为被控制的状态量 X_A 及未被控制的状态量 X_B,若控制系统有优良的抑制扰动能力,则未被控制的状态对被控制的状态影响可看作是干扰。故将 B_D 写为 $B_D = \begin{bmatrix} B_{AA} \\ B_{BA} \end{bmatrix}$,式中 B_{AA} 表示控制量对被控制的状态量的控制阵,B_{BA} 表示控制量对未被控制的状态量的控制阵。

当对显模型跟踪控制系统的内回路(即图 4-1 所示的速率跟踪回路)进行设计时,则认为被控制的状态量为 $\Delta X_A = [\Delta q, \Delta p, \Delta r, \Delta w]^T$,控制量为 $\Delta U(i) = [\Delta u_e(i) \quad \Delta u_a(i) \quad \Delta u_r(i) \quad \Delta u_c(i)]^T$。式中 $\Delta u_e(i), \Delta u_a(i), \Delta u_r(i), \Delta u_c(i)$ 分别对应于纵向周期变距桨距 $\Delta \delta_e$,横向周期变距桨距 $\Delta \delta_a$,航向尾桨桨距 $\Delta \delta_r$ 及总距桨距 $\Delta \delta_c$ 的作动器输入信号。

由于在角速率跟踪系统中,仅对 $\Delta q(i), \Delta p(i), \Delta r(i), \Delta w(i)$ 进行控制,故

$$B_D = B_{AA} \qquad (4-14)$$

B_{AA} 为 4×4 可逆矩阵,故控制阵 G_3 最终为

$$G_3 = B_{AA}^{-1} \qquad (4-15)$$

经控制系统设计优化表明,控制阵 G_3 前乘以一个 R 因子,由于它是对角阵,可以改变 4 个通道内回路的前向增益,获得优良的动态跟踪性能,所以对图 4-1 所示内回路而言,有

$$\Delta U = R G_3 e(i) \qquad (4-16)$$

将式(4-16)写成

$$\begin{bmatrix} \Delta u_e(i) \\ \Delta u_a(i) \\ \Delta u_r(i) \\ \Delta u_c(i) \end{bmatrix} = \begin{bmatrix} R_e & 0 & 0 & 0 \\ 0 & R_a & 0 & 0 \\ 0 & 0 & R_r & 0 \\ 0 & 0 & 0 & R_c \end{bmatrix} \begin{bmatrix} G_{11} & G_{12} & G_{13} & G_{14} \\ G_{21} & G_{22} & G_{23} & G_{24} \\ G_{31} & G_{32} & G_{33} & G_{34} \\ G_{41} & G_{42} & G_{43} & G_{44} \end{bmatrix} \begin{bmatrix} e_q(i) \\ e_p(i) \\ e_r(i) \\ e_w(i) \end{bmatrix} \qquad (4-17)$$

式中:$R = \begin{bmatrix} R_e & 0 & 0 & 0 \\ 0 & R_a & 0 & 0 \\ 0 & 0 & R_r & 0 \\ 0 & 0 & 0 & R_c \end{bmatrix}$;$G_3 = \begin{bmatrix} G_{11} & G_{12} & G_{13} & G_{14} \\ G_{21} & G_{22} & G_{23} & G_{24} \\ G_{31} & G_{32} & G_{33} & G_{34} \\ G_{41} & G_{42} & G_{43} & G_{44} \end{bmatrix}$;$e(i) = \begin{bmatrix} e_q(i) \\ e_p(i) \\ e_r(i) \\ e_w(i) \end{bmatrix}$。

4.2 系统的跟踪性能及解耦机理分析与仿真验证

由式(4-17)可得出显模型跟踪的内回路(速率回路)的非矢量结构图,或称为模拟结构图,如图 4-2 所示。图中 R_e, R_a, R_r 和 R_w 分别为对角阵 R 的对角线元素,而 G_{4e}, G_{4a}, G_{4r} 和 G_{4w} 分别为 G_4 阵的对角线元素。它可清楚地表明如下工作过程。

(1) 当某通道处在操纵状态时,以 $\Delta q(i)$ 回路为例,那么在该通道的舵面信息

$\Delta u_g(i)$ 中,不但含有对角元素 G_{11} 的跟踪误差信息 $G_{11} \cdot e_q$,而且还通过非对角线元素 G_{12},G_{13},G_{14} 引入其他 3 个镇定通道的误差信息 $G_{12} \cdot e_p(i)$,$G_{13} \cdot e_r(i)$ 及 $G_{14} \cdot e_w(i)$ 信息,亦即当其他 3 个通道存在镇定误差时,控制通道是不会停止工作的。

(2) 工作在非操纵状态的其他 3 个通道具有优良的解耦特性。以其中的 $\Delta p(i)$ 的解耦通道为例,由式(4-17)可知,解耦舵面 $\Delta u_p(i)$ 信息中不但有本通道的闭环反馈信息 $G_{22} \cdot e_p(i)$,实现闭环镇定,而且还有来自操纵通道的前馈信息 $G_{21} \cdot e_q(i)$。与此同时还馈入来自其他两个解耦通道的误差信息 $G_{23} \cdot e_r(i)$ 和 $G_{24} \cdot e_w(i)$,从而明显地加速了解耦通道的动态过程。

(3) 由图 4-2 可知 $\boldsymbol{G}_3$ 阵非对角各元素的作用。

(4) 由于由 $\boldsymbol{G}_3$ 控制阵所构成的内回路具有优良的解耦特性,那么由它扩充的外回路,即 $\Delta\theta$ 和 $\Delta\phi$ 的控制回路也自然地具有优良的解耦特性。

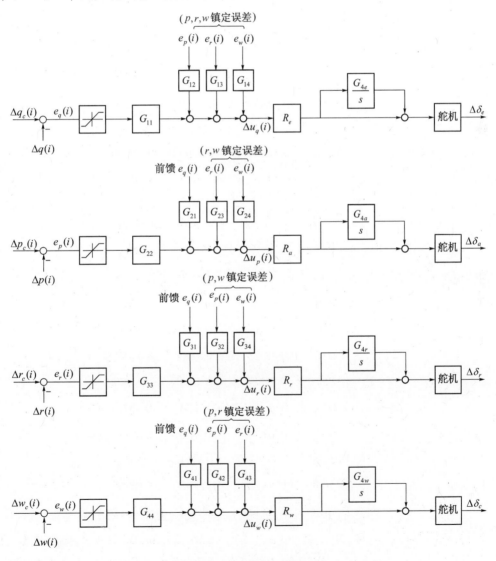

图 4-2 内回路非矢量结构图

以某型直升机为例进行仿真验证，在低空、前飞、速度为 22m/s、前进比 $\mu=0.1$ 的飞行状态下，其线性动力学状态方程由式(4-1)表示，其中

$$A = \begin{bmatrix} -0.0258 & -0.0272 & -0.0070 & -0.1709 & 0.0000 & -0.0097 & 0.0102 & -0.0049 & 0.0023 \\ 0.0071 & -0.0733 & 0.0455 & 0.0000 & 0.1709 & 0.0000 & -0.0048 & -0.0101 & -0.3811 \\ -0.1402 & -0.0054 & -0.5581 & -0.0000 & 0.0097 & 0.0000 & 0.3844 & -0.0008 & -0.0001 \\ 0.0000 & 0.0000 & 0.0000 & 0.0000 & 0.0000 & 0.0000 & 1.0000 & 0.0000 & 0.0000 \\ 0.0000 & -0.0000 & 0.0000 & 0.0000 & -0.0000 & 0.0000 & -0.0000 & 1.0000 & 0.0000 \\ 0.0000 & 0.0000 & -0.0000 & -0.0000 & 0.0000 & -0.0000 & -0.0000 & 0.0000 & 1.0000 \\ 1.2403 & 0.6055 & -1.0832 & -0.0000 & 0.0016 & 0.0000 & -0.9457 & 0.3126 & 0.0005 \\ 1.0993 & -3.5087 & 11.6361 & -0.0000 & 0.0002 & 0.0000 & -1.2981 & -2.9709 & -0.0159 \\ -0.5667 & 1.4329 & 0.2185 & 0.0000 & -0.0000 & 0.0000 & 0.3139 & -0.1260 & -0.0918 \end{bmatrix}$$

$$B = \begin{bmatrix} 0.0740 & 0.0000 & 0.0000 & -0.0052 \\ -0.0083 & 0.0632 & -0.0614 & 0.0164 \\ 0.0887 & 0.0006 & -0.0000 & -0.6181 \\ 0.0000 & 0.0000 & 0.0000 & 0.0000 \\ -0.0000 & 0.0000 & -0.0000 & -0.0000 \\ -0.0000 & 0.0000 & -0.0000 & -0.0000 \\ -5.5627 & 0.3726 & -0.1911 & -0.2058 \\ -2.4301 & 18.4029 & 1.6642 & 1.7999 \\ -0.0184 & 1.7084 & 8.4545 & 4.4001 \end{bmatrix}$$

当取采样时间 $T=0.1s$ 时，由于 $B_D = (I-AT)^{-1}BT$，则可求 B_D

$$B_D = \begin{bmatrix} 0.0078 & -0.0007 & 0.0002 & -0.0004 \\ -0.0001 & 0.0014 & -0.0374 & -0.0149 \\ -0.0103 & 0.0028 & -0.0006 & -0.0589 \\ -0.0510 & 0.0074 & -0.0015 & -0.0011 \\ -0.0145 & 0.1413 & 0.0138 & 0.0090 \\ -0.0017 & 0.0154 & 0.0830 & 0.0431 \\ -0.5104 & 0.0741 & -0.0155 & -0.0112 \\ -0.1448 & 1.4132 & 0.1385 & 0.0905 \\ -0.0166 & 0.1543 & 0.8302 & 0.4312 \end{bmatrix}$$

选取内回路状态 $X_A = [\Delta q, \Delta p, \Delta r, \Delta w]^T$，$X_B = [\Delta u, \Delta v, \Delta \theta, \Delta \phi, \Delta \psi]^T$，由于状态变量 $X = [\Delta u \quad \Delta v \quad \Delta w \quad \Delta \theta \quad \Delta \phi \quad \Delta \psi \quad \Delta q \quad \Delta p \quad \Delta r]^T$，所以 B_{AA} 阵由 B_D 的第7,8,9和第3行组成，即

$$B_{AA} = \begin{bmatrix} -0.5104 & 0.0741 & -0.0155 & -0.0112 \\ -0.1448 & 1.4132 & 0.1385 & 0.0905 \\ -0.0166 & 0.1543 & 0.8302 & 0.4312 \\ -0.0103 & 0.0028 & -0.0006 & -0.0589 \end{bmatrix}$$

由式(4-15),得

$$G_3 = B_{AA}^{-1} = \begin{bmatrix} -1.9914 & 0.1102 & -0.0554 & 0.1436 \\ -0.2084 & 0.7318 & -0.1258 & 0.2429 \\ -0.1774 & -0.1424 & 1.2308 & 8.8182 \\ 0.3396 & 0.0167 & -0.0078 & -17.0614 \end{bmatrix}$$

为构成如图4-1所示的显模型跟踪系统,所设计的其他几个矩阵分别为

$$G_1 = \begin{bmatrix} 0 & 0 & 0 & 1 & 0 & 0 & 0 & 0 & 0 \\ 0 & 0 & 0 & 0 & 1 & 0 & 0 & 0 & 0 \\ 0 & 0 & 0 & 0 & 0 & 0 & 0 & 0 & 0 \\ 0 & 0 & 0 & 0 & 0 & 0 & 0 & 0 & 0 \end{bmatrix}, G_2 = \begin{bmatrix} 0 & 0 & 0 & 0 & 0 & 0 & 1 & 0 & 0 \\ 0 & 0 & 0 & 0 & 0 & 0 & 0 & 1 & 0 \\ 0 & 0 & 0 & 0 & 0 & 0 & 0 & 0 & 1 \\ 0 & 0 & 1 & 0 & 0 & 0 & 0 & 0 & 0 \end{bmatrix},$$

$$G_4 = \begin{bmatrix} 4 & 0 & 0 & 0 \\ 0 & 5 & 0 & 0 \\ 0 & 0 & 4.5 & 0 \\ 0 & 0 & 0 & 4 \end{bmatrix}, G_5 = \begin{bmatrix} 7 & 0 & 0 & 0 \\ 0 & 7 & 0 & 0 \\ 0 & 0 & 1 & 0 \\ 0 & 0 & 0 & 1 \end{bmatrix}, R = \begin{bmatrix} 1.2 & 0 & 0 & 0 \\ 0 & 1.2 & 0 & 0 \\ 0 & 0 & 2.4 & 0 \\ 0 & 0 & 0 & 1.2 \end{bmatrix}$$

这几个矩阵的具体参数选取方法详见4.3节,显模型的设计如4.1.2节所述。

首先验证系统的动态特性,即系统的跟踪性能和轴间解耦性能。验证时,引入串联作动器的传递函数 $\dfrac{985.96}{s^2 + 43.96s + 985.96}$。图4-3~图4-6所示为4个通道分别加入阶跃操纵

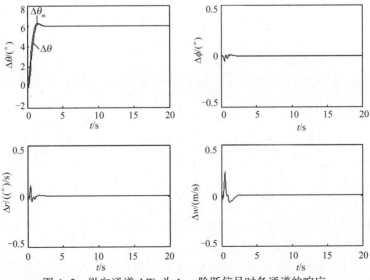

图4-3　纵向通道 ΔW_e 为1cm阶跃信号时各通道的响应

信号后的动态响应曲线。其中图 4-3 为纵向通道杆位移产生阶跃变化，$\Delta W_e = 1\text{cm}$，而其他通道 $\Delta W_a = 0, \Delta W_r = 0, \Delta W_c = 0$ 时，系统的动态响应。

图 4-4 所示为横向通道杆位移产生阶跃变化，$\Delta W_a = 1\text{cm}$，而其他通道 $\Delta W_e = 0$，$\Delta W_r = 0, \Delta W_c = 0$ 时，系统的动态响应。

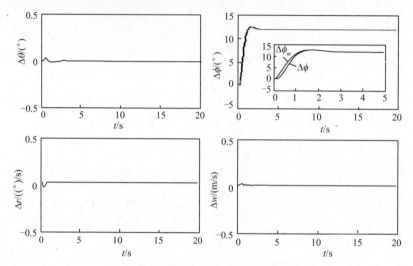

图 4-4　横向通道 ΔW_a 为 1cm 阶跃信号时各通道的响应

图 4-5 所示为航向通道杆位移产生阶跃变化，$\Delta W_r = 1\text{cm}$，而其他通道 $\Delta W_e = 0, \Delta W_a = 0$，$\Delta W_c = 0$ 时，系统的动态响应。

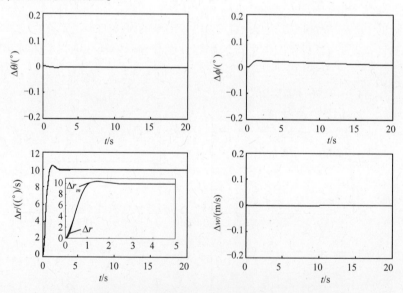

图 4-5　航向通道 ΔW_r 为 1cm 阶跃信号时各通道的响应

图 4-6 所示为总距通道杆位移产生阶跃变化，$\Delta W_c = 1\text{cm}$，而其他通道 $\Delta W_e = 0, \Delta W_a = 0$，$\Delta W_r = 0$ 时，系统的动态响应。

由各通道动特性响应表明，系统具有优良的对操纵的动态跟踪性能及各通道间的解耦性能。

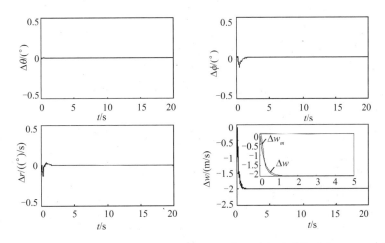

图 4-6 总距通道 ΔW_c 为 1cm 阶跃信号时各通道的响应

其次验证系统的解耦机理,为了验证显模型跟踪控制系统的解耦机理,首先针对同一个直升机数学模型建立如图 4-7 所示的控制增稳系统。其中 C_m 为灵敏系数矩阵,见 4.1.2 节;G_1,G_2 为控制状态量选择矩阵;G_3 为外回路控制阵;G_4 为内回路比例控制阵;G_5 为内回路积分控制阵。各控制阵均为对角阵,可采用单输入单输出的经典控制理论进行设计,其设计过程参照第 3 章。通过参数设计和优化后得如下控制阵

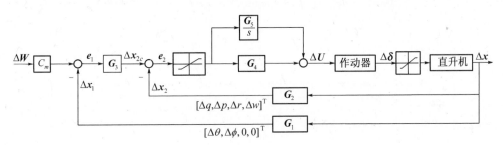

图 4-7 直升机控制增稳系统结构图

$$G_1 = \begin{bmatrix} 0 & 0 & 0 & 1 & 0 & 0 & 0 & 0 & 0 \\ 0 & 0 & 0 & 0 & 1 & 0 & 0 & 0 & 0 \\ 0 & 0 & 0 & 0 & 0 & 0 & 0 & 0 & 0 \\ 0 & 0 & 0 & 0 & 0 & 0 & 0 & 0 & 0 \end{bmatrix}, G_2 = \begin{bmatrix} 0 & 0 & 0 & 0 & 0 & 0 & 1.082 & 0 & 0 \\ 0 & 0 & 0 & 0 & 0 & 0 & 0 & 0.58 & 0 \\ 0 & 0 & 0 & 0 & 0 & 0 & 0 & 0 & 1 \\ 0 & 0 & 1 & 0 & 0 & 0 & 0 & 0 & 0 \end{bmatrix},$$

$$G_3 = \begin{bmatrix} 2.13 & 0 & 0 & 0 \\ 0 & 1.31 & 0 & 0 \\ 0 & 0 & 1 & 0 \\ 0 & 0 & 0 & 1 \end{bmatrix}, G_4 = \begin{bmatrix} 1 & 0 & 0 & 0 \\ 0 & 1 & 0 & 0 \\ 0 & 0 & 1.09 & 0 \\ 0 & 0 & 0 & 3.52 \end{bmatrix},$$

$$G_5 = \begin{bmatrix} 3.52 & 0 & 0 & 0 \\ 0 & 7.54 & 0 & 0 \\ 0 & 0 & 2.4 & 0 \\ 0 & 0 & 0 & 2.04 \end{bmatrix}$$

在单位阶跃操纵信号作用下,分别对直升机控制增稳系统、显模型跟踪控制系统和忽略 G_3 阵中非对角线元素的显模型跟踪控制系统进行了仿真,其结果如图 4-8～图 4-11 所示。

其中图 4-8 所示为纵向通道杆位移产生阶跃变化,$\Delta W_e = 1\text{cm}$,而其他通道 $\Delta W_a = 0$,$\Delta W_r = 0$,$\Delta W_c = 0$ 时,各系统的动态响应。

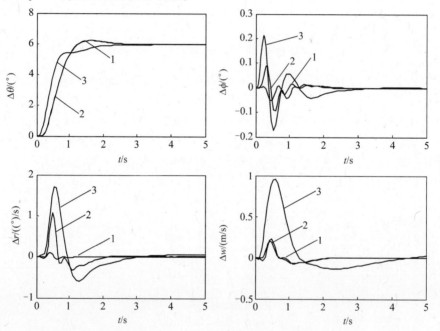

图 4-8 纵向通道 ΔW_e 为 1cm 阶跃信号时各控制系统的响应

1—显模型跟踪控制系统;2—忽略 G_3 阵非对角元素后的显模型跟踪控制系统;3—控制增稳系统。

图 4-9 所示为横向通道杆位移产生阶跃变化,$\Delta W_a = 1\text{cm}$,而其他通道 $\Delta W_e = 0$,$\Delta W_r = 0$,$\Delta W_c = 0$ 时,各系统的动态响应。

图 4-10 所示为航向通道杆位移产生阶跃变化,$\Delta W_r = 1\text{cm}$,而其他通道 $\Delta W_e = 0$,$\Delta W_a = 0$,$\Delta W_c = 0$ 时,各系统的动态响应。

图 4-11 所示为总距通道杆位移产生阶跃变化,$\Delta W_c = 1\text{cm}$,而其他通道 $\Delta W_e = 0$,$\Delta W_a = 0$,$\Delta W_r = 0$ 时,各系统的动态响应。

由以上仿真曲线比较可得出如下结论:

(1) 增稳或控制增稳系统可以实现通道间的解耦。这是由于直升机一个通道进行操纵后,由于气动耦合必然会引起到其他通道变化,这些变化通过闭环镇定系统实现解耦,但镇定过程较长,曲线 3 表明了这一结论。

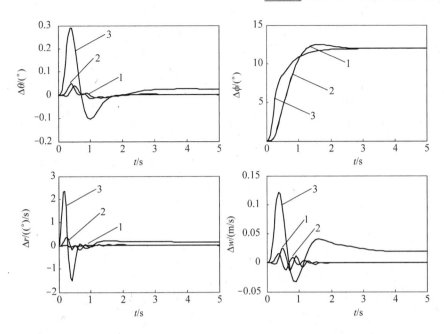

图 4-9 横向通道 ΔW_a 为 1cm 阶跃信号时各控制系统的响应

1—显模型跟踪控制系统；2—忽略 G_3 阵非对角元素后的显模型跟踪控制系统；3—控制增稳系统。

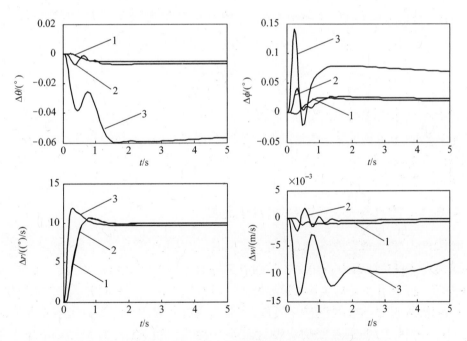

图 4-10 航向通道 ΔW_r 为 1cm 阶跃信号时各控制系统的响应

1—显模型跟踪控制系统；2—忽略 G_3 阵非对角元素后的显模型跟踪控制系统；3—控制增稳系统。

(2) 虽然忽略了 G_3 阵非对角线元素，但显模型跟踪控制系统的解耦效果优于增稳系统。曲线 2 表明了这一结论。

(3) 显模型跟踪控制系统具有最优的解耦效果。曲线 1 表明了这一结论。

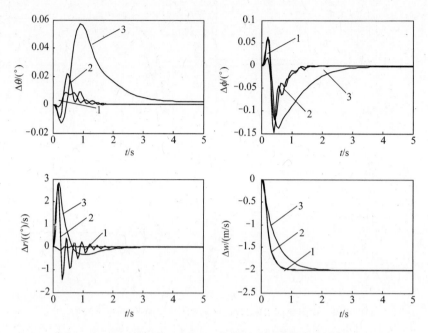

图 4-11　总距通道 ΔW_c 为 1cm 阶跃信号时各控制系统的响应
1—显模型跟踪控制系统；2—忽略 G_3 阵非对角元素后的显模型跟踪控制系统；3—控制增稳系统。

4.3　系统参数优化

控制阵 G_3 的设计要求是能在一拍采样周期内,跟踪模型的输出,且各通道各自跟踪自身的显模型,并具有优良的解耦性能；但在这一拍时间内,系统跟踪的动态品质的好坏和跟踪的稳态误差的大小还取决于其他参数矩阵。此外,显模型的带宽、采样周期的大小都对系统的性能有很大的影响。

4.3.1　控制阵 G_3 的增益阵 R 的选取

由图 4-1 可知,控制阵 G_3 前乘以一个 R 因子,用来改变系统内回路的前向增益,改善系统的动态跟踪性能,即保证每一拍内有良好的对显模型动态跟踪性能。R 是一个对角阵,对角线上的元素是对应各通道的增益。例如 $R(3,3)=2.4$,即表示航向通道的 R 值为 2.4；以图 4-12 所示的动态响应为例,当航向通道的 R,即 $R(3,3)$ 选取不同值时,在 $\Delta W_c=1$cm 操纵下,各通道的响应特性是不一样的。当 $R(3,3)=2.4$ 时为适中值；$R(3,3)=3.6$ 时,航向通道产生振荡发散。

4.3.2　G_4 阵的选取

矩阵 G_4 对角线上各元素代表 4 个通道的积分常数,调节积分常数的大小可以改善一拍时间内跟踪的稳态误差。

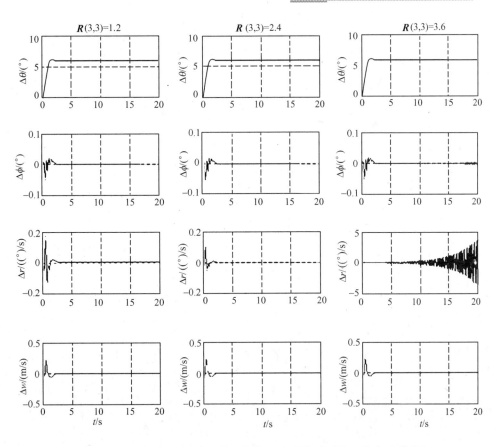

图 4-12 航向通道具有不同 R 阵取值时,在纵向阶跃输入的各通道响应

4.3.3 G_1,G_2,G_5 阵的选取

G_1 阵和 G_2 阵是系统内回路与外回路的选择阵,通过 G_1,可选取俯仰角变化量 $\Delta\theta$ 和滚转角变化量 $\Delta\phi$ 作为系统外回路;通过 G_2,可选取俯仰角速率变化量 Δq、滚转角速率变化量 Δp、偏航角速率变化量 Δr 和地垂速率变化量 Δw 作为内回路。由 G_5 阵可确定外回路的俯仰通道和滚转通道的增益。例如,对上述选取的控制对象而言,为了达到 ADS-33C 所规定的姿态响应要求,纵向通道和横向通道的外回路增益选为 7。

4.3.4 显模型带宽的选取

显模型跟踪的性能与模型的带宽选择有很大的关系,由于被控对象的带宽限制,选择模型的带宽时,应考虑与控制对象带宽的匹配。如果显模型的频带太大,则会对控制系统提出不合实际的要求,将会导致直升机实际输出难以跟踪显模型输出,从而导致系统性能的下降;相反,显模型的带宽选得太窄,则达不到操纵动特性响应要求。

以横向通道显模型的带宽设计为例,由图 4-13 可知,在 $\Delta W_a = 1 \text{cm}$ 阶跃作用下,当 $T_m = 0.05\text{s}$ 时,直升机模型跟踪系统的响应会出现振荡,说明跟踪品质下降。而当 $T_m = 1\text{s}$ 时,调节时间过长,不符合军用规范的标准。通过比较,选取 $T_m = 0.33\text{s}$ 时模型跟踪品质为最优。

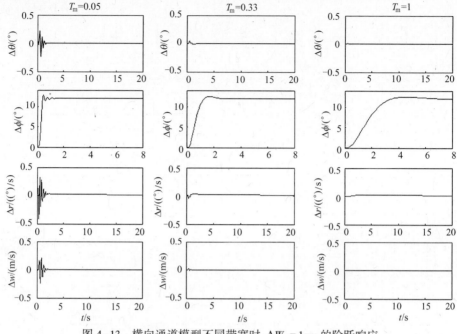

图 4-13　横向通道模型不同带宽时，$\Delta W_a = 1\text{cm}$ 的阶跃响应

4.3.5　采样周期的选取

采样周期的选取，取决于被控对象直升机的带宽，如果采样周期过小，系统受直升机带宽的限制，则不能保证在一拍之内达到跟踪显模型的目的，必将引起系统的发散。图 4-14 所示为采样周期分别为 0.1s 和 0.05s 时，纵向通道输入 $\Delta W_e = 1\text{cm}$ 阶跃信号时，各通道的响应。由此可知，采样周期太小，直升机的实际输出响应出现剧烈振荡。

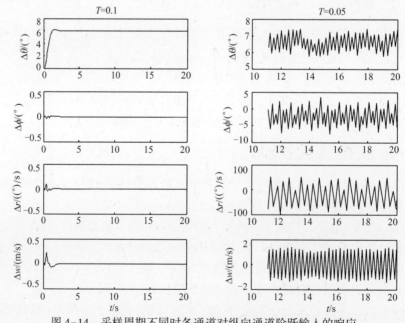

图 4-14　采样周期不同时各通道对纵向通道阶跃输入的响应

4.4 性 能 评 估

为了定量地研究模型跟踪解耦控制系统的设计性能,需要提出系统性能准则。系统性能主要指动态跟踪性能、解耦性能及鲁棒性。

4.4.1 跟踪性能

可以用下面的方法对每个通道的模型跟踪性能进行统计测量。它是基于在一个规定时间内指令与实际所测得的响应之间的误差的平均值。4 个操纵控制中的任意一个以阶跃信号输入到显模型中,模型状态量与直升机实际状态量之间的误差可以由计算得到。在 N 个时间单位内累加,得到 $\sum_{i=1}^{N}|e_i|$,然后以测量时间 N 以及显模型的灵敏系数 C_{ii} 对上式规范化。C_{ii} 是各相应控制通道单位阶跃输入时显模型稳态输出量。这样

$$|\bar{e}| = \frac{1}{C_{ii}N}\sum_{i=1}^{N}|e_i| \qquad (4-18)$$

式中:$|\bar{e}|$ 为所测时间中误差矢量的平均值。将模型跟踪性能定义为

$$Q = 1 - |\bar{e}| \qquad (4-19)$$

例如,在评估横滚通道显模型跟踪系统的跟踪性能时,横向杆位移输入 $1cm$,测量时间为 $20s$,相应的模型跟踪性能指标定义为

$$Q_{\phi_{\delta_a}} = 1 - \frac{1}{C_{22}(20)}\sum_{i=1}^{20}|e_{\phi_i}| \qquad (4-20)$$

式中:$Q_{\phi_{\delta_a}}$ 为由横滚 δ_a 通道输入阶跃信号时的跟踪性能。

因横向通道的显模型灵敏系数 $C_{22}=12°/cm$,即横向通道输入 $1cm$ 阶跃信号时产生 $12°$ 的横滚角稳态指令。若计算的结果 $Q_{\phi_{\delta_a}}=0.9$,则表示跟踪了 90% 的横滚角,或说明在 $1cm$ 操纵下,系统 $\Delta\phi$ 的稳态输出应为 $12°$,在 $20s$ 的动态跟踪过程中平均误差为 $1.2°$。

4.4.2 解耦性能

用类似的方法可以对每个通道的显模型跟踪系统的解耦性能进行统计评估。例如,在横滚通道 ΔW_a 为阶跃输入,俯仰通道对横滚输入的解耦性能定义为

$$Q_{\theta_{\delta_a}} = 1 - \frac{1}{C_{11}(20)}\sum_{i=1}^{20}|e_{\theta_i}| \qquad (4-21)$$

累计误差计算的是在横向通道阶跃输入下,由于耦合而产生的纵向通道的输出误差。因此,若 $Q_{\theta_{\delta_a}}=0.9$,则表示对于上述横向输入,有 90% 俯仰角响应进行了解耦。由于 $C_{11}=6°/cm$,因此在 $20s$ 内横向对纵向通道耦合所产生的俯仰角平均为 $0.6°$。

上面定义的性能指标确切地反映了显模型跟踪系统的性能。本章所设计的模型跟踪系统的各通道的 Q 值如表 4-1 所列(表中对角线上的数据表示四通道模型跟踪性能,其

他元素表示各通道解耦性能)。

表 4-1　各通道跟踪性能与解耦性能评估

跟踪/解耦性 输入通道	Q_θ	Q_ϕ	Q_r	Q_w
δ_e	0.8959	0.9990	0.9950	0.9743
δ_a	0.9986	0.9011	0.9974	0.9970
δ_r	0.9996	0.9992	0.9775	0.9997
δ_c	0.9994	0.9969	0.9928	0.9335

从表 4-1 可以看出,模型跟踪系统使俯仰、横滚、偏航、总距 4 个通道都具有满意的跟踪与解耦效果。

4.4.3　鲁棒性

为了验证系统的鲁棒性,仅评估系统控制对象的建模误差对系统性能的影响。验证鲁棒性时,设控制阵 G_3 不变,直升机的参数摄动±15%。分别以下面两种情况对参数进行摄动:

(1) 直升机对象中状态阵 $A_1 = 0.85A$,控制阵 $B_1 = 0.85B$。
(2) 直升机对象中状态阵 $A_2 = 1.15A$,控制阵 $B_2 = 1.15B$。

系统的鲁棒性验证结构图如图 4-1 所示。当控制对象气动参数摄动±15%时,在某通道操纵作用下的动特性响应表明,系统仍有优良的跟踪及解耦性能。

图 4-15 所示为 $A_1 = 0.85A, B_1 = 0.85B, \Delta W_e = 1, \Delta W_a = 0, \Delta W_r = 0, \Delta W_c = 0$ 时的鲁棒性验证特性。

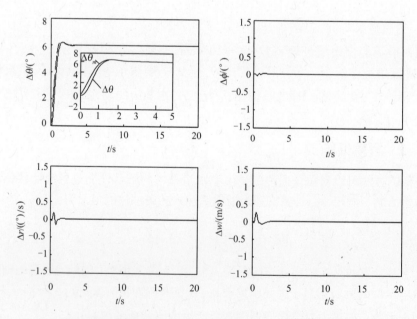

图 4-15　纵向通道 ΔW_e 为 1cm 阶跃信号时各通道的响应

图 4-16 所示为 $A_1 = 0.85A, B_1 = 0.85B, \Delta W_e = 0, \Delta W_a = 1, \Delta W_r = 0, \Delta W_c = 0$ 时的鲁棒

性验证。

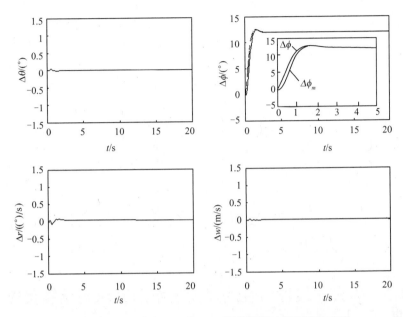

图 4-16　横向通道 ΔW_a 为 1cm 阶跃信号时各通道的响应

图 4-17 所示为 $\boldsymbol{A}_1 = 0.85\boldsymbol{A}$，$\boldsymbol{B}_1 = 0.85\boldsymbol{B}$，$\Delta W_e = 0$，$\Delta W_a = 0$，$\Delta W_r = 1$，$\Delta W_c = 0$ 时的鲁棒性验证。

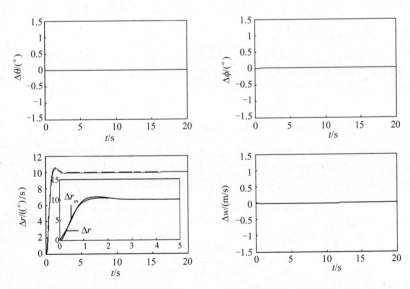

图 4-17　航向通道 ΔW_r 为 1cm 阶跃信号时各通道的响应

图 4-18 所示为 $\boldsymbol{A}_1 = 0.85\boldsymbol{A}$，$\boldsymbol{B}_1 = 0.85\boldsymbol{B}$，$\Delta W_e = 0$，$\Delta W_a = 0$，$\Delta W_r = 0$，$\Delta W_c = 1$ 时的鲁棒性验证。

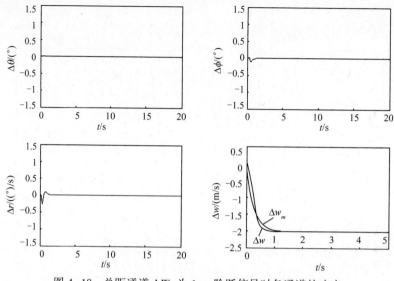

图 4-18 总距通道 ΔW_c 为 1cm 阶跃信号时各通道的响应

4.5 具有非线性特性的显模型跟踪系统的控制策略

直升机的作动器可以由并联与串联作动器组成,如图 4-19 所示。串联作动器有严格的权限限制,能快速响应,一般以二阶模型表示。并联作动器是全权限速率伺服器(积分型),它可对串联伺服器卸荷,有利于消除稳态误差,并使整个飞行包线内自动配平。作动器的输出位置及速率都有其最大限制值。表 4-2 所列为某型直升机串联作动器与并联作动器的位置与速率限制值。

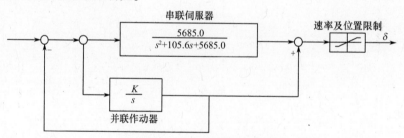

图 4-19 串并联作动器的结构

表 4-2 串、并联作动器位置与速率限制值

通道	位置限制/ft[①](%权限)		速率限制/ft(%权限)	
	串联作动器	并联作动器	串联作动器	并联作动器
纵向	±1.6(27)	±6(100)	11(92)	1.5(13)
横向	±1.8(30)	±6(100)	12(100)	1.7(14)
总距	±0.9(19)	0~10(100)	13.3(133)	0.9(9)
航向	±0.9(26)	±3.5(100)	5.8(83)	0.9(13)

① 1ft=0.3048m。

系统工作表明,4个作动器中任何一个超出速率及位置限制时,系统工作在非线性状态,此时模型跟踪系统的误差会迅速增大,又由于积分器饱和会导致系统的不稳定,此时需停止积分,即哪一通道的作动器处于超限状态,就将 G_4 对角阵中的相应元素置零。

当直升机4个作动器有一个或多个工作在速率或位置受限状态时,此时如果对还工作在线性通道的控制器增益不进行调整,那么就会在这些通道中出现过量控制,特别是在纵向与横向通道中。这样,非但没有起到通道间解耦作用,反而由于 PI 控制器而导致更严重的系统耦合。为防止这种情况的发生,需将由式(4-12)所表示的控制量 $\Delta U(i)$ 进行优化,首先将控制量 $\Delta U(i)$ 分解为两部分,即

$$\Delta U(i) = [\Delta U_A(i), \Delta U_B(i)]^T \qquad (4-22)$$

式中:元素 $\Delta U_A(i)$ 为在控制过程中其大小没有受到限制的控制量;$\Delta U_B(i)$ 为受到限制的控制量。

此时控制矩阵可写作

$$\boldsymbol{B}_D = \begin{bmatrix} \boldsymbol{B}_{AA} & \boldsymbol{B}_{AB} \\ \boldsymbol{B}_{BA} & \boldsymbol{B}_{BB} \end{bmatrix}$$

式中:$\boldsymbol{B}_{AA}$ 为在不受限制的控制作用下被控制量的控制阵元素;$\boldsymbol{B}_{AB}$ 为在受限制的控制作用下的控制阵元素;$\boldsymbol{B}_{BA}$ 与 $\boldsymbol{B}_{BB}$ 为在不受限制与受限制的控制作用下被控制量的控制阵元素。

当某通道工作在受限制的状态时,被控制的误差方程可写成

$$e(i) = \begin{bmatrix} \boldsymbol{B}_{AA} & \boldsymbol{B}_{AB} \end{bmatrix} \begin{bmatrix} \Delta U_A(i) \\ \Delta U_B(i) \end{bmatrix} = \boldsymbol{B}_{AA} \Delta U_A(i) + \boldsymbol{B}_{AB} \Delta U_B(i) \qquad (4-23)$$

由下式建立系统的平方误差

$$F_G = [e(i) - \boldsymbol{B}_{AA} \Delta U_A(i) - \boldsymbol{B}_{AB} \Delta U_B(i)]^2 \qquad (4-24)$$

将式(4-24)对 ΔU_A 求偏导数,且使其最小,即

$$\frac{\partial F}{\partial U_A} = -2\boldsymbol{B}_{AA}^T [e(i) - \boldsymbol{B}_{AA} \Delta U_A(i) - \boldsymbol{B}_{AB} \Delta U_B(i)] = 0 \qquad (4-25)$$

则可求得不受限制的通道的控制值 $\Delta U_A(i)$ 为

$$\Delta U_A(i) = (\boldsymbol{B}_{AA}^T \boldsymbol{B}_{AA})^{-1} \boldsymbol{B}_{AA}^T [e(i) - \boldsymbol{B}_{AB} \Delta U_B(i)] \qquad (4-26)$$

令

$$\Delta U_A(i) = G_{30}[e(i) - \boldsymbol{B}_{AB} \Delta U_B(i)] \qquad (4-27)$$

式中:$G_{30} = (\boldsymbol{B}_{AA}^T \boldsymbol{B}_{AA})^{-1} \boldsymbol{B}_{AA}^T$。

由式(4-27)可给出如图4-20所示的输出优化控制器。

若受限制的控制量 $\Delta U_B(i)$ 发生在总距通道,则 $\Delta U_B(i)$ 为对应的总距作动器的最大位置限制,如表4-2所列。由优化控制结构可知,当出现某通道受限后,为了使系统正常工作,此时的误差信号 $e(i)$ 由于 $\boldsymbol{B}_{AB} \Delta U_B(i)$ 的作用,可将

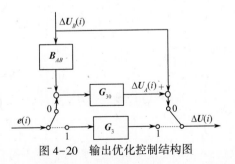

图4-20 输出优化控制结构图

其值减小，并通过具有 B_{AA} 广义逆的 G_{30}，获得不受限制的控制量 $\Delta U_A(i)$。

下面以某型直升机为例进行受限状态下控制设计。

已知离散化动力学方程为

$$\Delta X(i+1) = A_D \Delta X(i) + B_D \Delta U(i)$$

式中：$\Delta X = [\Delta q \quad \Delta p \quad \Delta r \quad \Delta w \quad \Delta u \quad \Delta v \quad \Delta \theta \quad \Delta \phi \quad \Delta \psi]$。

则

$$B_D = \begin{bmatrix} -0.5104 & 0.0741 & -0.0155 & -0.0112 \\ -0.1448 & 1.4132 & 0.1385 & 0.0905 \\ -0.0166 & 0.1543 & 0.8302 & 0.4312 \\ -0.0103 & 0.0028 & -0.0006 & -0.0589 \\ 0.0078 & -0.0007 & 0.0002 & -0.0004 \\ -0.0001 & 0.0014 & -0.0374 & -0.0149 \\ -0.0510 & 0.0074 & -0.0015 & -0.0011 \\ -0.0145 & 0.1413 & 0.0138 & 0.0090 \\ -0.0017 & 0.0154 & 0.0830 & 0.0431 \end{bmatrix}$$

设系统不受限制的状态量为 $X_A = [\Delta q(i) \quad \Delta p(i) \quad \Delta r(i)]^T$，总距通道进入了限制状态，因此设 $X_B = \Delta w(i)$。

故

$$B_{AA} = \begin{bmatrix} -0.5104 & 0.0741 & -0.0155 \\ -0.1448 & 1.4132 & 0.1385 \\ -0.0166 & 0.1543 & 0.8302 \\ -0.0103 & 0.0028 & -0.0006 \end{bmatrix}, B_{AB} = \begin{bmatrix} -0.0112 \\ 0.0905 \\ 0.4312 \\ -0.0589 \end{bmatrix}$$

$$B_{BA} = \begin{bmatrix} 0.0078 & -0.0007 & 0.0002 \\ -0.0001 & 0.0014 & -0.0374 \\ -0.0510 & 0.0074 & -0.0015 \\ -0.0145 & 0.1413 & 0.0138 \\ -0.0017 & 0.0154 & 0.0830 \end{bmatrix}, B_{BB} = \begin{bmatrix} -0.0004 \\ -0.0149 \\ -0.0011 \\ 0.0090 \\ 0.0431 \end{bmatrix}$$

因此可求得

$$G_{30} = (B_{AA}^T B_{AA})^{-1} B_{AA}^T = \begin{bmatrix} -1.9880 & 0.1104 & -0.0556 & -0.0395 \\ -0.2035 & 0.7321 & -0.1259 & -0.0033 \\ -0.0019 & -0.1338 & 1.2268 & -0.0008 \end{bmatrix}$$

4.6 基于 MFCS 的直升机协调转弯控制

直升机显模型自适应解耦控制系统的四通道是相互独立的,即操纵某一通道,由于自适应解耦,对其他三通道具有镇定效果,从而明显地减轻了驾驶员负担。但是当直升机进行转弯机动时,飞行员操纵滚转角 $\Delta\phi$,产生侧向速度 Δv,由于速度矢量方向的改变,将产生一定的侧滑,此时要求尾桨通道产生一定的偏航角 $\Delta\psi$,使机头跟踪速度矢量以消除侧滑,这与固定翼飞机的协调转弯的要求相似。这样,转弯时驾驶员需同时操纵两个通道,即滚转角通道和偏航角通道,另外,由于风或者其他干扰产生侧滑时,都需要驾驶员调节偏航角以消除侧滑,这将会加重驾驶员的负担。

本节将研究基于直升机显模型四通道解耦跟踪控制系统的协调转弯操纵模态,使直升机飞行员仅操纵横向周期变距杆 ΔW_a,即操纵滚转角 $\Delta\phi$ 就能自动实现航向协调控制。转弯协调控制一般要求在飞行速度大于 20kn 时,转弯侧向加速度最小。

4.6.1 直升机航向协调控制模态结构配置

设直升机转弯前的初始状态为:机头 x_0 轴与要求的航迹方向 x_g 一致,$\psi_0=0,\beta_0=0,\chi_0=0$,直升机处于水平前飞状态,前飞速度为 u_0,侧向速度 $v_0=0$,如图 4-21(a)所示。当进行航向协调控制时,飞行员操纵滚转角 $\Delta\phi$,以产生侧向速度 Δv,这样,将产生航迹偏转,形成航迹方位角 $\Delta\chi$,由于此时机头还未偏转,$\psi_0=0$,因此所形成的侧滑角变化量 $\Delta\beta$ 等于航迹方位角变化量 $\Delta\chi$,如图 4-21(b)所示,且

$$\Delta\chi = \arctan\left(\frac{\Delta v}{u_0 + \Delta u}\right) \quad (4-28)$$

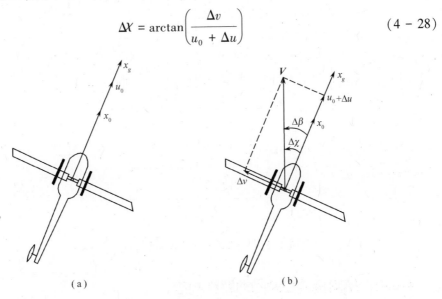

图 4-21 侧滑飞机状态

为了消除侧滑,应使直升机机头跟踪速度矢量 V,使 $\Delta\psi=\Delta\chi,\Delta\beta=\Delta\chi-\Delta\psi=0$,因此应在显模型跟踪的 $\Delta\psi$ 通道输入一协调信息 $\Delta\chi_c$,使机头方位角 $\Delta\psi$ 等于航迹方位角变化量 $\Delta\chi$,如图 4-22 所示。为进行如图 4-22 所示的航向协调控制,需写出滚转角变化量 $\Delta\phi$

与侧向速度变化量 Δv 之间的运动学关系,由于 MFCS 已有优良的解耦性能,因此图 2-45 所示的直升机运动学环节可写成如下传递函数:

$$\frac{\Delta v(s)}{\Delta \phi(s)} = \frac{Y_\phi^v}{s + Y_v^v + Y_\phi^v L_v^p W_p^\phi(s) + Y_{\delta_a}^v L_v^p} \quad (4-29)$$

若不计 $Y_{\delta_a}^v$ 及 L_v^p,则 Y 通道运动学环节可简化为下式:

$$\frac{\Delta v(s)}{\Delta \phi(s)} = \frac{Y_\phi^v}{s + Y_v^v} \quad (4-30)$$

根据式(4-28)和式(4-30),可构成如图 4-22 所示的基于 MFCS 的自动协调转弯实现结构图,将协调加入偏航通道。其中 k_ψ 是偏航角控制通道的前向增益,由于有人驾驶的显模型解耦控制系统偏航通道的输入量是 ΔW_r,即控制量是偏航角速率,因此必须在原系统基础上对偏航通道加以扩展,以偏航角 $\Delta \psi$ 作为被控量,使其跟踪航迹偏航角的变化 $\Delta \chi_c$,从而使侧滑角 $\Delta \beta$ 减小。调整前向增益 k_ψ 将使得偏航角控制通道的动态跟踪性能得到改善。为实现协调控制,首先由陀螺测得的 $\Delta \phi$,经式(4-29)所给出的传递函数,计算出侧向速度变化量 Δv,然后计算出航迹方向角的变化 $\Delta \chi_c$,由它作为控制输入,使 $\Delta \psi$ 不断跟踪 $\Delta \chi_c$。而图 4-22 也给出了直升机在空中实际所形成的 $\Delta \chi$ 计算式及相应的 $\Delta \beta$。通过仿真,可以验证所设计的协调转弯补偿的效果。

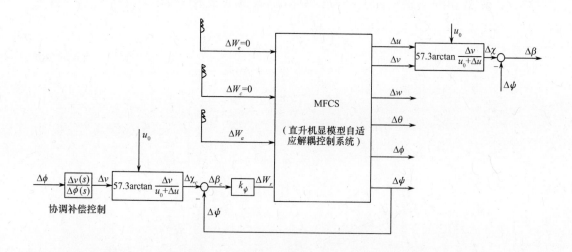

图 4-22　加入转弯协调控制的系统结构框图

4.6.2　航向协调控制的动特性响应

验证时在 MFCS 中给滚转通道加入 1cm 的阶跃信号 ΔW_a,其他两通道的输入 $\Delta W_e = 0$,$\Delta W_c = 0$,如图 4-22 所示。此时滚转角变化量 $\Delta \phi$ 的响应如图 4-23 所示,图 4-24 所示为航向协调补偿控制的效果。

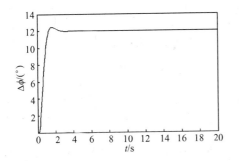
图 4-23 滚转通道阶跃输入下的滚转角响应曲线

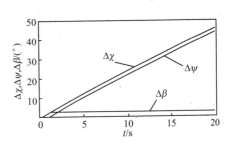
图 4-24 航向协调控制的动态响应

思 考 题

1. 试说明显模型跟踪控制系统基本工作原理,说明显模型、控制阵、增益阵的设计方法。
2. 试说明显模型跟踪系统多通道具有优良解耦特性的物理原因。
3. 说明直升机协调控制的基本原理与方法。

第5章 直升机自动飞行控制系统

本章将首先给出直升机自动飞行控制的一般结构图,它包含了大回路的轨迹制导、中回路的速度控制及内回路的姿态控制,从而建立自动控制的总体结构。接着对自动飞行各种经典模态进行控制律设计,在此基础上,本章针对内回路采用显模型跟踪(MFCS)时中回路 $\text{FCS}|_{u,v,h,\psi}$ 系统进行控制律设计,以证实 MFCS 的优良性能。本章最后对直升机自动过渡飞行这一特殊而又十分有用的模态进行控制律设计,并验证了它的有效性。另外,本章还补充了旋翼转速自动控制系统,描述了旋翼(或尾桨)转速的自动配平,转速自动控制的基本原理及结构配置,控制律设计等,从而使直升机控制由4个通道拓展到5个通道。

5.1 直升机自动飞行控制一般结构

图 5-1 为直升机自动飞行控制的一般结构。

首先根据飞行任务需求,在地面坐标系中设计一条预定的随时间变化的理想飞行轨迹 $X_{EC}(t), Y_{EC}(t), Z_{EC}(t)$,这一任务由实时轨迹生成器完成。由制导系统将实际飞行轨迹 $X_E(t), Y_E(t), Z_E(t)$ 与预定飞行轨迹进行比较,形成制导误差 $\Delta X_E, \Delta Y_E, \Delta Z_E$,经制导律处理,再由坐标转换矩阵 $\boldsymbol{L}_E^B$ 将地面坐标系中形成的制导误差转变为机体坐标系中的三轴速度控制信号 $\Delta u_C, \Delta v_C, \Delta w_C$,然后由它去控制三轴的飞行速度,不断地修正直升机的运动轨迹,以达到跟踪预定轨迹的目的。应该注意的是,在轨迹控制时,应该具有航向协调性能,如图 5-1 所示,使机头偏转 $\Delta \psi$ 跟踪速度矢量变化 $\Delta \chi$,从而实现无侧滑飞行 ($\Delta \beta = 0$)。为了在地面坐标系中构成反馈回路,仍需将机体坐标系中的运动参量通过坐标逆变换 $\boldsymbol{L}_B^E$ 转换为地面坐标系中的运动参量。图中

$$\begin{bmatrix} \Delta u_C \\ \Delta v_C \\ \Delta w_C \end{bmatrix} = \boldsymbol{L}_E^B \begin{bmatrix} \Delta u_{EC} \\ \Delta v_{EC} \\ \Delta w_{EC} \end{bmatrix} \quad (5-1)$$

式中

$$\boldsymbol{L}_E^B = \begin{bmatrix} \cos\theta\cos\psi & \cos\theta\sin\psi & -\sin\theta \\ \sin\theta\sin\phi\cos\psi - \cos\phi\sin\psi & \sin\theta\sin\phi\sin\psi + \cos\phi\cos\psi & \sin\phi\cos\theta \\ \sin\theta\cos\phi\cos\psi + \sin\phi\sin\psi & \sin\theta\cos\phi\sin\psi - \sin\phi\cos\psi & \cos\phi\cos\theta \end{bmatrix}$$

图中

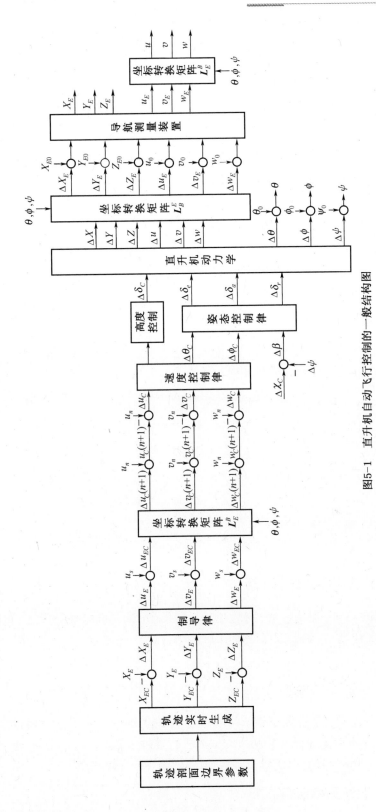

图5-1 直升机自动飞行控制的一般结构图

$$\begin{bmatrix} u_E \\ v_E \\ w_E \end{bmatrix} = \boldsymbol{L}_B^E \begin{bmatrix} u \\ v \\ w \end{bmatrix} \qquad (5-2)$$

式中

$$\boldsymbol{L}_B^E = (\boldsymbol{L}_E^B)^{-1}$$

制导律一般为 PID 形式,以提高轨迹跟踪的精确度,因此可写成

$$\begin{cases} \Delta u_E = \Delta X_E \left(K_X + K_{XD}s + \dfrac{K_{XI}}{s} \right) \\ \Delta v_E = \Delta Y_E \left(K_Y + K_{YD}s + \dfrac{K_{YI}}{s} \right) \\ \Delta w_E = \Delta Z_E \left(K_Z + K_{ZD}s + \dfrac{K_{ZI}}{s} \right) \end{cases} \qquad (5-3)$$

若直升机着陆在运动着的平台上,例如在舰船上,因此进入制导系统的速度控制量 $[\Delta u_{EC} \quad \Delta v_{EC} \quad \Delta w_{EC}]^T$ 应是直升机相对于活动平台的相对速度,故

$$\begin{bmatrix} \Delta u_{EC} \\ \Delta v_{EC} \\ \Delta w_{EC} \end{bmatrix} = \begin{bmatrix} \Delta u_E \\ \Delta v_E \\ \Delta w_E \end{bmatrix} + \begin{bmatrix} u_s \\ v_s \\ w_s \end{bmatrix} \qquad (5-4)$$

式中:u_s, v_s, w_s 分别为活动平台在地面坐标系中三轴运动速度在结构图中的表示,如图 5-1 所示。

5.2 各类自动飞行模态一般控制律

5.2.1 三轴姿态保持模态

三轴姿态(θ, ϕ, ψ)保持一般具有如图 5-2 所示结构。侧向加速度 $\Delta \dot{v}$ 引入尾桨通道,以利于消除侧滑。三轴姿态保持适用于全包线飞行,在稳定飞行状态下,一般要求姿态保持精度 $\leqslant \pm 1°$。

5.2.2 空速保持模态

空速保持模态是在俯仰姿态系统的基础上构成的,如图 5-3 所示。通过控制飞机的姿态角 θ,以达到纵向飞行速度控制目的。当飞行速度为 75km/h 时,一般速度控制精度为 $\leqslant 2.5$m/s。空速保持模态工作时,其他通道应处于姿态保持状态。

5.2.3 地速保持模态

地速保持是指相对地面的纵向速度 u 及侧向速度 v 保持不变。它是在横滚通道与俯

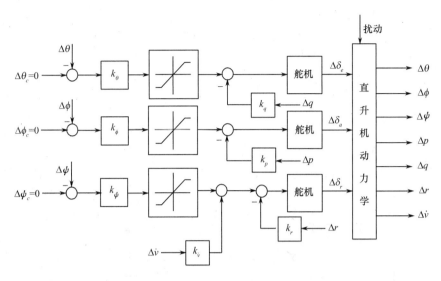

图 5-2 三轴姿态保持模态一般结构

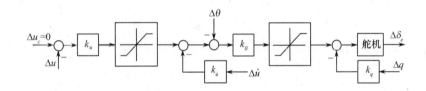

图 5-3 空速保持模块结构图

仰通道基础上构成的。如图 5-4 所示。一般要求地速保持精度≤±1.2m/s，要求横滚角≤±8°。

5.2.4 自动悬停模态

自动悬停模态的内回路，由俯仰与横滚姿态系统构成，与地速保持模态时的俯仰与横滚姿态系统相一致，自动悬停的外回路由速度控制构成，它与地速保持模态的结构相一致，只是控制律的参数有变化。

以某直升机为例，自动悬停的高速范围为 12~100m，滚转角限制为≤±8°，速度保持精度≤±1.2m/s。控制高度的最大变化率为 0.5m/s，高度控制精度为≤±2m。

5.2.5 气压高度保持模态

当空速大于某一值后，例如 75km/h，可采用如图 5-5 所示的气压高度保持模态，由升降速率仪经积分提供高度差，采用 PID 控制形式控制总距。一般气压高度保持的稳定精度为≤±16m。

无线电高度保持模态有与气压高度保持模态相同的结构，只是工作范围离地面较近，一般在 45~350m 之间，无线电高度保持精度要求较高，一般为≤6m。

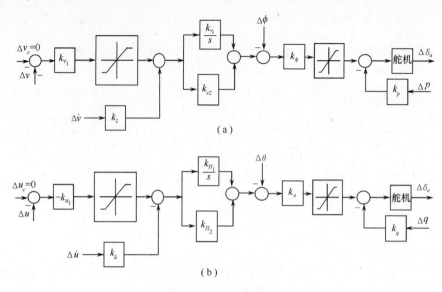

图 5-4 地速保持模态

(a) 侧向地速保持;(b) 纵向地速保持。

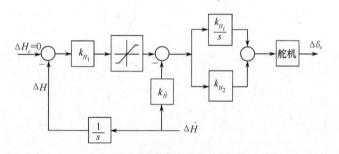

图 5-5 气压高度保持模态

5.2.6 航向保持模态

航向保持模态有两种形式:第一种形式如图 5-6(a) 所示,当航向有较大偏差时,通过操纵横向周期变距 $\Delta\delta_a$,使飞机滚转(与操纵固定翼飞机相类似),改变飞行航迹偏转角 χ,而尾桨通道起航向协调作用,当有侧滑时,感受到的侧向加速度 $\Delta \dot{v}$ 使机头偏转,以消除侧滑。侧滑包括由侧风 w_y 而引起的侧滑 β_w 以及由地速向量 v_d 与机头不一致而引起的侧滑 β_d。第二种形式如图 5-6(b) 所示,用作航向小修正。当有航向偏差信号时,直接控制尾桨通道,使机头偏转,$\Delta \dot{v}$ 的加入有利于消除侧滑。当工作于第一种形式时,直升机的滚转角 ϕ 有一定的限制,例如某直升机,当空速小于 38m/s 时,最大滚转角为 11°,而当空速大于 75m/s 时,其滚转角应限制在 22°以内。一般要求航向保持精度为 ≤±2°。

5.2.7 自动区域导航模态

自动区域导航模态的控制结构与航向保持模态的第一种形式相一致,只是工作在控制状态,导航信息以 $\Delta\psi_c$ 形式加入系统。

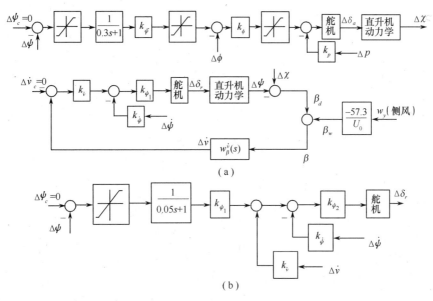

图 5-6 航向保持模态
(a) 航向保持模态形式 1;(b) 航向保持模态形式 2。

5.2.8 对目标的自动航向修正模态

该模态用于作战,对目标进行攻击时,需对航向进行自动修正。其航向修正精度较高,一般要求为≤±1°。这一模态在前飞时,其控制结构与航向区域导航相一致。但悬停或小速度飞行时,其结构有如图 5-7 所示形式。

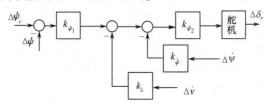

图 5-7 对目标的自动航向修正模态

5.2.9 垂直速度保持模态

当要求直升机以某一恒定的垂直升降速度 $\dot{H}$ 飞行时,应具有如图 5-8 所示的结构。应用时,一般空速应大于 20m/s,垂直速度控制精度应在 ±5m/s 范围内,$\dot{H}$ 的保持精度应≤±1m/s。

5.2.10 自动飞行控制系统结构

作为自动飞行控制系统的一个例子,图 5-9 给出了中型多用途直升机"山猫"纵向自动控制结构图,它实现角位置姿态稳定、航向稳定、气压高度及无线电高度稳定,实现水声浮标拖索悬停,以及由巡航至悬停的自动过渡,其结构特点是实现双余度配置。

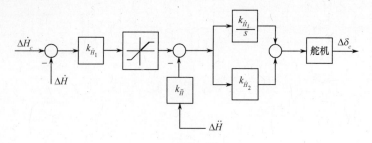

图 5-8 垂直速度保持模态

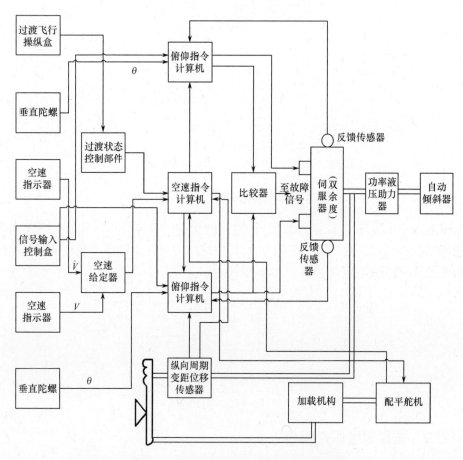

图 5-9 中型多用途直升机纵向自动控制结构

5.3 基于 MFCS 的自动飞行模态设计

直升机显模型解耦跟踪控制系统(MFCS)具有良好的四通道轴间解耦及动态跟踪效果,已被众多直升机所采用。因此,本节将以 MFCS 为内回路对 MFCS 进行扩展,综合成如下诸中回路模态:空速控制与保持,高度控制与保持及航向控制与保持,以及其他更为复杂的直升机自动飞行模态,诸如自动过渡飞行、自动着陆等,本节将叙述它们的控制律结构及基本设计方法。

5.3.1 外回路结构配置

MFCS 的基本结构配置如图 5-10 所示,由于所设计的控制律能够使直升机的飞行状态在一拍采样周期内强迫跟踪反映操纵动特性要求的显模型,使得 MFCS 的 4 个控制通道相对独立。

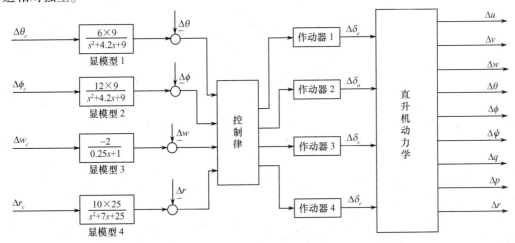

图 5-10 MFCS 结构配置

指令直接输入显模型,以达到纵向通道控制俯仰姿态变化量 $\Delta\theta$、横向通道控制横滚角变化量 $\Delta\phi$、航向通道控制偏航角速率 Δr、总距通道控制垂向速度 Δw 的目的。

根据自动飞行模态设计要求,应在原有 MFCS 的基础上,对回路进行扩展,以纵向速度 u、横向速度 v、高度 h 和偏航角 ψ 作为被控量,设计出具有良好指令响应特性的中回路自动飞行系统,整个外回路系统的结构配置如图 5-11 所示。

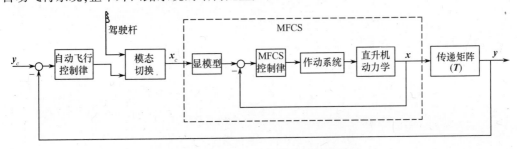

图 5-11 基于 MFCS 的外回路结构配置

5.3.2 传递矩阵 T 的确定

现将中回路定义为 $\text{FCS}|_{u,v,h,\psi}$ (即控制 u,v,h,ψ 的飞行控制系统),其输入矢量为 $y_c = [\Delta u_c, \Delta v_c, \Delta h_c, \Delta \psi_c]^T$,将 MFCS 作为内回路,其输入矢量为 $x_c = [\Delta\theta_c, \Delta\phi_c, \Delta w_c, \Delta r_c]^T$,相应的输出状态矢量为 $x = [\Delta\theta, \Delta\phi, \Delta w, \Delta r]^T$,为构成 $\text{FCS}|_{u,v,h,\psi}$,需将状态矢量 x 通过气动传递矩阵 T (也可称为运动学环节),转变为输出状态矢量 y,即

$$y = Tx \tag{5-5}$$

式中：$y=[\Delta u,\Delta v,\Delta h,\Delta \psi]^{\mathrm{T}}$。应指出，$T$ 也可称作运动学环节。

由直升机机体轴系下的增量线性化状态方程

$$H\Delta \dot{X} = F\Delta X + M\Delta \delta \tag{5-6}$$

可导出传递阵 T。例如求 T 中 $T(2,2)$，即横滚 $\Delta \phi$ 到侧向速度 Δv 的传递函数关系。为此，写出式(5-6)中的侧向力 Y 变化的小扰动线性化方程，即

$$Y_{\dot{u}}\Delta \dot{u} + Y_{\dot{v}}\Delta \dot{v} + Y_{\dot{w}}\Delta \dot{w} + Y_q\Delta q + Y_p\Delta p + Y_r\Delta r = Y_u\Delta u + Y_v\Delta v + Y_w\Delta w$$
$$+ Y_\theta \Delta \theta + Y_\phi \Delta \phi + Y_\psi \Delta \psi + Y_{\delta_e}\Delta \delta_e + Y_{\delta_a}\Delta \delta_a + Y_{\delta_r}\Delta \delta_r + Y_{\delta_c}\Delta \delta_c \tag{5-7}$$

式中：$Y_{i(i=u,v,\cdots)}$ 为气动导数；$\Delta \delta_{i(i=e,a,r,c)}$ 为四通道作动器变化量。

由式(5-7)可得出各侧向力引起的侧向加速度变化 $\Delta \dot{v}$ 的表达式，即

$$\Delta \dot{v} = \frac{1}{Y_{\dot{v}}}[Y_v\Delta v + Y_\phi\Delta \phi - Y_p\Delta p - Y_q\Delta q - Y_r\Delta r - Y_{\dot{u}}\Delta \dot{u} - Y_{\dot{w}}\Delta \dot{w} + Y_u\Delta u$$
$$+ Y_w\Delta w + Y_\theta\Delta \theta + Y_\psi\Delta \psi + Y_{\delta_e}\Delta \delta_e + Y_{\delta_a}\Delta \delta_a + Y_{\delta_r}\Delta \delta_r + Y_{\delta_c}\Delta \delta_c] \tag{5-8}$$

以某型直升机在前飞状态(速度为22m/s)为例，将其气动导数代入式(5-8)，得

$$\Delta \dot{v} = -0.073\Delta v + 0.171\Delta \phi - 0.010\Delta p - 0.004\Delta q - 0.08\Delta r - 0.0\Delta \dot{u} - 0.0\Delta \dot{w} - 0.007\Delta u$$
$$+ 0.04\Delta w + 0.0\Delta \theta + 0.0\Delta \psi - 0.002\Delta \delta_e + 0.013\Delta \delta_a - 0.034\Delta \delta_r + 0.020\Delta \delta_c$$
$$\tag{5-9}$$

由于 MFCS 已有优良的多通道解耦性能，故略去式(5-8)中的通道间的耦合气动导数，略去图 2-44 中的由 $\Delta \delta_a$ 所产生的 $\Delta \dot{v}$，又略去速度稳定导数 L_ϕ^p 和姿态稳定导数 L_ϕ^v，则认为式(5-8)中产生直升机侧向加速度 $\Delta \dot{v}$ 的主要因素是本通道的飞机横滚角 $\Delta \phi$ 和侧向速度的变化量 Δv，故可将式(5-8)化简为

$$\Delta \dot{v} = \frac{Y_v}{Y_{\dot{v}}}\Delta v + \frac{Y_\phi}{Y_{\dot{v}}}\Delta \phi = Y_v^{\dot{v}}\Delta v + Y_\phi^{\dot{v}}\Delta \phi \tag{5-10}$$

由式(5-10)可得相应结构图，如图 5-12 所示。

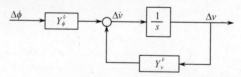

图 5-12 滚转角与侧向速度之间关系

由图 5-12 可得传递矩阵 $T(2,2)$ 的拉普拉斯变换式，即运动学环节

$$W_\phi^v(s) = \frac{\Delta v(s)}{\Delta \phi(s)} = \frac{Y_\phi^{\dot{v}}}{s - Y_v^{\dot{v}}} = \frac{0.17}{s + 0.07} \tag{5-11}$$

同理可导出 $T(1,1)$，即导出在 MFCS 状态下的纵向速度变化量 Δu 对俯仰姿态 $\Delta \theta$ 的响应，将如图 2-42 所示的纵向运动学环节简略为

$$W_\theta^u(s) = \frac{\Delta u(s)}{\Delta \theta(s)} = \frac{X_\theta^{\dot{u}}}{s - X_u^{\dot{u}}} = \frac{-0.17}{s + 0.026} \tag{5-12}$$

由 $T(1,1)$ 及 $T(2,2)$ 可知,在 MFCS 工作状态下,Δu 对 $\Delta\theta$,以及 Δv 对 $\Delta\phi$ 的响应近似为积分过程。同样,可导出 $T(3,3)$ 及 $T(4,4)$,即高度变化 Δh、偏航角变化 $\Delta\psi$ 分别对 Δw 及 Δr 的响应,即

$$\Delta h = -\frac{\Delta w}{s}, \quad \Delta\psi = \frac{\Delta r}{s} \tag{5-13}$$

由于机体坐标系的地垂速度 Δw 方向是向下为正,而高度变化 Δh 是向上为正,所以两个变量符号相反。另外还认为由于姿态角 θ 很小,$\Delta\dot{h} = -\Delta w\cos\theta \approx -\Delta w$,由式(5-11)、式(5-12)和式(5-13)最终可得传递矩阵 T,对某直升机而言,有

$$T = \begin{bmatrix} \dfrac{-0.17}{s+0.026} & 0 & 0 & 0 \\ 0 & \dfrac{0.17}{s+0.07} & 0 & 0 \\ 0 & 0 & \dfrac{-1}{s} & 0 \\ 0 & 0 & 0 & \dfrac{1}{s} \end{bmatrix} \tag{5-14}$$

5.3.3 中回路 $FCS|_{u,v,h,\psi}$ 控制律设计

由于图 5-10 所示的 MFCS 具有良好的解耦与动静态跟踪特性,使得本来非常复杂的多输入多输出系统外回路控制律设计可简化为 4 个通道的单输入单输出系统,如图 5-13 所示。

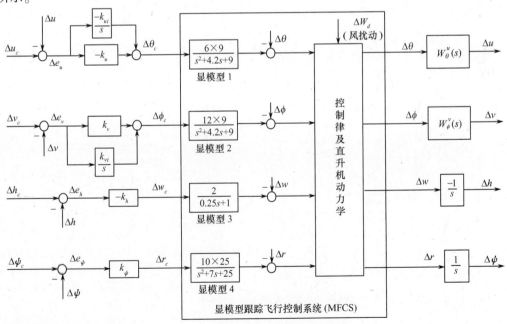

图 5-13 $FCS|_{u,v,h,\psi}$ 基本结构配置

以纵向的速度控制设计为例,速度控制律采用比例加积分形式,即可用经典控制的根轨迹法设计参数 k_u, k_{ui}。由于 MFCS 已具有四通道解耦及良好的动态跟踪性能,所以可近似地认为纵向速度控制通道的内回路特性就是要跟踪的显模型特性,例如对某型直升机有如下显模型:

$$\frac{\Delta\theta(s)}{\Delta\theta_c(s)} = \frac{6 \times 9}{s^2 + 4.2s + 9} \quad (5-15)$$

由此可得纵向通道的开环传递函数

$$G_u(s) = \frac{0.17 \cdot 6 \cdot 9 \cdot k_u(s + k_{ui}/k_u)}{s(s + 0.026)(s^2 + 4.2s + 9)} \quad (5-16)$$

由此可得纵向通道的闭环根轨迹如图 5-14 所示,当选取 $\frac{k_{ui}}{k_u}=0.1, k_u=0.66$ 时,闭环系统的一对振荡根为 $s_{1,2}=-1.6\pm1.78i$。此时系统已具有良好的动态阻尼($\xi=0.67$),对阶跃输入有良好的动态响应,短周期内响应曲线如图 5-15 所示。

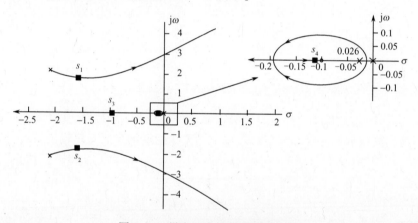

图 5-14 纵向速度控制通道根轨迹

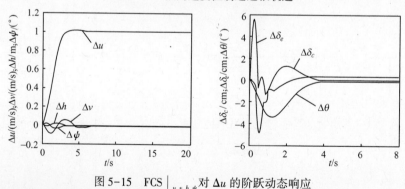

图 5-15 $FCS|_{u,v,h,\psi}$ 对 Δu 的阶跃动态响应

其他三通道的设计类似于上述过程。

5.3.4 $FCS|_{u,v,h,\psi}$ 性能验证及分析

为了验证按上述方法设计的 $FCS|_{u,v,h,\psi}$ 的有效性,此时图 5-13 中的控制对象的动力学及气动传递阵 T 不再采用设计时的如式(5-14)所示的简化式,而是采用考虑四通道耦

合的形式,如式(5-6)所表示的完整的动力学矩阵方程。

1. $FCS|_{u,v,h,\psi}$ 中的纵向速度控制

图 5-15 所示为 $FCS|_{u,v,h,\psi}$ 在 Δu 阶跃输入下,各状态量的响应特性,Δu 得到控制,而其他状态 $\Delta h, \Delta v, \Delta w$ 可近似保持不变。从其中的 $\Delta \theta$ 响应曲线可以看到,直升机由于低头,姿态角负向增大,产生直升机纵向加速度 $\Delta \dot{u}$,加速到要求的 Δu 后,姿态角逐渐返回到接近原来的位置,纵向加速度消失。由于坐标极性规定,在正的 $\Delta \delta_e$ 作用下,使飞机下俯,所以动态过程中 $\Delta \delta_e$ 正向变化,如图 5-15 所示。按式(5-9)的推导方法可以得到简化后的地垂速度的变化方程:

$$\Delta \dot{w} = -0.14\Delta u - 0.5581\Delta w - 0.62\Delta \delta_c \quad (5-17)$$

由式(5-17)知,由于 Δu 的变化,将引起地垂速度的变化,由于 MFCS 解耦控制的效果将使地垂速度变化为 0,所以 MFCS 自动调整总距 $\Delta \delta_c$。为使 $\Delta \dot{w}$ 为 0,$\Delta \delta_c$ 在动态过程中开始为负的变化,以抵消 Δu 的增加对 Δw 的影响,如图 5-15 曲线所示。

2. $FCS|_{u,v,h,\psi}$ 中的侧向速度控制

图 5-16 所示为 $FCS|_{u,v,h,\psi}$ 中的各状态量在侧向速度 Δv 阶跃输入时的动态响应,呈现出良好的解耦及操纵动特性。其物理过程是:在 Δv 输入作用下首先使横滚角 $\Delta \phi$ 正向增大,即右滚,产生正的侧向加速度 $\Delta \dot{v}$,待侧向速度 Δv 达到要求值后,$\Delta \phi$ 逐渐返回。但稳态后由于侧向速度的增大,将引起侧向阻力的增大,所以稳态后 $\Delta \phi$ 必须保持为一右滚的正稳态值,由它所产生的侧力与由于 Δv 增加后所产生的阻力相平衡,如图 5-16 所示。

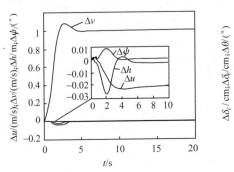
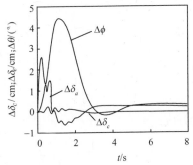

图 5-16 $FCS|_{u,v,h,\psi}$ 对 Δv 的动态响应

3. $FCS|_{u,v,h,\psi}$ 中的高度控制

图 5-17 所示为 $FCS|_{u,v,h,\psi}$ 良好的控制响应及各通道解耦效果。控制时 $\Delta \delta_c$ 首先增大,然后逐渐减小,最后稳态保持为 0,其对应的 Z 轴速度的变化 Δw 是先负向增大,即直升机向上飞,而后减速,直到高度达到要求的位置,并最终保持 Z 轴速度不变。由于纵向速度与侧向速度的变化量很小,所以纵向周期变距与横向周期变距的变化很小。

4. $FCS|_{u,v,h,\psi}$ 中的偏航控制

图 5-18 所示为良好的航向动态跟踪及各通道解耦性能。当控制结束后,$\Delta \delta_r$ 应回至零,使偏航角速率 Δr 回到零。

5.3.5 $FCS|_{u,v,h,\psi}$ 抗气流扰动特性

直升机在飞行过程中,受到气流扰动的影响,以 MFCS 为内回路的 $FCS|_{u,v,h,\psi}$ 对风扰

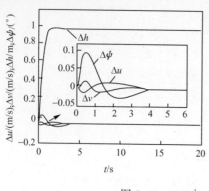
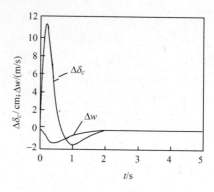

图 5-17　FCS$|_{u,v,h,\psi}$ 对 Δh 的动态响应

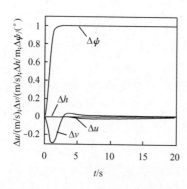
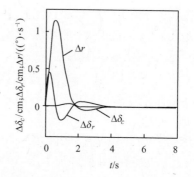

图 5-18　FCS$|_{u,v,h,\psi}$ 对 $\Delta\psi$ 的动态响应

动有良好的鲁棒性,在图 5-13 所示的仿真结构图中,在直升机动力学环节中加入不同形式的风扰动,如阶跃水平风扰动 Δu_w、阶跃垂风扰动 Δw_w 等,以检验外回路四通道对风扰动的抑制能力。在直升机动力学环节中加入风扰动的方法可参考图 2-51。

图 5-19 所示为仅有阶跃水平风 Δu_w 作用下的 FCS$|_{u,v,h,\psi}$ 四通道输出响应,图 5-20 所示为仅有阶跃垂风 Δw_w 作用下的 FCS$|_{u,v,h,\psi}$ 四通道输出响应。两种风扰动都是在系统工作后第 10s 时加入。图 5-19 的动态响应表明,仿真开始时 FCS$|_{u,v,h,\psi}$ 四通道保持输入为 0,直升机在配平状态下以某初始速度水平前飞,第 10s 加入单位阶跃水平风扰动后,纵向空速 u 几秒钟后回到初始配平状态,其他 3 个通道的 Δv、$\Delta\psi$、Δh 由于系统有良好的自适应解耦性能,在几秒钟时间内恢复到初始状态。图 5-20 所示为 0.1m/s 阶跃垂风扰动作用下的动态响应。图 5-21 所示为两种阶跃风同时加入后系统的响应,以上动态响应表明以 MFCS 为内回路的 FCS$|_{u,v,h,\psi}$ 具有良好的抑风性能。

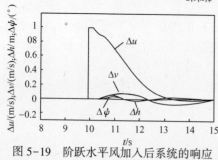
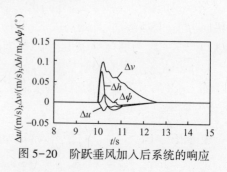

图 5-19　阶跃水平风加入后系统的响应　　　图 5-20　阶跃垂风加入后系统的响应

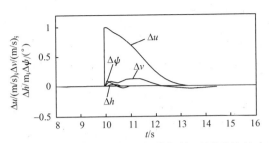

图 5-21 阶跃水平风与阶跃垂风同时加入后系统的响应

5.4 直升机自动过渡飞行控制系统设计

直升机自动过渡飞行时,通常要求高度随时间按抛物线规律下降,地速以某种减加速度线性地减速。为使自动过渡更为平稳,在接近悬停高度时,高度改为按指数规律拉平;在接近零速时,速度也改为按指数规律减速到零,所以按图 5-22 所示自动过渡飞行时,应以适当的规律,控制总距与纵向周期变距,以实现上述高度与速度的变化规律。

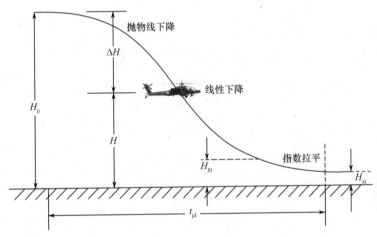

图 5-22 直升机过渡悬停示意图

5.4.1 高度的自动过渡

假设自动过渡的初始高度为 H_0,初始速度为 U_0,待悬停的高度为 H_{xt},并假定直升机由 H_0 下降到 H_{xt} 的时间为 t_s,进入自动过渡的时刻为 $t=0$,则高度按抛物线下降的变化规律为

$$H = H_0 - \frac{1}{2}\ddot{H}_d t^2 \qquad (5-18)$$

式中:H 为直升机当前高度;$\ddot{H}_d$ 为升降加速度,设置为某一常值,且 $\ddot{H}_d > 0$。

按抛物线下降时,升降速度 $\dot{H}_d$ 为

$$\dot{H}_d = \ddot{H}_d t \tag{5-19}$$

由式(5-18)和式(5-19)得

$$\Delta H = H_0 - H = \frac{\dot{H}_d^2}{2\ddot{H}_d} \tag{5-20}$$

由于 $\ddot{H}_d$ 为常值,当令 $K^2 = 2\ddot{H}_d$ 时,则式(5-20)可改写为

$$\dot{H}_d = K\sqrt{\Delta H} \tag{5-21}$$

如果高度按式(5-18)的规律下降,则必满足式(5-21)。所以可用式(5-21)来控制高度的自动过渡。将误差信号 $E = K\sqrt{\Delta H} - \dot{H}$ 引入高度速率 $\dot{H}$ 控制系统 $\text{FCS}|_{\dot{H}}$,如图 5-22 所示,则可使直升机的高度按设置的抛物线规律下降。

5.4.2 前向速度的自动过渡

当高度自动过渡到某一悬停高度时,前向速度应为零,设前向速度的自动过渡规律为

$$u = u_0 - \dot{u}_d t \tag{5-22}$$

式中: u_0 为进入自动过渡时的初始地速; $\dot{u}_d$ 为期望的减加速度。

由式(5-22)可得地速按线性规律减速到零的时间 t_f,即

$$t_f = \frac{u_0}{\dot{u}_d} \tag{5-23}$$

由式(5-18)可得高度下降到某一悬停高度 H_{xt} 的时间 t_s,即

$$t_s = \sqrt{\frac{2(H_0 - H_{xt})}{\ddot{H}_d}} \tag{5-24}$$

为确保直升机自动过渡到所要求的高度时,其速度也下降到零,则 $t_s = t_f$,故由式(5-23)与式(5-24)得

$$\frac{u_0}{\dot{u}_d} = \sqrt{\frac{2(H_0 - H_{xt})}{\ddot{H}_d}} \tag{5-25}$$

因为 $K = \sqrt{2\ddot{H}_d}$,则由式(5-25)得

$$K = \frac{2\dot{u}_d}{u_0}\sqrt{(H_0 - H_{xt})} \tag{5-26}$$

由此可见,为了达到高度与速度的同步必须满足式(5-26)。因此,在控制时,只要根据自动过渡进入的条件 u_0、H_0 和 H_{xt} 以及选定的减加速度值 $\dot{u}_d$,由式(5-26)计算相应的 K 值,再由 $K = \sqrt{2\ddot{H}_d}$,则可得到按抛物线下降时的下降加速度 $\ddot{H}_d$。

5.4.3 按指数规律拉平

当直升机的高度下降到接近悬停高度时,过渡轨迹由原抛物线规律下降的轨迹改为按指数拉平的轨迹。采用的指数拉平轨迹表达式可写为

$$\Delta H = H - H_{xt} = (H_{l0} - H_{xt}) e^{-\frac{t}{\tau}} \quad (5-27)$$

式中:H_{l0} 为转入指数拉平时的起始高度;τ 为拉平的时间常数;H_{xt} 为悬停高度;H 为当前高度。

由式(5-27),可得指数拉平轨迹的升降速度 $\dot{H}$ 及升降加速度 $\ddot{H}$ 分别为

$$\begin{cases} \dot{H}_{l0} = -\frac{1}{\tau}(H_{l0} - H_{xt}) e^{-\frac{t}{\tau}} = -\frac{1}{\tau}(H - H_{xt}) = -\frac{1}{\tau}\Delta H_{l0} \\ \ddot{H}_{l0} = \frac{1}{\tau^2}(H_{l0} - H_{xt}) e^{-\frac{t}{\tau}} = \frac{1}{\tau^2}(H - H_{xt}) = \frac{1}{\tau^2}\Delta H_{l0} \end{cases} \quad (5-28)$$

式中:$\Delta H_{l0} = H - H_{xt}$。

为了使高度轨迹由抛物线平稳过渡到指数拉平,必须使二者转换处的升降加速度相等,即抛物线下降加速度 $\ddot{H}_d = \frac{K^2}{2}$ 等于式(5-28)的指数拉平加速度 $\ddot{H}_{l0}$,故

$$\frac{K^2}{2} = \frac{1}{\tau^2}\Delta H_{l0}$$

$$\frac{K}{\sqrt{2}} = \frac{1}{\tau}\sqrt{\Delta H_{l0}}$$

由此可得

$$K_H \sqrt{\Delta H_{l0}} = \frac{K}{\sqrt{2}} \quad (5-29)$$

式中:$K_H = \frac{1}{\tau}$,K 值由式(5-26)求得。

综上所述,可得自动过渡时的控制规律:在飞控总距通道中引入式(5-21)所表达的误差信号 $K\sqrt{\Delta H} - \dot{H}$,通过控制使之为零,则可实现按设置的高度抛物线规律性下降,如图5-23所示。在下降过程中,按式(5-29)不断比较 $K_H\sqrt{\Delta H_{l0}}$ 与 $\frac{K}{\sqrt{2}}$ 的值,当二者相等时,即平滑地转入指数拉平轨迹。按式(5-28),将 $\dot{H}_{l0}$ 作为控制信息引入至总距通道,并如图5-23所示的那样使 $\dot{H}_{l0} - \dot{H} = 0$,则可实现按指数轨迹拉平,且实现拉平后的悬停。

5.4.4 自动过渡的高度与速度控制系统

为了使自动过渡的高度轨迹控制与速度控制这一外回路具有优越性能,其内回路选择为显模型跟踪飞控系统(MFCS),如图5-13所示,从而使内回路具有自适应解耦性能。

同时由于内回路具有四通道优良的动态跟踪及自适应解耦性能,直升机内回路的四控制通道可按 4 个线性独立的单输入单输出系统配置,所构成的自动悬停外回路即高度控制回路 $FCS|_H$ 及速度控制回路 $FCS|_u$ 也可按独立通道进行设计。

图 5-23 所示为自动过渡高度控制回路结构配置图,按设置的 u_0、$\dot{u}_d$、H_0 和 H_{xt} 值由式(5-26)计算 K 值。为了提高控制精度,以比例加积分的形式控制 MFCS 中的总距控制通道。

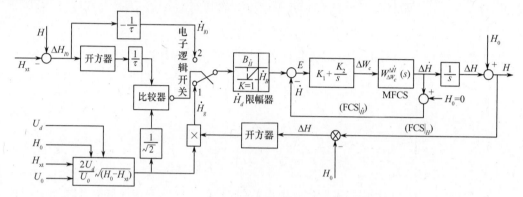

图 5-23 自动过渡飞行高度通道结构配置

高度自动过渡时,抛物线下降过渡到按指数规律拉平的转换由图中的比较器完成。当 $K_H\sqrt{\Delta H_{l0}} > \dfrac{K}{\sqrt{2}}$,节点 1 闭合,$\Delta H$ 的平方根信号经乘法器与 K 值相乘,并进入 $\dot{H}_d$ 限幅器,限幅后信号经比例积分环节输入到 MFCS 的总距通道,此时具有如下高度控制规律

$$\begin{cases} \Delta W_c = (K\sqrt{\Delta H} - \dot{H})\left(K_1 + \dfrac{K_2}{s}\right) & (K\sqrt{\Delta H} \leq B_{\dot{H}}) \\ \Delta W_c = (\dot{H}_B - \dot{H})\left(K_1 + \dfrac{K_2}{s}\right) & (K\sqrt{\Delta H} > B_{\dot{H}}) \end{cases} \quad (5-30)$$

式中:$\dot{H}_B$ 为限幅器的限幅值;$B_{\dot{H}}$ 为限幅器线性段的范围;$\dot{H}_d$ 限幅器线性范围内的增益 $K=1$。

当 $K_H\sqrt{\Delta H_{l0}} \leq \dfrac{K}{\sqrt{2}}$ 后,节点 2 闭合,ΔH_{l0} 信号经 $-\dfrac{1}{\tau}$ 直接与 $\dot{H}$ 信号综合后控制 MFCS 总距通道,使飞机按指数规律拉平,即

$$\Delta W_c = (-\dfrac{1}{\tau}\Delta H_{l0} - \dot{H})\left(K_1 + \dfrac{K_2}{s}\right) \quad (5-31)$$

在进入自动过渡后,如 $K\sqrt{\Delta H}$ 值超过限幅器的线性范围 $B_{\dot{H}}$ 后,由于限幅器输出为常值 $\dot{H}_B$,此时高度控制回路控制直升机以恒值的 $\dot{H}_B$ 升降速度下降。

图 5-24 所示为直升机过渡飞行的速度控制系统 $FCS|_u$。该系统将使初始速度 u_0 逐步过渡到悬停 $u_d=0$。为了提高控制稳态精度,以比例加积分形式控制 MFCS 的纵向周期

变距,为提高系统动态阻尼,引入加速度反馈构成内回路。

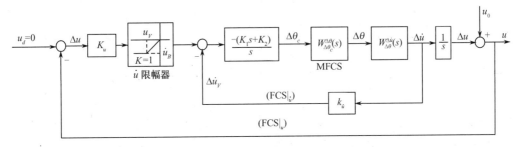

图 5-24 直升机自动过渡悬停的速度控制结构

由图 5-24 可写出由 MFCS 作为内回路的速度控制控制律

$$\Delta\theta_c = \begin{cases} (\Delta\dot{u}_V - \dot{u}_B)\left(K_1 + \dfrac{K_2}{s}\right) & (K_u\Delta u \geqslant u_V) \\ (\Delta\dot{u}_V - K_u\Delta u)\left(K_1 + \dfrac{K_2}{s}\right) & (K_u\Delta u < u_V) \end{cases} \quad (5-32)$$

式中:$\dot{u}_B$ 为限幅器的限幅值;u_V 为限幅器线性段的范围;$\dot{u}$ 限幅器线性范围内的增益 $K = 1$。

当直升机进入自动过渡时,由于开始时地速较大,超过限幅器的线性范围,限幅器输出为常值,此时 FCS$|_u$ 成为减加速度控制系统。在 $\dot{u}_B$ 作用下,直升机的地速以 $\dot{u}_B$(例如 -0.07g)减速。随着直升机地速 u 的不断减小,当 $K_u\Delta u<\Delta u_V$ 时(例如速度小于5km/h),此时的速度控制系统 FCS$|_u$ 由于其内回路 FCS$|_{\dot{u}}$ 有宽频带特性,因此可近似地认为 FCS$|_u$ 为一个时间常数等于 $K_{\dot{u}}/K_u$ 的一阶惯性环节,即 FCS$|_u = \dfrac{1}{(K_{\dot{u}}/K_u)s+1}$,该传递函数环节反映出直升机最终将按指数规律减速,直到地速为零,执行悬停。指数下降规律特性取决于时间常数 $K_{\dot{u}}/K_u$。

速度控制回路以显模型跟踪控制系统为内回路,中回路的速度控制信号通过 MFCS 控制纵向周期变距,以达到纵向速度控制的目的。图 5-24 中的环节 $W_{\Delta\theta}^{\Delta\dot{u}}(s)$ 表达了直升机运动学特性。

当进行纵向速度控制时,MFCS 的纵向周期变距控制通道处于控制状态,其他三通道控制输入量为 0,处于镇定状态。其他三通道对 X 通道的耦合气动导数可近似为零。所以 $W_{\Delta\theta}^{\Delta\dot{u}}(s)$ 可由图 5-25 所示结构图中求得。

$$W_\theta^u(s) = \frac{\Delta u(s)}{\Delta\theta(s)} = \frac{X_\theta^{\dot{u}}}{s + X_u^{\dot{u}} + x_q^{\dot{u}} M_u^q W_q^\theta(s) + X_{\delta_e}^{\dot{v}} M_u^q} \quad (5-33)$$

式中:气动导数 $X_u^{\dot{u}}$ 为由 Δu 而引起的纵向力的变化而产生的加速度变化 $\Delta\dot{u}$;其他气动导数含义类同。

若不计速度稳定性 M_u^q 及由 $\Delta\delta_e$ 产生的气动导数 $X_{\delta_e}^{\dot{u}}$,则上式可简化为

$$W_\theta^u(s) = \frac{\Delta u(s)}{\Delta\theta(s)} = \frac{X_\theta^{\dot{u}}}{s - X_u^{\dot{u}}} \quad (5-34)$$

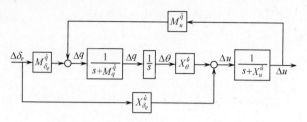

图 5-25 运动学环节 $W_{\Delta\theta}^{\Delta\dot{u}}(s)$ 的结构图

5.4.5 自动过渡控制系统的性能

当直升机自动过渡的初始条件 H_0 为 100m，飞行速度为 $u_0 = 21$m/s，期望悬停高度 H_{xt} 为 20m，期望减加速度 $\dot{u}_d$ 为 -0.7m/s²，指数拉平时间常数 $\tau = 10$s，对某直升机自动过渡系统设计。当设定参数 $\dot{u}_B = -0.97$m/s²，$K_u = 0.24$，$\dot{H}_B = -2.67$m/s，将有如图 5-26 所示的自动过渡性能。

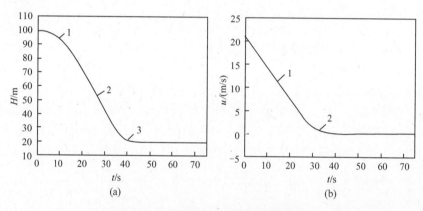

图 5-26 直升机过渡悬停响应性能
(a) 直升机过渡悬停高度响应曲线；(b) 直升机过渡悬停纵向速度响应曲线。

图 5-26 所示直升机高度响应中，曲线段 1 为抛物线下降段，曲线段 2 为线性下降段，曲线段 3 为指数拉平段。速度响应中的曲线段 1 为线性等减速段，曲线段 2 为指数减速段，根据所设定的期望减加速度最终稳定在 0m/s。高度控制实现了抛物线下降（包括由限幅器作用形成的线性下降段），并平滑过渡到指数拉平段。当高度接近期望悬停高度时，速度也已趋近于 0。

5.5 直升机旋翼转速自动控制方法

直升机的飞行控制设置机体轴 X 通道，以控制飞行速度 u；设置机体轴 Y 通道，以控制侧向速度 v；设置机体轴 Z 通道，以控制 Z 轴速度 w，即控制飞行高度；设置控制尾桨的航向通道，以控制机头的转向，即控制航向角 ψ，它们构成了直升机飞行控制的 4 个基本通道。但除此之外，现代直升机的飞行控制，通常还设置直升机旋翼（主桨或尾桨）的转速控制方法。根据飞机状态的需要，对发动机的油门大小进行自动调节，以稳定或控制旋翼的转速，从而构成第 5 个控制通道。它通常与控制 Z 轴的高度控制通道联动工作，实现对飞机高度的控制。这与固定翼飞机相类似，在控制或稳定飞机高度时，必须同时对发动机油门进行控制，以控制与稳定飞机速度。

在控制直升机的总距 δ_c 时，为了使旋翼的转速 n 不变，一般人工控制时，应联动发动机的油门杆，以使旋翼转速不随总距的改变而改变，但这是一种开环补偿技术，不能精确实现当总距变化 $\Delta \delta_c$ 时，仍保持旋翼转速的恒定。

图 5-27 为直升机旋翼转速自动控制系统的结构配置。它可实现如下功能：

(1) 实现旋翼转速的配平。当直升机工作在某一工作状态(即选定的工作点)时，必须给出相应的旋翼转速 n。通过图 5-27 可实现对该工作点 n_0 的稳定。图中 n_{0c} 是给定的工作点，它加入系统的电信号是 u_{n_0}，经控制律 $W_c(s)$ 处理加入油门伺服器 $W_\delta(s)$，然后对发动机的油门杆进行操纵 $\Delta \delta_\tau$，以对发动机的输出功率 P 进行调整，经传递系数 $h_\tau(n)$ 将输出功率 P 的变化转换为旋翼转矩(又称扭矩) T 的变化 ΔT，转矩的变化产生旋翼转动的角加度 $\dot{\omega}$ 的变化，从而改变旋翼角速度 $\Delta \omega$，然后再将以量纲[转/秒]表示的转速变化 Δn_s，转换为以[转/分]为量纲的转速变化 Δn，经转速传感器 h_n 的负反馈，最终实现对配平转速 n_{0c} 的稳定。

(2) 上述系统可实现对旋翼转速 n 的控制，图 5-27 中 n_c 为需求的旋翼转速，它相对于配平转速 n_0 构成控制增量 Δn_c，加入系统完成对转速的控制。

(3) 可实现对转速 n 的稳定，如图 5-27 所示，可以将总距操纵 $\Delta \delta_c$ 视为对系统的干扰，当总距变化 $\Delta \delta_c$ 而引起的转速变化 $\Delta n_{\delta c}$ 引入系统，转速稳定系统可实现转速保持稳定。

控制通道常有如下形式：

$$W_c(s) = h_{c1} + h_{c2}s + \frac{h_{c3}}{s} \tag{5-35}$$

油门伺服器为一阶滞后环节

$$W_\delta(s) = \frac{h_\delta}{1 + h_\delta s} \tag{5-36}$$

发动机的动力学可简化为以下形式

$$W_e(s) = \frac{h_e}{1 + h_e s} \tag{5-37}$$

由下述推导可将发动机的输出功率 P 转换为转矩 T 的表达式。

因

$$T = FR [\text{牛顿} \cdot \text{米}] \tag{5-38}$$

又功率

$$P = FV [\text{牛顿} \cdot \text{米/秒}] \tag{5-39}$$

式中，速度为

$$V = 2\pi R \cdot n/60 \tag{5-40}$$

式中：n 的量纲为[转/分]。

将式(5-40)代入式(5-39)得

$$P = F \cdot 2\pi R \cdot n/60 \tag{5-41}$$

所以

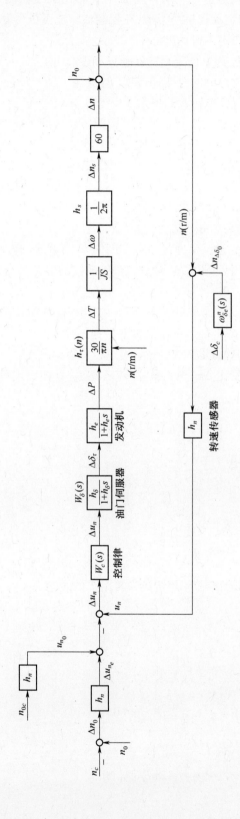

图5-27 直升机旋翼转速自动控制系统结构配置

$$F = \frac{60P}{2\pi Rn} = \frac{30P}{\pi Rn} \qquad (5\text{-}42)$$

将式(5-42)代入式(5-38)得

$$T = \frac{30}{\pi n}P = h_\tau(n)P \qquad (5\text{-}43)$$

应注意的是,转矩 T 是转速 n 的函数,而 n 的量纲[转/分]即 r/min,仿真时需将 n 代入式(5-43)。

对于低转速挥舞铰,旋翼的转动增量 J 可近似表示为

$$J = NJ_\beta \qquad (5\text{-}44)$$

式中:N 是桨叶的个数。

直升机的转矩 T 是多变量函数,它与桨叶的挥舞设置、空速、流入速度、挥舞角以及旋翼转速有关。它还与周围工作环境、温度的变化有关,所以转矩的表达式应是多变量非线性函数,但当工作点确定后,可将涡轮轴发动机由功率产生的转矩仅表示为油门杆 δ_τ 的函数。

思 考 题

1. 试作出直升机轨迹制导一般结构图,并说明其中坐标转换矩阵 L_E^B 及 L_B^E 的作用。
2. 概述直升机自动飞行一般有哪些飞行模态。
3. 简述基于 MFCS 的自动飞行模态的基本结构及设计方法,分析其优越性能的物理原因。
4. 直升机自动过渡飞行的基本要求是什么?如何实现其高度与速度的自动过渡?
5. 简述直升机旋翼转速自动控制的基本原理。

第6章 直升机现代飞行控制技术

6.1 引 言

针对直升机动力学特性的时变、不稳定及多通道强耦合等特性,学者们纷纷提出应用现代控制理论及方法对直升机进行制导与控制。本章将从工程应用的角度出发,从众多的直升机现代控制技术中整理出4种具有工程应用前景的方法,分别归纳为4节,阐述其工作机理、结构配置及设计方法,并辅以一般的仿真算例。

6.2 节阐述系统具有高增益,并对控制对象的状态方程 $\Delta \dot{X} = A\Delta X + B\Delta u$ 中的控制阵 B 进行解耦的显模型跟踪控制方法,这一节可作为第4章显模型跟踪控制系统设计的补充。这种方法的特点是,虽然仅对控制阵进行解耦设计,但在高增益及显模型跟踪状态下,系统仍具有良好的对输入进行动态跟踪、通道解耦及自动配平的性能,并得到试飞验证。

6.3 节叙述一种隐模型跟踪的直升机飞控系统设计方法。它首先根据直升机操纵品质规范要求,设计一个期望的、各通道线性独立(解耦)的隐模型。然后对被控对象开发出一个前馈补偿阵及状态反馈阵,以实现期望的隐模型,也有学者将这种方法归纳为特征结构配置,由于设计思路清晰,目标明确,很有应用前景。

6.4 节阐述高带宽 H_∞ 回路成形控制方法。它将经典控制与现代鲁棒优化控制综合在一个控制框架下,设计构思十分精细。它首先按经典控制的指导思想,对开环系统的频率特性(相当于多变量系统的奇异值)进行成形设计。开环系统 G_s 由前向对角阵 W_1、反馈通道的对角阵 W_2 及被控对象 G 组成,即 $G_s = W_2 G W_1$。所谓成形是指使 G_s 的奇异值具有高带宽、低频高增益(含积分环节)、高频低增益特征。然后按系统具有优良动态跟踪性能及减少气动耦合干扰为优化目标,运用现代控制 H_∞ 优化方法,设计 H_∞ 控制阵,并使该 H_∞ 控制阵不对已成形的奇异值产生明显影响。该方法可使系统具有快速响应、系统解耦、自动配平,其鲁棒性有利于进行全包线飞行,该方法在不同飞行器上得到工程试飞验证及工程应用。

6.5 节给出了基于显模型的飞行轨迹制导系统的设计方法。该节研究内回路为显模型跟踪系统,外回路轨迹制导系统的设计。旨在将直升机的三轴速度控制扩充至三维的轨迹跟踪制导。

6.2 高增益控制阵解耦的显模型跟踪控制系统设计

本节将以武装直升机 AH-64 为例,在电传控制方式下,进行模型跟踪控制系统内回路设计。该控制系统具有高增益、自动配平以及通道间解耦的特性。由于多输入多输出(MIMO)的内回路已具有解耦特性,从而简化了外回路系统的设计,因此外回路可运用单输入单输出的经典控制方法。本节也将证明内外回路单独设计的可行性。

6.2.1 高增益显模型跟踪系统

该系统内回路基本结构如图 6-1 所示，简称 $FCS|_M$。图中各量均以矩阵形式给出。

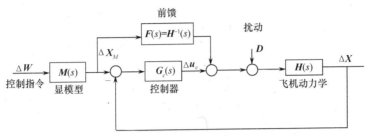

图 6-1 $FCS|_M$ 系统基本结构图

ΔW 是增量形式的控制矢量；$M(s)$ 为显模型，它反映了直升机各通道操纵动力学特性要求，是一电子模型；$G_c(s)$ 为控制器；$H(s)$ 为直升机增量线性动力学模型；D 为作用于直升机的扰动量。

若该系统加有前馈输入 $H^{-1}(s)$，也即将控制对象 $H(s)$ 的逆模型作为前馈，则该系统将有如下传递函数：

$$\Delta X(s)/\Delta W(s) = \frac{H(s)G_c(s) + H(s)F(s)}{1 + H(s)G_c(s)} M(s) \quad (6-1)$$

理想时，当前馈 $F(s) = H^{-1}(s)$，则式(6-1)成为

$$\Delta X(s)/\Delta W(s) = M(s) \quad (6-2)$$

从而实现了理想跟踪，即使前馈 $F(s)$ 不能理想地实现对 $H(s)$ 的逆，也将得到良好的跟踪效果。

另外，由式(6-1)可知，在前馈作用下，即使 $G_c(s)=0$，也能得到理想的跟踪响应。但若在扰动 D 作用下，应使控制器 $G_c(s)$ 设计成高增益，也即在满足幅裕度 6~10dB，相裕度 35°~45°前提下，使 $G_c(s)$ 尽可能地具有高增益，才能使系统获得良好抗扰动能力。因为由扰动 D 作用下的输出传递函数

$$\frac{\Delta X(s)}{D(s)} = \frac{H(s)}{1 + G_c(s)H(s)} \quad (6-3)$$

可知，在高增益时，当 $G_c(s) \cdot H(s) > 1$，则 $\frac{\Delta X(s)}{D(s)} \approx 0$。

6.2.2 控制阵解耦的内回路结构

设被控对象 $H(s)$ 的线性动力学状态方程为

$$\Delta \dot{X} = A\Delta X + B\Delta u \quad (6-4)$$

若选状态变量为 $\Delta X = [\Delta w \ \Delta p \ \Delta q \ \Delta r]^{\mathrm{T}}$，控制变量 $\Delta u = [\Delta \delta_c \ \Delta \delta_a \ \Delta \delta_e \ \Delta \delta_r]^{\mathrm{T}}$，则式(6-4)应相应地写为

$$\begin{bmatrix} \Delta \dot{w} \\ \Delta \dot{p} \\ \Delta \dot{q} \\ \Delta \dot{r} \end{bmatrix} = A \begin{bmatrix} \Delta w \\ \Delta p \\ \Delta q \\ \Delta r \end{bmatrix} + B \begin{bmatrix} \Delta \delta_c \\ \Delta \delta_a \\ \Delta \delta_e \\ \Delta \delta_r \end{bmatrix} \qquad (6-5)$$

令

$$B \Delta u = B \begin{bmatrix} \Delta \delta_c \\ \Delta \delta_a \\ \Delta \delta_e \\ \Delta \delta_r \end{bmatrix} = \Delta u_B \qquad (6-6)$$

若 B 为方阵，则

$$\Delta u = B^{-1} \Delta u_B \qquad (6-7)$$

这样，通过对状态方程的控制阵 B 求逆即可达到解耦效果，如图 6-2 所示。一般 B 不为方阵，则可通过对 B 求广义逆的方法，获得其逆阵。这虽然是一种近似解耦的方式，因为没有通过状态反馈方式对状态阵 A 解耦。但这种仅对控制阵进行解耦的方法，在四通道显模型跟踪状态下，可实现各通道间解耦要求。为简化控制结构，图 6-2 中没有引入前馈 $F(s)$。

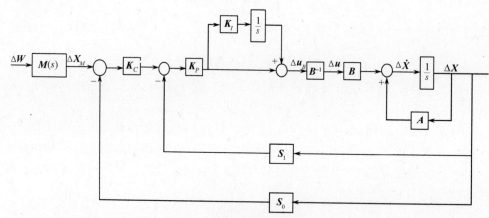

图 6-2 内回路解耦控制结构

为一般化，显模型跟踪的控制量分别为垂直速率 Δw、横滚速率 Δr、横滚姿态 $\Delta \phi$、俯仰姿态 $\Delta \theta$。对 $\Delta \phi$、$\Delta \theta$ 进行姿态控制时还需引入相应的角速率反馈 Δp、Δq，故该系统的反馈量应为 $\Delta \phi$、$\Delta \theta$、Δp、Δq、Δw、Δr，这将由反馈选择阵 S_0、S_1 来完成。

系统经 K_C、K_P、K_I 阵的设计，以实现对 $\Delta \phi$、$\Delta \theta$ 的 PID 控制，以及对 Δw、Δr 的比例积分控制。由于积分项的引入，提高了稳态跟踪精度，并可实现系统的自动配平。K_C、K_P、K_I 设计准则应在满足各通道幅相裕度前提下，尽可能使系统具有高增益。

6.2.3 设计举例

根据图 6-2，以 AH-64 直升机悬停状态为例，设计内回路。小扰动线性化动力学模型的状态变量为 $\Delta X = [\Delta u\ \Delta w\ \Delta q\ \Delta \theta\ \Delta v\ \Delta p\ \Delta r\ \Delta \phi]^T$，控制阵为 $\Delta u = [\Delta \delta_c\ \Delta \delta_a\ \Delta \delta_e\ \Delta \delta_r]^T$，显模型的输出量为 $\Delta X_M = [\Delta w_m\ \Delta \phi_m\ \Delta \theta_m\ \Delta r_m]^T$。状态阵 A 及控制阵 B 分别为

$$A = \begin{bmatrix} -0.0286 & 0.0205 & 7.97 & -32.0 & -0.0637 & 0.229 & -0.257 & 0 \\ 0.00463 & -0.261 & 2.25 & -3.28 & -0.0257 & -0.379 & 2.19 & 1.60 \\ 0.00473 & 0.00016 & -0.75 & 0 & 0.0118 & -0.00915 & 0.0244 & 0 \\ 0 & 0 & 0.999 & 0 & 0 & 0 & 0.0499 & 0 \\ 0.0779 & 0.00593 & -1.03 & 0.164 & -2.31 & -8.29 & -1.64 & 32.0 \\ 0.00793 & 0.00952 & -0.134 & 0 & -0.05 & -2.7 & -0.662 & 0 \\ 0.00393 & 0.0008 & 0.413 & 0 & -0.0049 & -1.05 & -0.4 & 0 \\ 0 & 0 & -0.00513 & 0 & 0 & 1.0 & 0.103 & 0 \end{bmatrix} \quad (6-8)$$

$$B = \begin{bmatrix} 0.435 & 0.576 & -0.114 & -0.00086 \\ -4.27 & 0.0575 & -0.025 & 0.00118 \\ 0.0072 & -0.101 & -0.09 & -0.0018 \\ 0 & 0 & 0 & 0 \\ -0.158 & 0.136 & 0.491 & 0.282 \\ -0.0438 & -0.06 & 0.647 & 0.08 \\ 0.08 & 0.00937 & 0.2 & -0.0455 \\ 0 & 0 & 0 & 0 \end{bmatrix} \quad (6-9)$$

1. 解耦矩阵设计

由于 B 阵为 8×4 的矩阵，不为方阵，因此必须以广义阵求逆的方法求得其逆矩阵 B_1，即

$$B_1 = (B^T \cdot B)^{-1} \cdot B^T \quad (6-10)$$

因为图 6-2 是内回路设计，所以在设计解耦阵时，应将 B 阵中属于外回路的控制量 ($\Delta \dot{u}$、$\Delta \dot{v}$) 去掉，使 B 阵成为 B_i 阵，即

$$\boldsymbol{B}_i = \begin{bmatrix} 0 & 0 & 0 & 0 \\ -4.27 & 0.0575 & -0.025 & 0.00118 \\ 0.0072 & -0.101 & -0.09 & -0.0018 \\ 0 & 0 & 0 & 0 \\ 0 & 0 & 0 & 0 \\ -0.0438 & -0.06 & 0.647 & 0.08 \\ 0.08 & 0.00937 & 0.2 & -0.0455 \\ 0 & 0 & 0 & 0 \end{bmatrix} \qquad (6-11)$$

$\boldsymbol{B}_i$ 的广义逆为

$$\boldsymbol{B}_i^{-1} = \begin{bmatrix} 0 & -0.235 & -0.127 & 0 & 0 & -0.017 & -0.031 & 0 \\ 0 & -0.030 & -9.484 & 0 & 0 & -0.934 & -1.252 & 0 \\ 0 & 0.021 & -0.395 & 0 & 0 & 0.963 & 1.710 & 0 \\ 0 & -0.325 & -3.987 & 0 & 0 & 4.003 & 14.784 & 0 \end{bmatrix}_{4 \times 8} \qquad (6-12)$$

因为 $\boldsymbol{B}_i^{-1}$ 为 4×8 的矩阵,而输入 $\Delta \boldsymbol{X}_M = [\Delta w_m \ \Delta \phi_m \ \Delta \theta_m \ \Delta r_m]^T$ 为 4×1 的向量,为了保证输入输出量相对应,且维数一致,选择与输入量有关的数据,所以还需加入一个选择矩阵 $\boldsymbol{B}_s$,即

$$\boldsymbol{B}_s = \begin{bmatrix} 0 & 1 & 0 & 0 & 0 & 0 & 0 & 0 \\ 0 & 0 & 0 & 0 & 0 & 1 & 0 & 0 \\ 0 & 0 & 1 & 0 & 0 & 0 & 0 & 0 \\ 0 & 0 & 0 & 0 & 0 & 0 & 1 & 0 \end{bmatrix}^T \qquad (6-13)$$

由此得最终的解耦矩阵 $\boldsymbol{B}_d$,此时图 6-2 中的 $\boldsymbol{B}^{-1}$ 即为 $\boldsymbol{B}_d$。

$$\boldsymbol{B}_d = \boldsymbol{B}_i^{-1} \boldsymbol{B}_s = \begin{bmatrix} -0.235 & -0.127 & -0.017 & -0.031 \\ -0.030 & -9.484 & -0.934 & -1.252 \\ 0.021 & -0.395 & 0.963 & 1.710 \\ -0.325 & -3.987 & 4.003 & -14.784 \end{bmatrix}_{4 \times 4} \qquad (6-14)$$

2. 控制器设计

$\boldsymbol{K}_C$、$\boldsymbol{K}_P$、$\boldsymbol{K}_I$ 的设计要求,应在满足幅裕度 6~10dB,相裕度 35°~45°前提下,使 $G_c(s)$ 尽可能地具有高增益。$\boldsymbol{K}_C$、$\boldsymbol{K}_P$、$\boldsymbol{K}_I$ 为对角阵,它们分别为

$$\boldsymbol{K}_C = \begin{bmatrix} 1 & 0 & 0 & 0 \\ 0 & k_\phi & 0 & 0 \\ 0 & 0 & k_\theta & 0 \\ 0 & 0 & 0 & 1 \end{bmatrix}, \quad \boldsymbol{K}_P = \begin{bmatrix} k_w & 0 & 0 & 0 \\ 0 & k_p & 0 & 0 \\ 0 & 0 & k_q & 0 \\ 0 & 0 & 0 & k_r \end{bmatrix}, \quad \boldsymbol{K}_I = \begin{bmatrix} k_{wi} & 0 & 0 & 0 \\ 0 & k_{pi} & 0 & 0 \\ 0 & 0 & k_{qi} & 0 \\ 0 & 0 & 0 & k_{ri} \end{bmatrix}$$

在满足系统幅相裕度前提下,经设计,具有高增益的 K_C、K_P、K_I 的值为

$$\begin{cases} K_C: & k_\phi=1, k_\theta=1 \\ K_P: & k_w=2, k_p=4, k_q=4, k_r=4 \\ K_I: & k_{wi}=0.5, k_{pi}=3, k_{ql}=1, k_{rl}=0.5 \end{cases} \quad (6-15)$$

如图 6-2 所示的控制系统,通过选择阵 S_1 获取状态反馈量 $\Delta X_1 = [\Delta w \ \Delta q \ \Delta p \ \Delta r]^T$,通过 S_0 获取状态反馈量 $\Delta X_2 = [\Delta \theta \ \Delta \phi]^T$,因此 S_1 与 S_0 的值为

$$S_1 = \begin{bmatrix} 0 & 1 & 0 & 0 & 0 & 0 & 0 & 0 \\ 0 & 0 & 0 & 0 & 0 & 1 & 0 & 0 \\ 0 & 0 & 1 & 0 & 0 & 0 & 0 & 0 \\ 0 & 0 & 0 & 0 & 0 & 0 & 1 & 0 \end{bmatrix}, \quad S_0 = \begin{bmatrix} 0 & 0 & 0 & 0 & 0 & 0 & 0 & 0 \\ 0 & 0 & 0 & 0 & 0 & 0 & 0 & 1 \\ 0 & 0 & 0 & 1 & 0 & 0 & 0 & 0 \\ 0 & 0 & 0 & 0 & 0 & 0 & 0 & 0 \end{bmatrix}$$

$$(6-16)$$

3. 作动器、助力器、旋翼动力学模型

在设计解耦阵 B_d、控制器 $G_c(s)$ 时,没有考虑如图 6-3 所示的作动器、助力器、旋翼动力学的时延和惯性。为了检验所设计的 B_d 与 $G_c(s)$ 的正确性,在仿真时应考虑这些环节的传递特性。

例如,AH-64 直升机 4 个通道的作动器和助力器的传递函数分别为

$$\frac{1}{0.004s+1}, \frac{1}{0.0278s+1}$$

并给出 4 个通道的旋翼动力学模型,总距通道为

$$\frac{30^2}{s^2+2\times 0.46\times 30s+30^2}$$

俯仰通道为

$$\frac{36.2(-s+80)}{(s+36.2)(s+80)}$$

横滚通道为

$$\frac{36.2(-s+80)}{(s+36.2)(s+80)}$$

航向通道为

$$\frac{20(-s+56)}{(s+20)(s+56)}$$

解耦矩阵 B_d → 作动器 → 助力器 → 旋翼动力学 → 直升机模型

图 6-3 系统中的作动器、助力器、旋翼动力学结构

6.2.4 数字仿真验证

对图 6-2 所示系统进行数字仿真验证。取 $\Delta X_M = [\Delta w_m \ \Delta \phi_m \ \Delta \theta_m \ \Delta r_m]^T$ 中的某一状态为阶跃输入控制量,仿真结果如图 6-4 ~图 6-7 所示,其特性表明系统具有要求的动态

响应及各通道间的解耦性能。图 6-8 表明，当两个通道同时输入阶跃信号时，其余两个通道处在镇定状态下，也具有良好的解耦效果。

6.2.5 中回路设计

由于内回路已具有动态跟踪及解耦性能，从而可以使复杂的多输入多输出中回路设计简化为单输入单输出系统设计。若定义中回路控制量为 $\Delta u_c, \Delta v_c, \Delta h_c$ 及 $\Delta \psi_c$，则定义中回路飞控系统为 $\text{FCS}|_{u,v,h,\psi}$，且具有如图 6-9 所示的结构配置。

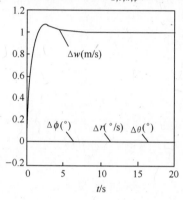

图 6-4 $\Delta w_m = 1, \Delta \phi_m = 0, \Delta \theta_m = 0, \Delta r_m = 0$

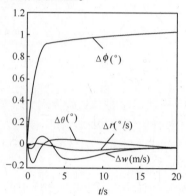

图 6-5 $\Delta w_m = 0, \Delta \phi_m = 1, \Delta \theta_m = 0, \Delta r_m = 0$

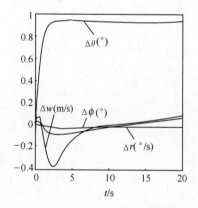

图 6-6 $\Delta w_m = 0, \Delta \phi_m = 0, \Delta \theta_m = 1, \Delta r_m = 0$

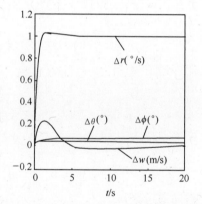

图 6-7 $\Delta w_m = 0, \Delta \phi_m = 0, \Delta \theta_m = 0, \Delta r_m = 1$

图中四通道的内回路传递函数 $\text{FCS}|_\theta, \text{FCS}|_\phi, \text{FCS}|_w, \text{FCS}|_r$ 可由它们的时域动态响应图 6-4、图 6-5、图 6-6、图 6-7 以拟合方法得出。经拟合后可分别得出

$$\text{FCS}|_\theta = \frac{1}{s+1}, \quad \text{FCS}|_\phi = \frac{0.94}{s+0.94}$$

$$\text{FCS}|_w = \frac{40}{s^2 + 11s + 40}, \quad \text{FCS}|_r = \frac{11.6}{s^2 + 4.8s + 11.6}$$

图 6-9 中的直升机运动学传递阵可按 5.3.2 节"传递矩阵 T 的确定"的方法求得，以 AH-64 直升机动力学模型为例，其简化的运动学分别为

$$W_\theta^u(s) = \frac{\Delta u(s)}{\Delta \theta(s)} = \frac{-32}{s+0.0286}, \quad W_\phi^v(s) = \frac{\Delta v(s)}{\Delta \phi(s)} = \frac{32}{s+0.23}$$

$$W_w^h(s) = -\cos\theta \frac{1}{s}, \quad W_r^\psi(s) = \frac{1}{\cos\theta} \cdot \frac{1}{s}$$

按经典控制设计方法,可分别求得结构图 6-9 所示的中回路 4 个通道的参数 $k_u = 0.22, k_{\dot u} = 0.12, k_v = 0.26, k_{\dot v} = 0.25, k_h = 0.9, k_\psi = 0.9$。

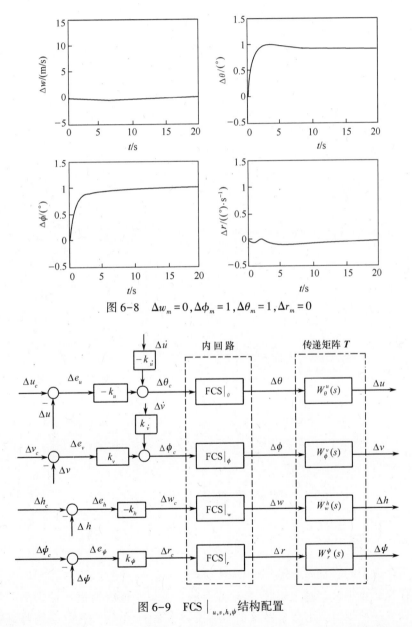

图 6-8 $\Delta w_m = 0, \Delta \phi_m = 1, \Delta \theta_m = 1, \Delta r_m = 0$

图 6-9 FCS$|_{u,v,h,\psi}$ 结构配置

为检验上述外回路 4 通道单输入单输出简化设计的可行性,可通过如下仿真进行验证。

首先获得上述简化设计所得出的各通道控制特性，如图 6-10 中曲线 1 所示，然后对内回路特性及传递矩阵 T 不作简化处理，也即控制结构采用图 6-2 所示的内回路，并按图 6-3，考虑作动器、助力器、旋翼动力学特性，控制对象为状态方程 $\Delta \dot{X} = A\Delta X + B\Delta u$ 时，所获得的中回路 $\mathrm{FCS}|_{u,v,h,\psi}$ 的仿真特性，如图 6-10 中的曲线 2 所示。由于曲线 1 和曲线 2 十分吻合，证明了上述简化设计的可行性。

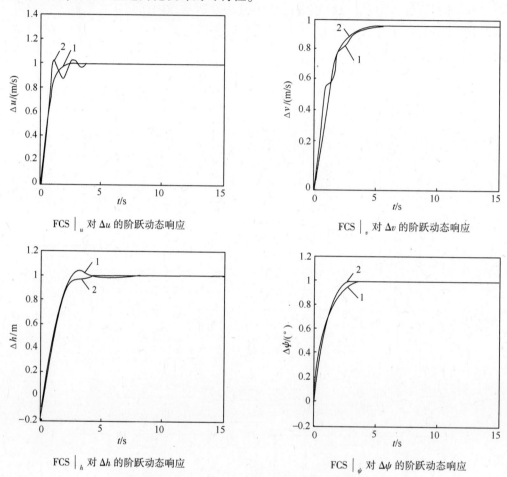

图 6-10　$\mathrm{FCS}|_{u,v,h,\psi}$ 各通道的阶跃动态响应

6.3　隐模型解耦控制系统设计

6.3.1　引言

直升机是典型的多输入多输出（MIMO）系统。其气动特点是稳定性差，纵向与横向通道之间存在严重耦合，俯仰、偏航、总距通道的带宽过小而不能满足操纵品质要求。而直升机的操纵品质规范要求在悬停及小速度飞行状态下，滚转、俯仰、偏航通道应有良好的姿态指令响应，对总距通道有良好的速度指令响应，同时要求四通道之间具有解耦性能。

本节以某武装直升机的悬停状态作为控制对象，叙述一种隐模型解耦控制系统设计方法，设计分为内回路与外回路两部分。以3个机体轴角速率 p,q,r 及沿机体垂直轴速度 w 为控制量的内回路，采用状态反馈与前馈补偿的隐模型跟踪方法，以实现系统的动态与操纵解耦，并改善系统的频率特性。由于内回路已经具有优良的解耦特性及动态品质，因此外回路的设计可基于单回路经典设计方法，从而简化了外回路的设计。

6.3.2 隐模型解耦控制的结构配置

从直升机刚体动力学模型可知，直升机的耦合有两种形式。一种是由系统状态方程 $\Delta \dot{x} = A\Delta x + B\Delta u$ 中的 A 阵体现出来的，另一种是由控制矩阵 B 体现出来的。反映在系统阵 A 中的耦合称为动态耦合，反映在控制矩阵 B 中的耦合称为操纵耦合。令操纵输入量为零，由直升机状态初值中的一个通道的非零初值会引起其他通道的耦合响应，这样的耦合就是动态耦合；从数学意义上说，动态耦合就是无外部输入下的非零初值引起的响应历程。对于操纵耦合，通过控制矩阵的分配，对某个通道的操纵会在其余通道产生一定大小的外部输入，从而导致其余通道状态量的改变。从数学意义上说，操纵耦合是在零初值下的外部输入引起的响应历程。从物理意义上说，操纵耦合主要由直升机特殊的气动布局引起的，如改变纵向周期变距，必然引起旋翼气动力矩对滚转通道和总距通道的影响，相当于也在滚转通道和总距通道施加了操纵量。对直升机而言，由于系统阵 A 与控制阵 B 的联合作用，操纵耦合会激发动态耦合，对直升机而言，操纵耦合程度是非常严重的。根据这两种耦合的特点，在控制系统的内回路设计中，动态耦合可以通过状态反馈来解除，操纵耦合可以通过前馈补偿矩阵来解除。其控制结构如图6-11所示。

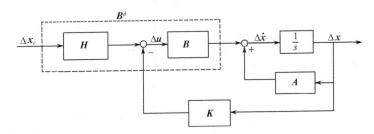

图 6-11 内回路结构配置

在此，对状态反馈矩阵 K 和前馈补偿矩阵 H 的设计采用了一种隐模型的方法。即将图6-11所描述的内回路期望指令响应特性隐含在一个隐模型中。即由隐模型描述直升机各个通道的期望响应特性，而期望的响应特性体现为解耦特性要求，以及动特性响应要求。期望的内回路闭环响应特性体现为如下状态方程：

$$\Delta \dot{x} = A^d \Delta x + B^d \Delta x_c \qquad (6-17)$$

式中：$\Delta x_c = [\Delta w_c, \Delta p_c, \Delta q_c, \Delta r_c]^T$，分别表示总距、横向周期变距、纵向周期变距、尾桨距的控制变化量。在隐模型中不仅给出了期望的状态矩阵 A^d，而且还给出了期望的控制分配阵 B^d。由图6-11可知

$$\begin{cases} A^d = A - BK \\ B^d = BH \end{cases} \qquad (6-18)$$

由式(6-18)可知，设置状态反馈阵 K 的目的是实现期望的状态矩阵 A^d，而设置前馈补偿阵 H 的目的是实现期望的控制阵 B^d，从而实现期望的解耦性能与期望的动态响应品质。

6.3.3 状态反馈阵和前馈补偿阵的设计

设某直升机状态方程为

$$\Delta \dot{x} = A\Delta x + B\Delta u \qquad (6-19)$$

式中：$\Delta x = [\Delta u, \Delta v, \Delta w, \Delta p, \Delta q, \Delta r, \Delta \phi, \Delta \theta]^T$，各状态量分别为前向速度 $u(\text{m/s})$、侧向速度 $v(\text{m/s})$、垂向速度 $w(\text{m/s})$、滚转角速率 $p(°/\text{s})$、俯仰角速率 $q(°/\text{s})$、偏航角速率 $r(°/\text{s})$、滚转角 $\phi(°)$、俯仰角 $\theta(°)$ 的变化量；$\Delta u = [\Delta \delta_c, \Delta \delta_a, \Delta \delta_e, \Delta \delta_r]^T$，各控制量分别为总距 $\Delta \delta_c(°)$、横向周期变距 $\Delta \delta_a(°)$、纵向周期变距 $\Delta \delta_e(°)$、尾桨桨距 $\Delta \delta_r(°)$ 的变化量。

下面分别给出 A 阵及 B 阵各元素所对应气动导数及某武装直升机所对应的气动导数数值，即

$$A = \begin{bmatrix} X_u^{\dot{u}} & X_v^{\dot{u}} & X_w^{\dot{u}} & -X_p^{\dot{u}} & -X_q^{\dot{u}} & -X_r^{\dot{u}} & X_\phi^{\dot{u}} & X_\theta^{\dot{u}} \\ Y_u^{\dot{v}} & Y_v^{\dot{v}} & Y_w^{\dot{v}} & -Y_p^{\dot{v}} & -Y_q^{\dot{v}} & -Y_r^{\dot{v}} & Y_\phi^{\dot{v}} & Y_\theta^{\dot{v}} \\ Z_u^{\dot{w}} & Z_v^{\dot{w}} & Z_w^{\dot{w}} & -Z_p^{\dot{w}} & -Z_q^{\dot{w}} & -Z_r^{\dot{w}} & Z_\phi^{\dot{w}} & Z_\theta^{\dot{w}} \\ L_u^{\dot{p}} & L_v^{\dot{p}} & L_w^{\dot{p}} & -L_p^{\dot{p}} & -L_q^{\dot{p}} & -L_r^{\dot{p}} & L_\phi^{\dot{p}} & L_\theta^{\dot{p}} \\ M_u^{\dot{q}} & M_v^{\dot{q}} & M_w^{\dot{q}} & -M_p^{\dot{q}} & -M_q^{\dot{q}} & -M_r^{\dot{q}} & M_\phi^{\dot{q}} & M_\theta^{\dot{q}} \\ N_u^{\dot{r}} & N_v^{\dot{r}} & N_w^{\dot{r}} & -N_p^{\dot{r}} & -N_q^{\dot{r}} & -N_r^{\dot{r}} & N_\phi^{\dot{r}} & N_\theta^{\dot{r}} \\ P_u^{\dot{\phi}} & P_v^{\dot{\phi}} & P_w^{\dot{\phi}} & -P_p^{\dot{\phi}} & -P_q^{\dot{\phi}} & -P_r^{\dot{\phi}} & P_\phi^{\dot{\phi}} & P_\theta^{\dot{\phi}} \\ Q_u^{\dot{\theta}} & Q_v^{\dot{\theta}} & Q_w^{\dot{\theta}} & -Q_p^{\dot{\theta}} & -Q_q^{\dot{\theta}} & -Q_r^{\dot{\theta}} & Q_\phi^{\dot{\theta}} & Q_\theta^{\dot{\theta}} \end{bmatrix}$$

$$= \begin{bmatrix} -0.0199 & -0.0058 & -0.0058 & -0.0038 & 0.0059 & 0.0002 & 0 & -0.1690 \\ -0.0452 & -0.0526 & -0.0061 & -0.0066 & -0.0039 & 0.0038 & 0.1689 & -0.0001 \\ -0.0788 & -0.0747 & -0.3803 & 0.0002 & -0.0012 & 0.0107 & 0.0058 & 0.0026 \\ 1.7937 & -10.2118 & -0.7034 & -2.9979 & -0.5308 & 0.4155 & 0 & 0 \\ 1.4517 & 0.7601 & -0.6900 & 0.0710 & -0.5943 & 0.0013 & 0 & 0 \\ 4.3058 & 2.8774 & -0.1409 & 0.4058 & 0.4069 & -0.4940 & 0 & 0 \\ 0 & 0 & 0 & 1 & 0.0005 & 0.0154 & 0 & 0 \\ 0 & 0 & 0 & 0 & 0.9994 & 0.0343 & 0 & 0 \end{bmatrix}$$

$$\boldsymbol{B} = \begin{bmatrix} X^{\dot{u}}_{\delta_c} & X^{\dot{u}}_{\delta_a} & X^{\dot{u}}_{\delta_e} & X^{\dot{u}}_{\delta_r} \\ Y^{\dot{v}}_{\delta_c} & Y^{\dot{v}}_{\delta_a} & Y^{\dot{v}}_{\delta_e} & Y^{\dot{v}}_{\delta_r} \\ Z^{\dot{w}}_{\delta_c} & Z^{\dot{w}}_{\delta_a} & Z^{\dot{w}}_{\delta_e} & Z^{\dot{w}}_{\delta_r} \\ L^{\dot{p}}_{\delta_c} & L^{\dot{p}}_{\delta_a} & L^{\dot{p}}_{\delta_e} & L^{\dot{p}}_{\delta_r} \\ M^{\dot{q}}_{\delta_c} & M^{\dot{q}}_{\delta_a} & M^{\dot{q}}_{\delta_e} & M^{\dot{q}}_{\delta_r} \\ N^{\dot{r}}_{\delta_c} & N^{\dot{r}}_{\delta_a} & N^{\dot{r}}_{\delta_e} & N^{\dot{r}}_{\delta_r} \\ P^{\dot{\phi}}_{\delta_c} & P^{\dot{\phi}}_{\delta_a} & P^{\dot{\phi}}_{\delta_e} & P^{\dot{\phi}}_{\delta_r} \\ Q^{\dot{\theta}}_{\delta_c} & Q^{\dot{\theta}}_{\delta_a} & Q^{\dot{\theta}}_{\delta_e} & Q^{\dot{\theta}}_{\delta_r} \end{bmatrix} = \begin{bmatrix} -0.0257 & -0.0048 & 0.1604 & -0.0004 \\ -0.0208 & 0.1617 & 0.0029 & 0.0989 \\ -1.7572 & -0.0019 & 0.0026 & 0.0001 \\ -5.3869 & 47.6176 & 1.3595 & 9.9355 \\ -0.7122 & 0.5801 & -8.4439 & -0.0701 \\ 12.8642 & -5.9904 & 3.1776 & -11.9896 \\ 0 & 0 & 0 & 0 \\ 0 & 0 & 0 & 0 \end{bmatrix}$$

现叙述当期望的隐模型为一阶和二阶时,内回路的状态反馈阵和前馈补偿阵的设计方法。

1. 一阶隐模型的内回路设计

设各通道的期望响应隐模型为一阶形式,即

垂向速度响应隐模型

$$\Delta w(s)/\Delta w_c(s) = \omega_w/(s + \omega_w) \tag{6-20}$$

滚转角速度响应隐模型

$$\Delta p(s)/\Delta p_c(s) = \omega_p/(s + \omega_p) \tag{6-21}$$

俯仰角速度响应隐模型

$$\Delta q(s)/\Delta q_c(s) = \omega_q/(s + \omega_q) \tag{6-22}$$

偏航角速度响应隐模型

$$\Delta r(s)/\Delta r_c(s) = \omega_r/(s + \omega_r) \tag{6-23}$$

由于期望的响应隐模型是各自独立的线性模型,一个通道的工作不会影响其他通道,故期望的隐模型具有各通道解耦的性能。由于期望隐模型有解耦效果,可认为产生直升机侧向加速度变化量 $\Delta \dot{v}$ 的主要因素是本通道的滚转角变化量 $\Delta \phi$ 和侧向速度变化量 Δv。因此若不计 $Y^{\dot{v}}_{\delta_a}$ 和 $L^{\dot{p}}_v$,可将状态方程式(6-19)中的侧向运动学方程简化为

$$\Delta \dot{v} = Y^{\dot{v}}_v \Delta v + Y^{\dot{v}}_\phi \Delta \phi \tag{6-24}$$

对式(6-24)进行拉普拉斯变换,得

$$\frac{\Delta v(s)}{\Delta \phi(s)} = \frac{Y^{\dot{v}}_\phi}{s - Y^{\dot{v}}_v} = \frac{T_v}{s + \lambda_v} \tag{6-25}$$

式中:$T_v = Y^{\dot{v}}_\phi$;$\lambda_v = -Y^{\dot{v}}_v$。

同理，可将纵向运动学方程简化为

$$\Delta \dot{u} = X_u^{\dot{u}} \Delta u + X_\theta^{\dot{u}} \Delta \theta \tag{6-26}$$

对式(6-26)进行拉普拉斯变换，得

$$\frac{\Delta u(s)}{\Delta \theta(s)} = \frac{X_\theta^{\dot{u}}}{s - X_u^{\dot{u}}} = \frac{T_u}{s + \lambda_u} \tag{6-27}$$

式中：$T_u = X_\theta^{\dot{u}}$；$\lambda_u = -X_u^{\dot{u}}$。

为了得到隐模型中的状态阵 $\boldsymbol{A}^d$ 和控制阵 $\boldsymbol{B}^d$，需将式(6-20)~式(6-23)的隐模型表达成微分方程形式。以式(6-21)为例，可写成

$$\Delta \dot{p} = -\omega_p \Delta p + \omega_p \Delta p_c \tag{6-28}$$

将由4个隐模型获得的微分方程式，再结合式(6-24)、式(6-26)即可构成如下期望的内回路状态方程，即

$$\Delta \dot{\boldsymbol{x}} = \boldsymbol{A}_1^d \Delta \boldsymbol{x} + \boldsymbol{B}_1^d \Delta \boldsymbol{x}_c \tag{6-29}$$

式中：矩阵 $\boldsymbol{A}_1^d$ 及 $\boldsymbol{B}_1^d$ 分别为

$$\boldsymbol{A}_1^d = \begin{bmatrix} -\lambda_u & 0 & 0 & 0 & 0 & 0 & 0 & T_u \\ 0 & -\lambda_v & 0 & 0 & 0 & 0 & T_v & 0 \\ 0 & 0 & -\omega_w & 0 & 0 & 0 & 0 & 0 \\ 0 & 0 & 0 & -\omega_p & 0 & 0 & 0 & 0 \\ 0 & 0 & 0 & 0 & -\omega_q & 0 & 0 & 0 \\ 0 & 0 & 0 & 0 & 0 & -\omega_r & 0 & 0 \\ 0 & 0 & 0 & 1 & 0 & 0 & 0 & 0 \\ 0 & 0 & 0 & 0 & 1 & 0 & 0 & 0 \end{bmatrix}, \quad \boldsymbol{B}_1^d = \begin{bmatrix} 0 & 0 & 0 & 0 \\ 0 & 0 & 0 & 0 \\ \omega_w & 0 & 0 & 0 \\ 0 & \omega_p & 0 & 0 \\ 0 & 0 & \omega_q & 0 \\ 0 & 0 & 0 & \omega_r \\ 0 & 0 & 0 & 0 \\ 0 & 0 & 0 & 0 \end{bmatrix}$$

因此，在 $\boldsymbol{A}_1^d$ 及 $\boldsymbol{B}_1^d$ 中，归纳了式(6-20)~式(6-23)所描述的内回路4个通道 Δw_c，Δp_c，Δq_c，Δr_c 期望的解耦控制响应特性，以及满足式(6-24)~式(6-27)所描述的具有纵侧向速度控制响应特性。

隐模型中的系数设计应符合直升机品质规范要求，对于一阶隐模型系统，带宽由转折频率决定，设4个通道带宽均为4rad/s，即 $\omega_w = \omega_p = \omega_q = \omega_r = 4(\text{rad/s})$。应该着重指出，由 $\Delta \theta$ 及 $\Delta \phi$ 进行纵侧向速度控制的传递特性参数 T_v，λ_v 及 T_u，λ_u 由气动导数决定，不能任意设置。由上述给定武装直升机气动导数，可计算出 $T_v = 0.1689$，$\lambda_v = 0.0526$；$T_u = -0.1690$，$\lambda_u = 0.0199$。

由式(6-18)可求得一阶期望隐模型系统的状态反馈矩阵 $\boldsymbol{K}_1$ 和前馈补偿矩阵 $\boldsymbol{H}_1$，即

$$\begin{cases} \boldsymbol{K}_1 = \boldsymbol{B}^{-1}(\boldsymbol{A} - \boldsymbol{A}_1^d) \\ \boldsymbol{H}_1 = \boldsymbol{B}^{-1} \boldsymbol{B}_1^d \end{cases} \tag{6-30}$$

由于 $\boldsymbol{B}$ 是 8×4 矩阵，不为方阵，故求得其广义逆

$$B^{-1} = (B^T B)^{-1} B^T \tag{6-31}$$

将式(6-31)代入式(6-30)得

$$\begin{cases} K_1 = (B^T B)^{-1} B^T (A - A_1^d) \\ H_1 = (B^T B)^{-1} B^T B_1^d \end{cases} \tag{6-32}$$

由式(6-32)经数值计算,上述直升机悬停状态下的矩阵 K_1 与 H_1 为

$$K_1 = \begin{bmatrix} 0.0435 & 0.0434 & -2.0553 & -0.0003 & -0.0007 & -0.0056 & -0.0033 & -0.0015 \\ 0.1355 & -0.1791 & 0.2081 & 0.0320 & 0.0327 & 0.0777 & 0.0004 & 0.0002 \\ -0.1619 & -0.1043 & 0.2847 & -0.0059 & -0.3973 & 0.0085 & 0.0003 & 0.0001 \\ -0.4232 & -0.1313 & -2.2209 & -0.0517 & -0.1563 & -0.3348 & -0.0036 & -0.0016 \end{bmatrix}$$

$$H_1 = \begin{bmatrix} -2.2715 & -0.0003 & -0.0016 & 0.0005 \\ 0.2594 & 0.0932 & 0.0439 & 0.0768 \\ 0.2276 & 0.0067 & -0.4667 & 0.0084 \\ -2.5052 & -0.0452 & -0.1472 & -0.3691 \end{bmatrix}$$

2. 二阶隐模型的内回路设计

若期望的滚转角速度响应为二阶隐模型,即

$$\Delta p(s)/\Delta p_c(s) = (\tau_p s + 1)\omega_{np}^2/(s^2 + 2\xi_p \omega_{np} s + \omega_{np}^2) \tag{6-33}$$

期望的俯仰角速度响应也为二阶隐模型,即

$$\Delta q(s)/\Delta q_c(s) = (\tau_q s + 1)\omega_{nq}^2/(s^2 + 2\xi_q \omega_{nq} s + \omega_{nq}^2) \tag{6-34}$$

而期望的偏航角速度和垂向速度响应仍为一阶隐模型,即

$$\Delta r(s)/\Delta r_c(s) = \omega_r/(s + \omega_r) \tag{6-35}$$

$$\Delta w(s)/\Delta w_c(s) = \omega_w/(s + \omega_w) \tag{6-36}$$

同样,为建立闭环内回路期望的状态方程,仍需将式(6-33)~式(6-36)的隐模型表达成微分方程形式。而其中的式(6-35)与式(6-36)的微分方程形式与式(6-28)类同,式(6-33)的微分方程形式为

$$\Delta \dot{p} = -2\xi \omega_{np} \Delta p - \omega_{np}^2 \Delta \phi + \tau_p \omega_{np}^2 \Delta p_c + \omega_{np}^2 \Delta p_c / s \tag{6-37}$$

式(6-34)的微分方程与式(6-37)形式相同。由式(6-24)、式(6-26)及式(6-33)~式(6-36)所对应的微分方程,则可得到期望的内回路状态方程:

$$\Delta \dot{x} = A_2^d \Delta x + B_2^d \Delta x_c + \Delta u_1 \tag{6-38}$$

式中:矩阵 A_2^d, B_2^d 及 Δu_1 分别为

$$A_2^d = \begin{bmatrix} -\lambda_u & 0 & 0 & 0 & 0 & 0 & 0 & T_u \\ 0 & -\lambda_v & 0 & 0 & 0 & 0 & T_v & 0 \\ 0 & 0 & -\omega_w & 0 & 0 & 0 & 0 & 0 \\ 0 & 0 & 0 & -2\xi\omega_{np} & 0 & 0 & -\omega_{np}^2 & 0 \\ 0 & 0 & 0 & 0 & -2\xi\omega_{nq} & 0 & 0 & -\omega_{nq}^2 \\ 0 & 0 & 0 & 0 & 0 & -\omega_r & 0 & 0 \\ 0 & 0 & 0 & 1 & 0 & 0 & 0 & 0 \\ 0 & 0 & 0 & 0 & 1 & 0 & 0 & 0 \end{bmatrix}$$

$$B_2^d = \begin{bmatrix} 0 & 0 & 0 & 0 \\ 0 & 0 & 0 & 0 \\ \omega_w & 0 & 0 & 0 \\ 0 & \tau_p\omega_{np}^2 & 0 & 0 \\ 0 & 0 & \tau_q\omega_{nq}^2 & 0 \\ 0. & 0 & 0 & \omega_r \\ 0 & 0 & 0 & 0 \\ 0 & 0 & 0 & 0 \end{bmatrix}, \quad \Delta u_1 = \begin{bmatrix} 0 \\ 0 \\ 0 \\ \Delta p_c\omega_{np}^2/s \\ \Delta q_c\omega_{nq}^2/s \\ 0 \\ 0 \\ 0 \end{bmatrix}$$

注意到式(6-38)中的最后一项 Δu_1 没有包含在图 6-11 中,因此结构配置时需在系统中增加控制量 $B^{-1}\Delta u_1$,以实现期望的二阶隐模型,如图 6-12 所示。

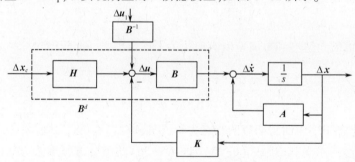

图 6-12 期望隐模型为二阶时的结构配置

二阶隐模型中的系数 ξ,ω_n 和 τ 应符合品质规范。若设计的二阶隐模型阻尼比 $\xi = 0.707$,一阶零点的时间常数 $\tau_p = \tau_q = 0.5$,以及带宽 $\omega_{bw} = 4(\text{rad/s})$,而设计的一阶模型的偏航通道和总距通道的带宽为 $\omega_{bw} = 2(\text{rad/s})$。又由经典控制理论可知,自然频率 ω_n 与系统的带宽 ω_{bw} 及阻尼比 ξ 有如下关系

$$\sqrt{1+\tau^2\omega_{bw}^2}/\sqrt{(1-\omega_{bw}^2/\omega_n^2)^2+4\xi^2\omega_{bw}^2/\omega_n^2} = 1/\sqrt{2} \quad (6-39)$$

则可由上式求得二阶模型的 $\omega_{np} = \omega_{nq} = 2.310$,一阶模型的 $\omega_w = \omega_r = 2$。

设含有二阶期望隐模型的内回路系统,其状态反馈阵为 K_2,前馈补偿阵为 H_2,则与

式(6-32)相类似,其表达式为

$$\begin{cases} K_2 = (B^T B)^{-1} B^T (A - A_2^d) \\ H_2 = (B^T B)^{-1} B^T B_2^d \end{cases} \quad (6-40)$$

经数值计算,可求得矩阵 K_2 与 H_2 的值,即

$$K_2 = \begin{bmatrix} 0.044 & 0.043 & -0.920 & 0 & 0 & -0.006 & -0.004 & -0.004 \\ 0.136 & -0.179 & 0.078 & 0.015 & 0.025 & 0.039 & 0.125 & 0.059 \\ -0.162 & -0.104 & 0.171 & -0.007 & -0.312 & 0.004 & 0.009 & -0.622 \\ -0.423 & -0.131 & -0.968 & -0.043 & -0.129 & -0.150 & -0.064 & -0.198 \end{bmatrix}$$

$$H_2 = \begin{bmatrix} -1.136 & 0 & -0.001 & 0 \\ 0.130 & 0.062 & 0.029 & 0.038 \\ 0.114 & 0.005 & -0.311 & 0.004 \\ -1.253 & -0.030 & -0.098 & -0.185 \end{bmatrix}$$

6.3.4 内回路设计的仿真验证

内回路的设计目标是实现4个通道的解耦,同时实现对控制量 $\Delta x_c = [w_c, p_c, q_c, r_c]^T$ 有优良的动态跟踪响应。下面分别给出当期望隐模型为一阶和二阶时的内回路响应特性。

1. 一阶期望隐模型系统的响应特性

图 6-13 ~ 图 6-16 分别验证了在 $\Delta p_c, \Delta q_c, \Delta r_c, \Delta w_c$ 各自单位阶跃操纵下(其他通道处于镇定状态)的动态跟踪性能与解耦效果。仿真的动态响应表明,内回路实现了一阶期望隐模型特性。

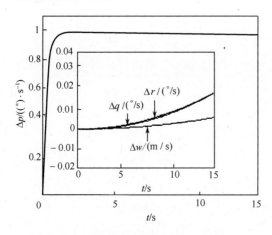

图 6-13 横滚通道输入为 1°/s 时的阶跃响应及解耦性能

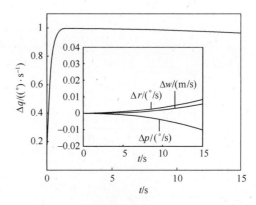

图 6-14 俯仰通道输入为 1°/s 时的阶跃响应及解耦性能

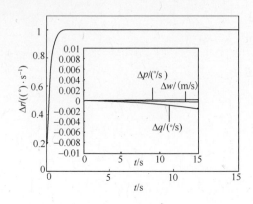

图 6-15 航向通道输入为 1°/s 时的阶跃响应及解耦性能

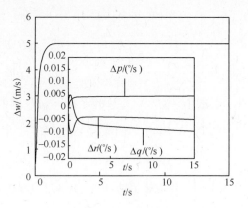

图 6-16 总距通道输入为 5m/s 时的阶跃响应及解耦性能

2. 二阶期望隐模型系统的响应特性

图 6-17~图 6-20 分别验证了在 $\Delta p_c, \Delta q_c, \Delta r_c, \Delta w_c$ 各自单位阶跃操纵下,而其他通道处于镇定状态时,动态跟踪性能与解耦效果。仿真还表明内回路分别实现了对横滚与俯仰通道的期望二阶隐模型,对航向与总距通道的一阶期望隐模型。

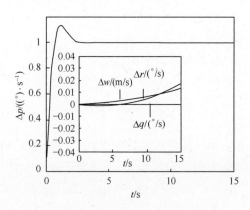

图 6-17 横滚通道输入为 1°/s 时的阶跃响应及解耦性能

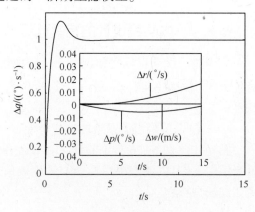

图 6-18 俯仰通道输入为 1°/s 时的阶跃响应及解耦性能

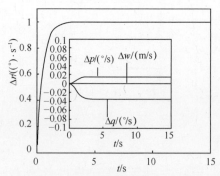

图 6-19 航向通道输入为 1°/s 时的阶跃响应及解耦性能

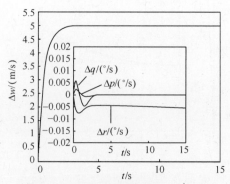

图 6-20 总距通道输入为 5m/s 时的阶跃响应及解耦性能

6.3.5 隐模型解耦控制中回路设计

通过状态反馈阵和前馈补偿阵,实现了直升机的解耦要求。内回路近似为 4 个独立通道。中回路设计是建立在已经设计好的内回路的基础上的,这样中回路的设计得到简化,可采用一般独立通道的经典单输入单输出(SISO)设计方法。此时 4 个通道的内回路可近似地用对应的期望隐模型代替,如图 6-21 所示。

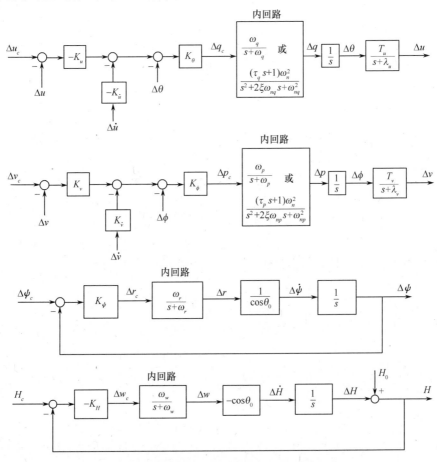

图 6-21 期望隐模型为内回路的中回路结构配置

6.4 H_∞ 回路成形控制设计

6.4.1 H_∞ 回路成形控制的基本结构配置及设计方法

H_∞ 回路成形是一种有效的设计方法。它用于有人操纵的飞行器已有经验积累,也适用于多输入多输出直升机复杂的全包线自主飞行,并得到了飞行验证。

H_∞ 回路成形控制基本结构如图 6-22 所示,它将经典控制与现代鲁棒优化控制综合在一个框架下,使直升机在全包线机动飞行范围内具有优良的对输入信号进行动态跟踪及各通道解耦性能。

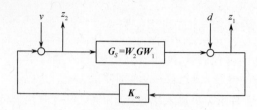

图 6-22 H_∞ 回路成形控制的基本结构

图 6-22 中 G 阵为被控对象在某工作状态下的增量线性化动力学时不变模型。设置加权对角阵 W_1 和 W_2 对 G 阵的开环奇异值(相当于标量系统控制对象幅频特性)进行成形。经加权配置后成形的开环传递函数阵为 G_S，且

$$G_S = W_2 G W_1 \quad (6-41)$$

加权阵 W_2 在反馈通道中，包含了抑制飞机传感器噪声的低通滤波器和改善鲁棒性的超前滞后校正器，加权阵 W_1 在前向通道中，采用比例加积分的控制律形式，其中积分环节用于提高低频增益，以提高本通道的稳态跟踪精度，同时对本通道工作时引起的其他通道的耦合输出有稳态解耦的性能，引入积分环节还有利于抑制作用于控制对象的干扰，并可实现飞机的自动配平。W_1 中引入的比例环节，与积分环节并联，相当于给系统在根轨迹的 S 平面上引入一个零点，这样可减少积分环节在截止频率处的相位滞后。调节 W_1 与 W_2 的总增益则可将带宽调节到适当范围。成形后的开环系统 G_S 应呈现低频段高增益、高频段低增益的特性，且具有理想的带宽。高带宽可适应直升机飞行速度提高后的机动飞行，以扩展到全包线飞行。

按上述设计思想，对回路进行成形后，接着应设计 H_∞ 控制器 $K_\infty(s)$ 阵。控制阵 $K_\infty(s)$ 的引入，应使 $[d,v]^T$ 到误差 $[z_1,z_2]^T$ 的传递函数阵的 H_∞ 范数的倒数达到最大，即

$$\max_{\text{stab}K_\infty} \left\| \begin{bmatrix} d \\ v \end{bmatrix} \rightarrow \begin{bmatrix} z_1 \\ z_2 \end{bmatrix} \right\|_\infty^{-1} = \varepsilon \quad (6-42)$$

式中：d 为扰动输入；v 为控制输入；z_1 为扰动输入下的输出；z_2 为控制输入下的输出误差；ε 为系统的稳定裕度，在 $[0,1]$ 中选取，以表示系统要达到的鲁棒性。由经验，$\varepsilon > 0.3$ 为优。对单输入单输出系统，ε 值可对应一定的幅值裕度与相角裕度。其中幅值裕度 $Gm = \pm 20\lg \frac{1+\varepsilon}{1-\varepsilon}$，相角裕度 $Pm = 2\arcsin\varepsilon$。因此 $\varepsilon = 0.35$ 对应 $\pm 6.3\text{dB}$ 的幅值裕度和 $40.9°$ 的相角裕度。所以控制阵 $K_\infty(s)$ 的引入，应使系统达到一定的幅相裕度的鲁棒性指标。

式(6-42)作为 H_∞ 回路成形控制器设计的性能指标，其物理意义是十分明显的。因为某函数 $f(s)$ 的无穷范数的定义是

$$\|f(s)\|_\infty = \sum_{\omega=0}^{\infty} |f(s)| \quad (6-43)$$

所以对于标量系统，$\|f(s)\|_\infty$ 相当于该函数 $\omega = 0$ 到 ∞ 的所有幅频特性的幅值之和。标量系统幅频特性幅值的概念可扩展为多变量系统(矢量系统)的奇异值。对多变量系统，

式(6-42)可保证系统对各通道控制输入作用下的动态及稳态跟踪性能,也可保证对各种干扰的抑制能力。由于可将各通道间的气动耦合看成干扰作用,也即气动耦合干扰,因此可实现对通道间的气动耦合进行解耦。

H_∞回路成形控制器$K_\infty(s)$的设计,应在达到式(6-42)所给定的稳定裕度指标前提下,使系统开环传递函数阵$K_\infty W_2 G W_1$的奇异值曲线不会有明显的改变,从而保持已成形的开环系统$W_2 G W_1$的奇异值特性。

例如,以雅马哈R-50中速机动飞行的直升机飞控系统设计为例,设计给出的控制器$K_\infty(s)$实际上是超前滞后网络,其ε为0.36,K_∞对G_S没有明显改变,如图6-23所示。因此设计者开始设计时仅通过权阵W_1与W_2的选取,对开环系统G_S进行成形即可。

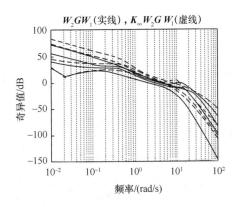

图6-23 H_∞控制器对系统开环奇异值曲线的影响

由于控制对象矩阵G所对应的状态方程为

$$\Delta \dot{x} = A_a \Delta x + B_a \Delta u \qquad (6-44)$$

式中:状态量$\Delta x = [\Delta x, \Delta y, \Delta z, \Delta \psi, \Delta u, \Delta v, \Delta \theta, \Delta \phi, \Delta w, \Delta \dot{\psi}]^T$;控制变量$\Delta u = [\Delta \delta_e, \Delta \delta_a, \Delta \delta_c, \Delta \delta_r]^T$,状态阵$A_a$为$10 \times 10$矩阵,控制阵$B_a$为$10 \times 4$矩阵。若选取$\Delta \theta, \Delta \phi, \Delta w, \Delta \dot{\psi}$这4个变量的控制通道为内回路,则内回路的$K_\infty(s)$将为$4 \times 4$的非对角传递函数阵,工程实现时应对它进行降阶处理,并对设计结果进行性能仿真验证。若不满足闭环鲁棒性及解耦品质要求,则需对权阵进行重新修正,所以设计一般有反复调整的过程。

求解$K_\infty(s)$的方法是建立在解线性矩阵不等式(LMI)的基础上,这可借助于Matlab中的鲁棒工具箱。

6.4.2 内回路的设计指标

以小型直升机CMU R-50为例,由于配置了Bell-Hiller稳定杆,它可视作俯仰与滚转角的迟滞—速率反馈,故没有另外引入俯仰角速率(Δq)与滚转角速率(Δp)的反馈,因此出现了如图6-24所示的内回路,是将俯仰姿态角$\Delta \theta$、横滚姿态角$\Delta \phi$、垂向速度Δw和偏航角速率$\Delta \dot{\psi}$作为被控制量。

回路成形设计完成后,应使各通道的所有闭环极点均在S平面的左半平面。解耦后的单个回路,幅值裕度应≥6dB,相角裕度应≥45°,以保证鲁棒性。

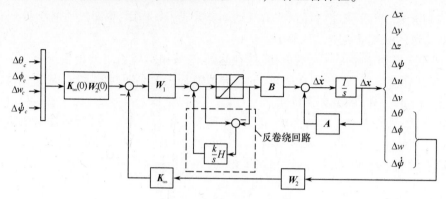

图 6-24 内回路控制结构

以 CMU R-50 无人直升机中速机动飞行时的内回路设计为例,图 6-25 所示为该系统解耦后的各通道的波特图。

系统所确定的 W_1 和 W_2 对角阵的增益,应使开环系统的截止频率在满足稳定裕度条件下,有尽可能大的值。例如对该系统,最终所确定的 W_1 和 W_2 为

$$W_1(s) = \text{diag}\left[\frac{1.52s + 4.5}{s}, \frac{2.23s + 6.7}{s}, \frac{0.52s + 1}{s}, \frac{1.45}{s}\right] \quad (6-45)$$

$$W_2(s) = \text{diag}\left[1.14, 1.0, \frac{2795}{s^2 + 80s + 2500}, \frac{2028}{s^2 + 80s + 2500}\right] \quad (6-46)$$

这样可保证四通道的带宽均达到 7rad/s。

ADS-33E 所规定的系统带宽 ω_{BW},定义为在相位为 -135° 时的频率。表 6-1 将该系统所具有的 ω_{BW} 与 ADS-33E 给出的 ω_{BW} 指标进行了对比。

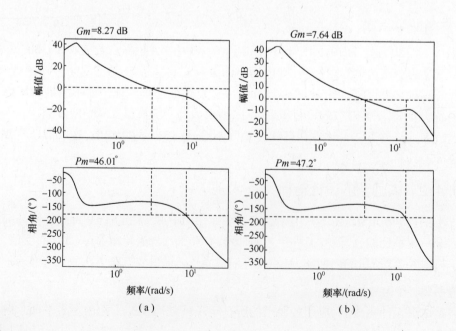

(a) (b)

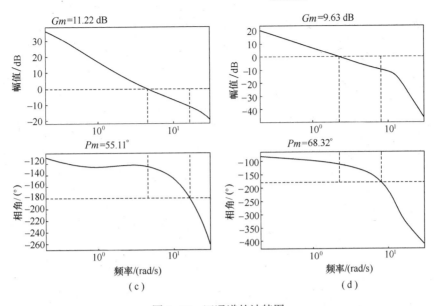

图 6-25 四通道的波特图

(a) θ 通道；(b) ϕ 通道；(c) w 通道；(d) $\dot{\psi}$ 通道。

本通道工作时引起的其他通道的耦合响应，如 $\dfrac{\Delta\phi}{\Delta\theta_c}$，$\dfrac{\Delta\theta}{\Delta\phi_c}$，$\dfrac{\Delta w}{\Delta\dot{\psi}_c}$ 等，应满足 ADS-33E 规范中的等级 1 的去耦响应指标。要求本通道作阶跃变化时所引起的其他通道在 4s 内离开配平值的峰值在一定范围内，亦即以 $\dfrac{\Delta\theta_{pk}}{\Delta\phi_4}$ 及 $\dfrac{\Delta\phi_{pk}}{\Delta\theta_4}$ 的值表征通道间的解耦效应。表 6-2 所列为本系统计算值与规范值的比较。

表 6-1 校验系统的带宽（单位：rad/s）

通道	ω_{BW}(ADS-33E)	ω_{BW}
θ	≥2.5	5.6
ϕ	≥2.5	9.08
$\dot{\psi}$	—	6.4

表 6-2 校验通道间的解耦

$\dfrac{\Delta\theta_{pk}}{\Delta\phi_4}$	$\dfrac{\Delta\theta_{pk}}{\Delta\phi_4}$(ADS-33E)
0.08	$\varepsilon\pm0.25$
-0.08	$\varepsilon\pm0.25$

各系统的动特性响应指标，ADS-33E 规范也有相应的规定，即在系统输入端加一脉冲，系统响应应在 10s 内回到峰值的 10%范围内。

由于内外回路中，均具有积分环节。因此一般需设置抗积分卷绕回路(Anti-Windup Loop)，如图 6-24 和图 6-26 所示。这是由于舵机饱和后，若继续积分会引起卷绕问题，使系统超调加剧且性能快速下降。反卷绕可使对象的实际输入是 W_1 的输出与反卷绕信号之差，所以反卷绕可使舵机饱和后，不再积分。另外，可使有人操纵与自动飞行不同模态之间进行平滑切换。

6.4.3 中回路设计技术

直升机 H_∞ 回路成形控制也是基于内中回路结构的。内回路提供稳定与解耦，中回路在内回路的基础上,进行速度和轨迹控制。

由于内回路已设计成四通道输入($\Delta\theta_c, \Delta\phi_c, \Delta w_c, \Delta\dot\psi_c$)和四通道输出($\Delta\theta, \Delta\phi, \Delta w, \Delta\dot\psi$)的高带宽的鲁棒解耦系统。因此中回路可采用单输入单输出(SISO)状态下 H_∞ 回路成形法设计。结构配置如图 6-26 与图 6-27 所示。设计时应对内回路系统的动特性进行简化处理,即将各自的内回路处理成已独立的近似动力学模型,这可采用平衡模型截断法(Balanced Mode Truncation)等对闭合内回路进行简化处理。

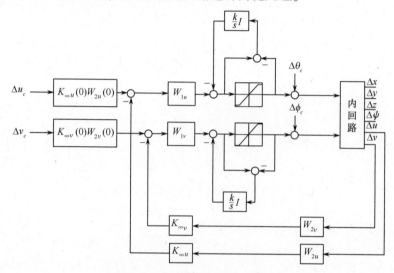

图 6-26 外回路的速度 $\Delta u, \Delta v$ 控制

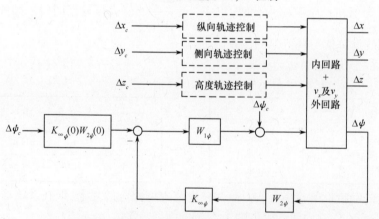

图 6-27 外回路的轨迹控制及航向角 $\Delta\psi$ 控制

对以 $\Delta u_c, \Delta v_c$ 为控制量的外回路设计(图 6-26),应满足 ADS-33E 中规定的闭环响应的上升时间,以及幅值与相角裕度要求。中回路截止频率均设定为 0.8rad/s。权阵 W_1 仍以比例加积分形式设置。W_2 与内回路一样,用二阶滤波器抑制传感器噪声。由于 Δu, Δv 是通过控制姿态角 $\Delta\theta$ 与 $\Delta\phi$ 来实现的,而被控的姿态角是有一定的限制范围,因此也必然会对 W_1 阵中的积分器产生卷绕,故也必须用经典反卷绕回路加以抑制。

图 6-28(a)和(b)分别为 Δu 和 Δv 控制系统的阶跃响应,其动态跟踪的上升时间(ADS-33E 定义为达到 63.2%稳态值的时间)分别为 $T_u=2.64\mathrm{s}, T_v=2.5\mathrm{s}$。满足ADS-33E标准(2.5≤

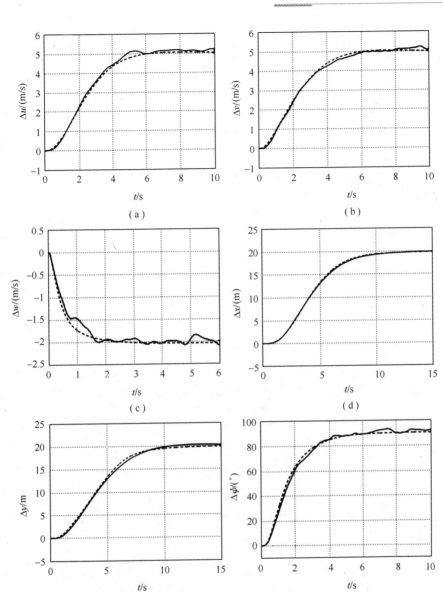

图 6-28 飞行测试特性与仿真特性对比(实线为试飞记录,虚线为仿真记录)
(a) Δu 阶跃响应; (b) Δv 阶跃响应; (c) Δw 阶跃响应;
(d) $\Delta x(20\text{m})$ 阶跃响应; (e) $\Delta y(20\text{m})$ 阶跃响应; (f) $\Delta \psi(90°)$ 阶跃响应。

$T_v \leqslant 5.0$)。图 6-28(c)为 Δw 控制下的阶跃响应,它展示了内回路的响应品质。

图 6-27 给出的是对 $\Delta x, \Delta y, \Delta z$ 及 $\Delta \psi$ 进行控制的中回路控制结构。设定 $\Delta x, \Delta y$ 回路的截止频率为 $\omega_{BW} = 0.6\text{rad/s}$,设置 $\Delta z, \Delta \psi$ 回路的截止频率为 $\omega_{BW} = 0.8\text{rad/s}$。这两个外回路成形时 W_1 中没有设置积分环节,这是因为速度回路中已包含了积分。但 W_1 中含有超前滞后滤波,而 W_2 阵中仅为单位增益。图 6-28(d)~(f)为 $\Delta x, \Delta y, \Delta \psi$ 回路的阶跃响应曲线。

6.4.4 H_∞ 回路成形内回路设计举例

为了说明 H_∞ 回路成形设计方法的普遍意义,下面以某武装直升机工作在悬停状态为例,以算例形式进一步给出 H_∞ 回路成形设计方法及性能验证。设对象的状态方程为

$$\begin{cases} \Delta \dot{x} = A_a \Delta x + B_a \Delta u \\ \Delta y = C_a \Delta x + D_a \Delta u \end{cases} \tag{6-47}$$

式中:状态变量 $\Delta x = [\Delta u, \Delta v, \Delta w, \Delta p, \Delta q, \Delta r, \Delta \phi, \Delta \theta]^T$;控制变量 $\Delta u = [\Delta \delta_c, \Delta \delta_a, \Delta \delta_e, \Delta \delta_r]^T$;输出变量为 $\Delta y = [\Delta w, \Delta \phi, \Delta \theta, \Delta r]^T$。

状态方程中各系数阵为

$$A_a = \begin{bmatrix} -0.0199 & -0.0058 & -0.0058 & -0.2198 & 0.3377 & 0.0087 & 0 & -9.6834 \\ -0.0452 & -0.0526 & -0.0061 & -0.3785 & -0.2256 & 0.2154 & 9.6775 & -0.0044 \\ -0.0788 & -0.0747 & -0.3803 & 0.0116 & -0.0699 & 0.6114 & 0.3319 & 0.1485 \\ 0.0313 & -0.1782 & -0.0123 & -2.9979 & -0.5308 & 0.4155 & 0 & 0 \\ 0.0253 & 0.0133 & -0.0120 & 0.0710 & -0.5943 & 0.0013 & 0 & 0 \\ 0.0751 & 0.0502 & -0.0025 & 0.4058 & 0.4069 & -0.4940 & 0 & 0 \\ 0 & 0 & 0 & 1.0000 & 0.0005 & -0.0154 & 0 & 0 \\ 0 & 0 & 0 & 0 & 0.9994 & 0.0343 & 0 & 0 \end{bmatrix}$$

$$B_a = \begin{bmatrix} -0.0257 & -0.0048 & 0.1604 & -0.0004 \\ -0.0208 & 0.1617 & 0.0029 & 0.0989 \\ -1.7572 & -0.0019 & 0.0026 & 0.0001 \\ -0.0940 & 0.8310 & 0.0237 & 0.1734 \\ -0.0124 & 0.0101 & -0.1474 & -0.0012 \\ 0.2245 & -0.1045 & 0.0555 & -0.2092 \\ 0 & 0 & 0 & 0 \\ 0 & 0 & 0 & 0 \end{bmatrix}$$

$$C_a = \begin{bmatrix} 0 & 0 & 1 & 0 & 0 & 0 & 0 & 0 \\ 0 & 0 & 0 & 0 & 0 & 0 & 57.3 & 0 \\ 0 & 0 & 0 & 0 & 0 & 0 & 0 & 57.3 \\ 0 & 0 & 0 & 0 & 0 & 57.3 & 0 & 0 \end{bmatrix}$$

系数量纲采用米·秒·度制。

由控制对象状态方程式(6-47)可得控制对象的传递函数阵 $G(s)$,且

$$G(s) = C(sI - A)^{-1} B \tag{6-48}$$

取其对角元素,即可得出4个主通道传递函数,经简化后,得

$$\begin{cases}
w \text{ 通道}: W_{\delta_c}^w = -\dfrac{1.76(s+0.410)}{(s+0.570)(s+0.322)} \\[2mm]
\phi \text{ 通道}: W_{\delta_a}^\phi = \dfrac{47.7(s-0.00886)(s^2-0.305s+0.300)}{(s+3.24)(s^2-0.0704s+0.554)(s^2-0.422s+0.325)} \\[2mm]
\qquad\qquad\quad \approx \dfrac{47.7s(s^2-0.305s+0.300)}{(s+3.24)(s^2-0.0704s+0.554)(s^2-0.422s+0.325)} \\[2mm]
\theta \text{ 通道}: W_{\delta_e}^\theta = -\dfrac{8.33(s-0.0179)(s^2+0.764s+0.149)}{(s+0.902)(s+0.570)(s^2-0.422s+0.325)} \\[2mm]
\qquad\qquad\quad \approx -\dfrac{8.33s(s^2+0.764s+0.149)}{(s+0.902)(s+0.570)(s^2-0.422s+0.325)} \\[2mm]
r \text{ 通道}: W_{\delta_r}^r = -\dfrac{12.0(s+2.82)(s+0.418)}{s(s+3.24)(s+0.570)(s+0.322)}
\end{cases}$$

(6-49)

所构建的内回路如图 6-29 所示,根据上述控制对象主通道传递函数的零极点分布,及回路成形的要求,最终所确定 $\boldsymbol{W}_1$ 和 $\boldsymbol{W}_2$ 为

$$\begin{cases}
\boldsymbol{W}_1 = \mathrm{diag}\left[\dfrac{0.8(s+0.5)}{s},\ \dfrac{s+0.8}{s},\ \dfrac{s+0.5}{s},\ \dfrac{1.23(s+0.5)}{s}\right] \\[3mm]
\boldsymbol{W}_2 = \mathrm{diag}\left[\dfrac{4.5\times 2500}{s^2+80s+2500},\ 1,\ 1.2,\ \dfrac{0.8\times 2500}{s^2+80s+2500}\right]
\end{cases}$$

(6-50)

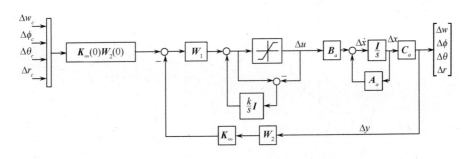

图 6-29 实现对 w,ϕ,θ,r 进行控制的内回路结构

由式(6-49)及式(6-50)所获得的 $\boldsymbol{W}_2\boldsymbol{GW}_1$ 奇异值曲线如图 6-30 中的实线所示。

加权阵设计完成后,应进行控制器 $\boldsymbol{K}_\infty(s)$ 设计。由图 6-22 所示的 H_∞ 回路成形控制的基本结构可知,控制器 $\boldsymbol{K}_\infty$ 的引入,应使 $T_{w\to z}$ 的传递函数阵的无穷范数的倒数达到最大,并结合式(6-42)及图 6-22,即可写出 H_∞ 优化设计的对应表达式

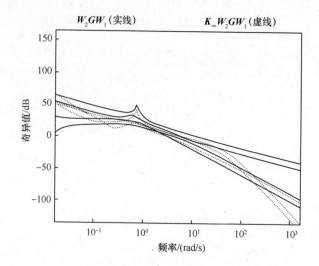

图 6-30　加入 K_∞ 控制器和未加入 K_∞ 控制器系统的奇异值曲线

$$\max_{\text{stab}K_\infty} \left\| \begin{matrix} \dfrac{I}{I-K_\infty G_s} & 0 \\ 0 & \dfrac{I}{I-G_s K_\infty} \end{matrix} \right\|_\infty^{-1} = \varepsilon \qquad (6-51)$$

如按式(6-51)求得控制器 K_∞，那么设计也就完成了。但按式(6-51)直接求解 K_∞，目前还没有工具软件。故需将图 6-22 所给出的结构图形式转化为可应用 Matlab 鲁棒工具箱中的 hinflmi 函数求解 $K_\infty(s)$ 及 ε 的标准形式。

首先将传递函数阵 G_s 转化为状态空间实现形式，即 $G_s(s) = C(sI-A)^{-1}B$，故图 6-22 结构可化为图 6-31 所示的形式。

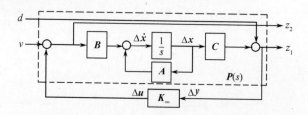

图 6-31　考虑 G_s 状态空间实现的结构配置

运用 Matlab 中的 linmod 命令，可得到与 G_s 对应的状态空间实现形式 (A,B,C)。

令图 6-31 中的虚线框内为 P，则可得图 6-32 所示的简化状态空间结构。

令 $w = [d,v]^T, z = [z_1,z_2]^T$，则可将图 6-32 转化为如图 6-33 所示的结构图形式。

设图 6-33 中 $P(s)$ 的状态空间实现标准形式为

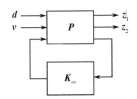

图 6-32 简化的状态空间实现

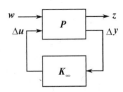

图 6-33 具有 K_∞ 控制器的标准增广系统

$$P(s):\begin{cases}\Delta \dot{x} = A\Delta x + B_1 w + B_2 \Delta u \\ z = C_1 \Delta x + D_{11} w + D_{12} \Delta u \\ \Delta y = C_2 \Delta x + D_{21} w + D_{22} \Delta u\end{cases} \qquad (6-52)$$

由图 6-31 及 z, w 的定义,又可得

$$\begin{cases}\Delta \dot{x} = A\Delta x + \begin{bmatrix}0 & B\end{bmatrix} w + B\Delta u \\ z = \begin{bmatrix}C \\ 0\end{bmatrix}\Delta x + Iw + \begin{bmatrix}0 \\ I\end{bmatrix}\Delta u \\ \Delta y = C\Delta x + \begin{bmatrix}I & 0\end{bmatrix} w + \begin{bmatrix}0\end{bmatrix}\Delta u\end{cases} \qquad (6-53)$$

对照式(6-52)和式(6-54),可得 $P(s)$ 的状态空间实现的各项系数,即

$$B_1 = \begin{bmatrix}0 & B\end{bmatrix}, \quad B_2 = B, \quad C_1 = \begin{bmatrix}C \\ 0\end{bmatrix}, \quad D_{11} = I, \quad D_{12} = \begin{bmatrix}0 \\ I\end{bmatrix},$$

$$C_2 = C, \quad D_{21} = \begin{bmatrix}I & 0\end{bmatrix}, \quad D_{22} = 0$$

这样就可得到如图 6-33 所示的标准增广系统矩阵。设该增广系统(闭环系统)的状态空间表达式为

$$T(s):\begin{cases}\Delta \dot{x} = A_{cl}\Delta x + B_{cl} w \\ z = C_{cl}\Delta x + D_{cl} w\end{cases} \qquad (6-54)$$

若该增广系统满足

$$\|T_{w\to z}\|_\infty \leqslant \gamma \qquad (6-55)$$

也即满足 $\|T_{w\to z}\|_\infty^{-1} \geqslant \varepsilon$,即满足式(6-42),而欲求解包含在式(6-55)中的 K_∞ 控制器,则只需知道由式(6-52)所表达的 $P(s)$ 状态空间实现就可以了。因为可调用 Matlab 鲁棒工具箱中的 hinflmi 函数,此函数是一种基于线性矩阵不等式(LMI)的迭代方法。调用格式如下:

P = ltisys(A, [B1, B2], [C1, C2], [D11, D12; D21, D22]);

[gopt, K] = hinflmi(P, [m, n]);

其中,m 和 n 分别为反馈量和控制量的个数,对本例 $m=4, n=4$。调用时首先设定一个比较大的初值 γ_0,而后逐次减小迭代,最终可获得最优 $\gamma=2.584$,也即 $\varepsilon=0.387$,所求得的 K_∞ 控制器的状态空间实现值。

$$K_\infty : \begin{cases} \Delta \dot{x} = A_K \Delta x + B_K \Delta y \\ \Delta u = C_K \Delta x + D_K \Delta y \end{cases} \quad (6-56)$$

式中

$$A_K = \begin{bmatrix} -5.4552 & -4.8367 & -9.3957 & -2.5657 & -11.3940 & -8.7294 & -5.0584 & -14.0885 & 1.0817 & -3.7601 & 7.7667 \\ -4.0671 & 20.9826 & -8.6321 & -0.6112 & -4.2113 & -1.6122 & -2.2797 & -11.6596 & -3.8225 & 30.6254 & -62.8245 \\ -1.5893 & 1.4569 & 53.2493 & 2.9070 & 2.2281 & 4.1270 & 20.3177 & 76.9942 & -2.7598 & -3.8227 & 7.1495 \\ -1.0490 & -0.0622 & 16.0194 & 2.5034 & 0.1013 & -0.1770 & 12.3329 & 22.6256 & -0.9169 & -0.2949 & 0.4652 \\ 0.1356 & -1.2467 & 4.4985 & 0.6605 & -1.1188 & 1.5375 & 2.8342 & 7.3939 & 0.4428 & -5.4616 & 11.2040 \\ -1.6861 & 1.7430 & -0.0299 & -0.3453 & -1.3392 & -4.0356 & 0.0254 & -1.4729 & -0.9714 & 7.4084 & -15.2701 \\ 4.1318 & -2.0271 & -101.6104 & -18.2615 & -4.4213 & -4.4055 & -74.6420 & -145.0201 & 5.6211 & 3.7856 & -6.8946 \\ 0.6152 & -2.7233 & -63.9695 & -1.8758 & -4.9324 & -7.1259 & -18.8521 & -92.3372 & 3.3540 & 4.2564 & -7.8504 \\ -0.3225 & 3.6049 & 22.1396 & 1.5616 & 2.0214 & 2.6583 & 9.0441 & 32.0211 & -1.7062 & 2.4045 & -5.2482 \\ 2.9786 & -17.0891 & 8.2413 & 0.3172 & 4.7966 & -0.7022 & 1.6195 & 9.5888 & 2.2115 & -18.3252 & 37.4889 \\ -8.4743 & 66.5012 & -19.3611 & 0.1934 & -12.4691 & 8.4649 & -1.7825 & -18.4096 & -8.7585 & 67.2016 & -137.5593 \end{bmatrix}$$

$$B_K = \begin{bmatrix} -0.0047 & -0.1044 & -0.4455 & -0.1810 \\ -0.0400 & 0.4812 & -0.1698 & -0.0685 \\ 0.2180 & -0.0225 & -0.0844 & 0.8734 \\ -0.4949 & -0.0069 & -0.0640 & 0.2292 \\ -0.0581 & 0.0293 & 0.0074 & 0.0574 \\ -0.0633 & -0.0539 & -0.1049 & 0.0059 \\ 2.7761 & 0.0345 & 0.1258 & -1.4421 \\ -0.7606 & 0.0211 & -0.0229 & -1.0821 \\ 0.0499 & 0.0231 & 0.0575 & 0.3637 \\ 0.0503 & -0.5391 & 0.1388 & 0.0941 \\ -0.0551 & 2.2053 & -0.2272 & -0.0737 \end{bmatrix}$$

$$C_K = \begin{bmatrix} -1.5653 & 2.2392 & 17.5163 & 3.3787 & -0.2094 & -0.1857 & 15.4136 & 24.8863 & -1.4526 & 2.8382 & -5.9666 \\ -7.5486 & 26.1878 & -9.0143 & -1.9589 & -7.0847 & -7.0213 & -4.5191 & -14.4685 & -6.1434 & 48.2070 & -99.1167 \\ 22.8019 & 10.8636 & 1.9584 & 7.4801 & 43.8338 & 30.2863 & 4.5315 & 4.1476 & -1.3636 & 10.1011 & -20.4301 \\ 6.1311 & -0.8873 & -39.8165 & 0.1371 & 6.5662 & 4.7256 & -12.4493 & -56.6813 & 2.7861 & -2.5017 & 5.8391 \end{bmatrix}$$

$$\boldsymbol{D}_K = \begin{bmatrix} 0.0020 & -0.0085 & -0.0828 & -0.0003 \\ 0.0092 & -0.0400 & -0.3891 & -0.0014 \\ -0.0499 & 0.2158 & 2.0991 & 0.0076 \\ -0.0099 & 0.0429 & 0.4174 & 0.0015 \end{bmatrix} \quad (6-57)$$

由 $\boldsymbol{K}_\infty$ 的状态空间实现可转化为传递函数阵表达 $\boldsymbol{K}_\infty(s)$,控制器为 11 阶,考虑工程应用,需要进行降阶处理。具体方法是可对 $\boldsymbol{K}_\infty$ 所表示的传递函数阵只保留其主导零极点,或采用其他降阶方法。

由式(6-48)、式(6-50)和式(6-56)可得 $\boldsymbol{K}_\infty$ 回路成形优化后的开环系统 $\boldsymbol{G}_S = \boldsymbol{K}_\infty \boldsymbol{W}_2 \boldsymbol{G} \boldsymbol{W}_1$ 的奇异值曲线,如图 6-30 的虚线所示,表明 $\boldsymbol{K}_\infty$ 对已成形的 $\boldsymbol{G}_S$ 没有大的影响。

由表 6-3 可校验系统带宽 ω_{BW} 是否满足 ADS-33E 的规范要求。

图 6-34 所示为 4 个通道解耦后的波特图,由此可判别各通道的稳定裕度。

表 6-3 ADS-33E 的带宽要求

通 道	ADS-33E 等级 1 标准 $\omega_{BW}/(\mathrm{rad/s})$	本文设计系统 $\omega_{BW}/(\mathrm{rad/s})$
θ	≥2.5	10.3
ϕ	≥2.5	3.98
r		15.5

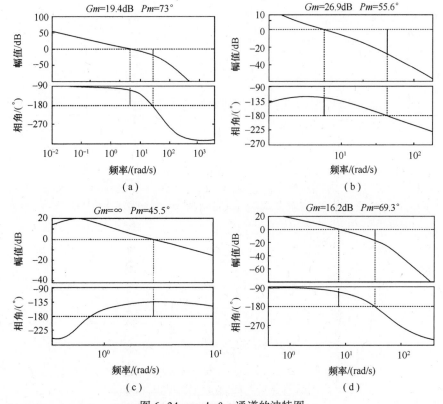

图 6-34 w, ϕ, θ, r 通道的波特图

(a) w 通道;(b) ϕ 通道;(c) θ 通道;(d) r 通道。

为校验所设计的4个通道加权阵 W_1 和 W_2 及控制器 K_∞ 的正确性,还需进行时域响应仿真验证。验证时将被控对象 $G(s)$ 由式(6-47)给出,对它不作简化处理。然后给出各通道阶跃跟踪响应以及相应的解耦特性,如图6-35所示。表6-4所列为系统的解耦性能。

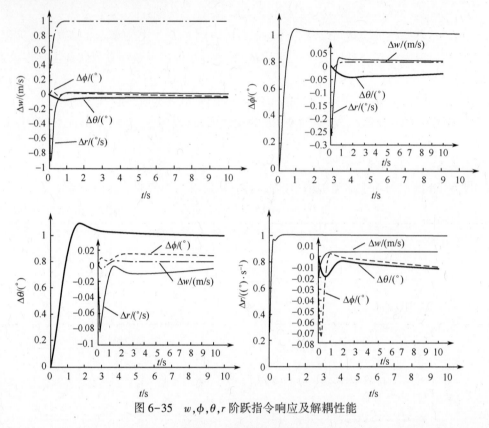

图 6-35 w, ϕ, θ, r 阶跃指令响应及解耦性能

表 6-4 解耦性能校验

$\dfrac{\Delta\theta_{pk}}{\Delta\phi_4}$	$\dfrac{\Delta\theta_{pk}}{\Delta\phi_4}$(ADS-33E)	$\dfrac{\Delta\phi_{pk}}{\Delta\phi_4}$	$\dfrac{\Delta\phi_{pk}}{\Delta\phi_4}$(ADS-33E)
−0.02	$\varepsilon\pm0.25$	0.015	$\varepsilon\pm0.25$

图6-29所给出的内回路中,还包含了基于经典方案的反卷绕回路(Anti-Windup Loop)。图6-36所示为相应的实现框图,它与权阵 W_1 综合在一起。其中 T_t 是跟踪时间常数。一旦控制器输出超过舵机限制,即舵机工作在饱和状态,则由图可知,将给积分器一个反馈信号,以减小积分器的输入,从而抑制卷绕的产生。T_t 的选取原则是等于或略小于 T_i 值。

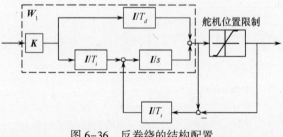

图 6-36 反卷绕的结构配置

6.5 基于显模型的飞行轨迹制导系统设计

本节将研究内回路为显模型跟踪系统时的外回路轨迹制导系统的设计。旨在将直升机的三轴速度控制扩展到三维轨迹跟踪制导。

6.5.1 控制器设计

内回路为显模型跟踪系统的轨迹跟踪控制系统的结构,如图6-37所示。内回路飞控系统的任务是要实现对直升机三机体轴速度以及航向角的控制,采用基于LQR的显模型跟踪控制方法,以实现对机体轴速度及航向角的指令跟踪及通道间的解耦。

假设直升机的线性动力学模型为

$$\begin{cases} \dot{\boldsymbol{x}}_p = \boldsymbol{A}_p \boldsymbol{x}_p + \boldsymbol{B}_p \boldsymbol{u}_p \\ \boldsymbol{y}_p = \boldsymbol{C}_p \boldsymbol{x}_p \end{cases} \quad (6-58)$$

式中:$\boldsymbol{A}_p$为9×9的动力学状态矩阵;$\boldsymbol{B}_p$为9×4的控制矩阵;$\boldsymbol{C}_p$阵为4×9的输出矩阵。状态矢量$\boldsymbol{x}_p = [\Delta u \quad \Delta v \quad \Delta w \quad \Delta p \quad \Delta q \quad \Delta r \quad \Delta \phi \quad \Delta \theta \quad \Delta \psi]^T$,控制矢量$\boldsymbol{u}_p = [\Delta \delta_e \quad \Delta \delta_a \quad \Delta \delta_p \quad \Delta \delta_c]^T$,输出矢量$\boldsymbol{y}_p = [\Delta u \quad \Delta v \quad \Delta w \quad \Delta \psi]^T$。

假定直升机要跟踪的模型状态方程为

$$\begin{cases} \dot{\boldsymbol{x}}_r = \boldsymbol{A}_r \boldsymbol{x}_r + \boldsymbol{B}_r \boldsymbol{r}_r \\ \boldsymbol{y}_r = \boldsymbol{C}_r \boldsymbol{x}_r \end{cases} \quad (6-59)$$

式中:r为直升机的三轴速度与航向角参考指令。选择$(\boldsymbol{A}_r, \boldsymbol{B}_r)$可控且稳定,其值决定了直升机内回路三轴速度与航向角的响应品质。要求设计控制器使得直升机闭环系统稳定,且控制对象输出$\boldsymbol{y}_p(t)$能够跟踪参考输入$\boldsymbol{y}_r(t)$,并要求稳态误差为零。

首先定义输出误差

$$\boldsymbol{e}(t) = \boldsymbol{y}_r(t) - \boldsymbol{y}_p(t) \quad (6-60)$$

为了提高系统的稳态跟踪精度,引入误差量的积分信号z,令

$$\dot{\boldsymbol{z}}(t) = \boldsymbol{e}(t) = -\boldsymbol{C}_p \boldsymbol{x}_p + \boldsymbol{C}_r \boldsymbol{x}_r \quad (6-61)$$

由式(6-58)、式(6-59)和式(6-60),可得

$$\begin{bmatrix} \dot{\boldsymbol{x}}_p \\ \dot{\boldsymbol{z}} \\ \dot{\boldsymbol{x}}_r \end{bmatrix} = \begin{bmatrix} \boldsymbol{A}_p & 0 & 0 \\ -\boldsymbol{C}_p & 0 & \boldsymbol{C}_r \\ 0 & 0 & \boldsymbol{A}_r \end{bmatrix} \begin{bmatrix} \boldsymbol{x}_p \\ \boldsymbol{z} \\ \boldsymbol{x}_r \end{bmatrix} + \begin{bmatrix} \boldsymbol{B}_p \\ 0 \\ 0 \end{bmatrix} \boldsymbol{u}_p \quad (6-62)$$

式(6-62)简写成

$$\dot{\boldsymbol{X}} = \boldsymbol{A}\boldsymbol{X} + \boldsymbol{B}\boldsymbol{u}_p \quad (6-63)$$

对于式(6-63)的系统,如果$(\boldsymbol{A}, \boldsymbol{B})$可控,可采用LQR状态反馈设计控制阵。选择性能指标函数为

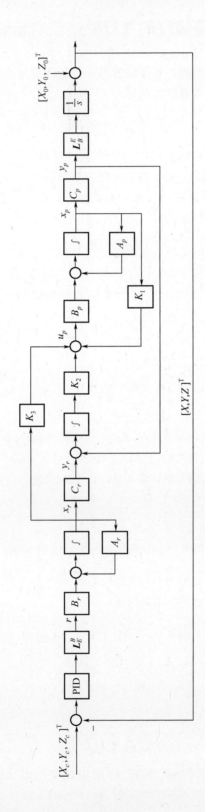

图6-37 无人直升机内回路为显模型跟踪时的轨迹

$$J = \frac{1}{2}\int (X^{\mathrm{T}}QX + u_p^{\mathrm{T}}Ru_p)\mathrm{d}t \qquad (6-64)$$

则反馈控制为

$$u_p = KX \qquad (6-65)$$

其中反馈增益阵 K 为

$$K = -R^{-1}B^{\mathrm{T}}P \qquad (6-66)$$

P 为代数黎卡提方程

$$A^{\mathrm{T}}P + PA + Q - PBR^{-1}B^{\mathrm{T}}P = 0 \qquad (6-67)$$

的解。其中 $Q \geqslant 0, R > 0$。

根据式(6-62)及式(6-65)可写成

$$u_p = KX = K_1 x_p + K_2 z + K_3 x_r = K_1 x_p + K_2 \int e(t)\mathrm{d}t + K_3 x_r \qquad (6-68)$$

直升机内回路飞行控制系统的参考模型输入 r 为直升机三轴速度与航向角基准指令，通常一个通道的指令参考模型可选为 $\dfrac{\omega_n^2}{s^2 + 2\zeta\omega_n s + \omega_n^2}$，其状态空间阵 $A_{r1} = \begin{bmatrix} 0 & 1 \\ -2\zeta\omega_n & -\omega_n^2 \end{bmatrix}$，根据响应性能要求选择阻尼 ζ 与自然频率 ω_n。

6.5.2 仿真与分析

为验证直升机的内回路飞行控制系统的性能，选择速度为 5m/s，高度为 100m 的无人直升机线性模型为被控对象进行系统设计与仿真。四个通道的参考模型中的参数为 $\xi = 0.707, \omega_n = 1\mathrm{rad/s}$。其线性状态方程由方程(6-58)表示，其中的状态矩阵与控制矩阵分别为

$$A_p = \begin{bmatrix} -0.0415 & -0.1699 & 0.0202 & -0.5831 & 1.1645 & -0.008 & 0 & -9.8010 & 0 \\ 0.0290 & -0.1271 & 0.0295 & -1.1618 & -0.5883 & -4.8366 & 9.8 & 0 & 0 \\ -0.4184 & -0.0004 & -1.6902 & 0.0020 & 5.0030 & 0 & 0 & -0.4932 & 0 \\ -0.1492 & 0.0930 & 0.0020 & -5.7020 & -2.8866 & -0.2734 & 0 & 0.0063 & 0 \\ 0.0344 & 0.1703 & -0.0528 & 0.5847 & -1.1683 & -0.0000 & 0 & -0.1363 & 0 \\ -0.2660 & 0.3573 & -0.1613 & -0.6297 & -0.3162 & -0.7028 & 0 & 0.0010 & 0 \\ 0 & 0 & 0 & 1 & 0.0002 & -0.0038 & 0 & 0 & 0 \\ 0 & 0 & 0 & 0 & 0.9991 & 0.0431 & 0 & 0 & 0 \\ 0 & 0 & 0 & 0 & -0.0431 & 0.9991 & 0 & 0 & 0 \end{bmatrix}$$

$$\boldsymbol{B}_p = \begin{bmatrix} 9.8175 & 0 & 0 & 1.1042 \\ 0.0098 & 19.7950 & 8.1782 & 0.4867 \\ -1.9361 & 0 & 0 & -122.5922 \\ 0.0797 & 97.1301 & -13.6805 & 3.6684 \\ -9.8498 & 0 & 0 & -1.4339 \\ 0.0350 & 10.7056 & -35.1729 & 0.4082 \\ 0 & 0 & 0 & 0 \\ 0 & 0 & 0 & 0 \\ 0 & 0 & 0 & 0 \end{bmatrix}$$

经反复调整，取权值矩阵为

$$\boldsymbol{Q}_{21 \times 21} = \mathrm{diag}(1,1,1,0.0001,0.0001,0.0001,0.0001,0.0001,$$
$$1,100,100,100,100,0,1,0.1,0,1,0,1);$$
$$\boldsymbol{R}_{4 \times 4} = \mathrm{diag}(100,100,100,100,100);$$

其中，$\mathrm{diag}(\cdot)$ 代表对角阵，括号内的数据为对角线上元素。

根据式(6-65)~式(6-67)，通过计算，可得到控制阵 $\boldsymbol{K}_1$、$\boldsymbol{K}_2$ 和 $\boldsymbol{K}_3$，具体数值参见附录。

对图 6-37 所示的系统，当分别输入三轴速度与航向角单位阶跃指令时，系统响应如图 6-38 所示。

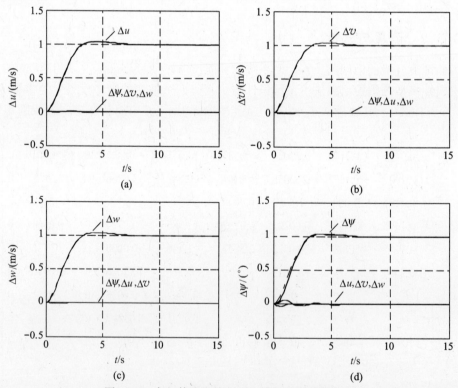

图 6-38 各机体速度控制系统及航向通道的响应

(a) 前飞速度单位阶跃输入；(b) 侧飞速度单位阶跃输入；(c) 垂向速度单位阶跃输入；(d) 航向角单位阶跃输入。

由图 6-38 仿真曲线可知，$\Delta u,\Delta v,\Delta w,\Delta \psi$ 对指令有优良的跟踪性能，并实现了四通道间的解耦，即内回路具有优良的对显模型的动态跟踪性能及各通道间的解耦性能。在此基础上设计了如下的外回路制导律。

$$\begin{cases} \Delta u_{EC} = \left(K_X + K_{XD}s + \dfrac{K_{XI}}{s}\right)\Delta X \\ \Delta v_{EC} = \left(K_Y + K_{YD}s + \dfrac{K_{YI}}{s}\right)\Delta Y \\ \Delta w_{EC} = \left(K_Z + K_{ZD}s + \dfrac{K_{ZI}}{s}\right)\Delta Z \end{cases} \quad (6-69)$$

式中：$K_X=0.4$，$K_{XD}=0.25$，$K_{XI}=0.01$；$K_Y=0.3$，$K_{YD}=0.23$，$K_{YI}=0.01$；$K_Z=0.41$，$K_{ZD}=0.2$，$K_{ZI}=0.01$。

以"8"字形螺旋上升的基准轨迹来验证轨迹控制系统的性能。该基准轨迹的数学模型为

$$\begin{cases} \dot{X}_{EC} = V_C\cos\psi \\ \dot{Y}_{EC} = V_C\sin\psi \\ \dot{Z}_{EC} = -\dot{h}_C \\ \dot{\psi}_C = r_C \end{cases} \quad (6-70)$$

当取 $V_C=5\text{m/s}$，$\dot{h}_C=1\text{m/s}$，$r_C=0.25\text{rad/s}(0\leqslant t<25.13\text{s})$，$r_C=-0.25\text{rad/s}(25.13\text{s}\leqslant t\leqslant 50.26\text{s})$ 时，三维基准轨迹曲线如图 6-39 所示。

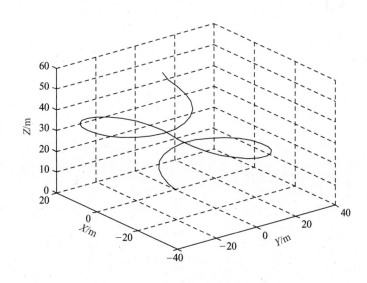

图 6-39 三维基准轨迹

图 6-40 为地面坐标系 XY 平面内的轨迹跟踪响应，图 6-41、图 6-42 分别为高度与航向角跟踪响应。

由图 6-40 和图 6-41 可知，直升机精确地跟踪了 XY 平面内的轨迹，也精确地跟踪了

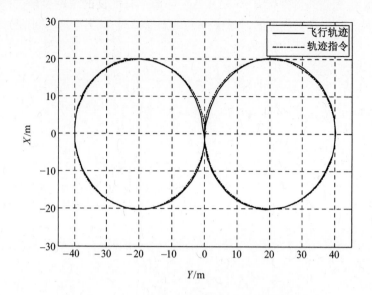

图 6-40　基于显模型控制系统的水平面轨迹跟踪性能

飞行高度轨迹指令。图 6-42 表明实际航向角跟踪了航向角指令,存在一定的稳态误差,这是由于输入指令是斜坡型的,而制导律仅为一个积分环节。

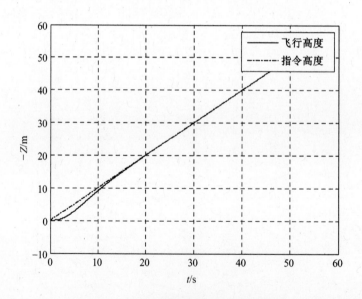

图 6-41　基于显模型控制的高度跟踪性能

以上仿真结果表明,系统具有优良的解耦性能。这是由于内回路四个通道的显模型是线性解耦模型,通过控制律设计,又使各通道直接跟踪各自的显模型,使得通道间具有解耦的性能。另外,当一个通道操纵时其他通道处于镇定状态,由操纵通道耦合至正定通道的气动耦合可视作"干扰",而良好的正定系统本身就具有抑制干扰的能力。

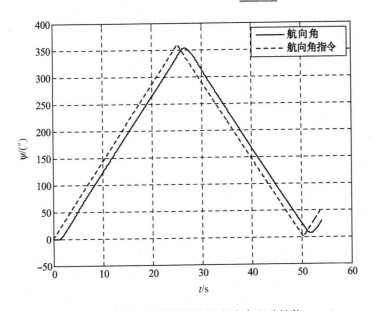

图 6-42 基于显模型控制的航向角跟踪性能

思 考 题

1. 应用现代控制理论设计直升机飞控系统的基本出发点是什么？
2. 试述高增益控制阵解耦的显模型控制系统的基本结构与设计方法，其外回路为什么可用单输入单输出的经典设计方法？
3. 隐模型解耦控制系统的"隐模型"如何体现在控制律设计中？该系统是如何实现动态性能与解耦特性的？
4. 试述 H_∞ 回路成形控制系统设计的基本结构、设计思想及方法。
5. 当内回路为显模型跟踪系统时，如何设计外回路轨迹制导系统。

第7章 直升机轨迹生成与制导

7.1 引　言

　　直升机特别是无人直升机在多种场合需要进行全自主飞行,例如执行地面侦察,贴地飞行,编队飞行,舰载直升机执行起降机动飞行等。所谓全自主飞行,即由制导系统对已生成的预定轨迹进行自动跟踪,完成精确的轨迹控制。本章以舰载直升机自主完成起飞与降落机动为例,论述直升机的实时轨迹的生成方法,制导系统的构成,制导规律设计及自主飞行的轨迹跟踪的仿真验证。

7.2　制导系统的一般结构

　　制导系统一般结构如图 7-1 所示。
　　首先根据飞行任务需求,在地面坐标系中设计一条预定的随时间变化的理想飞行轨迹 $X_{EC}(t), Y_{EC}(t), Z_{EC}(t)$,这一任务由实时轨迹生成器完成。由制导系统将实际飞行轨迹 $X_E(t), Y_E(t), Z_E(t)$ 与预定飞行轨迹进行比较,形成制导误差 $\Delta X_E, \Delta Y_E, \Delta Z_E$,经制导律处理,再由坐标转换矩阵 $\boldsymbol{L}_E^B$ 将地面坐标系中形成的制导误差转变为机体坐标系中的三轴速度控制信号 $\Delta u_c, \Delta v_c, \Delta w_c$,然后由它去进行速度控制,不断地修正直升机的运动轨迹,以达到跟踪预定轨迹的目的。应注意的是,在轨迹控制时,应具有航向协调性能,如图 7-1 所示,使机头偏转 $\Delta \psi$ 跟踪速度矢量变化 $\Delta \chi$,从而实现无侧滑飞行($\Delta \beta = 0$)。为了在地面坐标系中构成反馈回路,仍需将机体坐标系中的运动参量通过坐标逆变换 $\boldsymbol{L}_B^E$ 转换为地面坐标系中的运动参量。图中

$$\begin{bmatrix} \Delta u_c \\ \Delta v_c \\ \Delta w_c \end{bmatrix} = \boldsymbol{L}_E^B \begin{bmatrix} \Delta u_{EC} \\ \Delta v_{EC} \\ \Delta w_{EC} \end{bmatrix} \quad (7-1)$$

式中

$$\boldsymbol{L}_E^B = \begin{bmatrix} \cos\theta\cos\psi & \cos\theta\sin\psi & -\sin\theta \\ \sin\theta\sin\phi\cos\psi - \cos\phi\sin\psi & \sin\theta\sin\phi\sin\psi + \cos\phi\cos\psi & \sin\phi\cos\theta \\ \sin\theta\cos\phi\cos\psi + \sin\phi\sin\psi & \sin\theta\cos\phi\sin\psi - \sin\phi\cos\psi & \cos\phi\cos\theta \end{bmatrix}$$

图中

第 7 章 直升机轨迹生成与制导

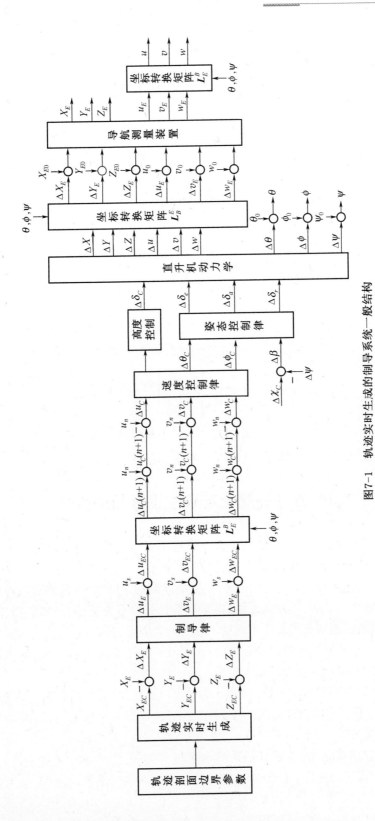

图 7-1 轨迹实时生成的制导系统一般结构

$$\begin{bmatrix} u_E \\ v_E \\ w_E \end{bmatrix} = \boldsymbol{L}_B^E \begin{bmatrix} u \\ v \\ w \end{bmatrix} \tag{7-2}$$

式中

$$\boldsymbol{L}_B^E = (\boldsymbol{L}_E^B)^{-1}$$

制导律一般为 PID 形式,以提高轨迹跟踪的精确度,因此可写成

$$\begin{cases} \Delta u_E = \Delta X_E \left(K_X + K_{XD}s + \dfrac{K_{XI}}{s} \right) \\ \Delta v_E = \Delta Y_E \left(K_Y + K_{YD}s + \dfrac{K_{YI}}{s} \right) \\ \Delta w_E = \Delta Z_E \left(K_Z + K_{ZD}s + \dfrac{K_{ZI}}{s} \right) \end{cases} \tag{7-3}$$

由于直升机着陆在运动着的舰船上,因此进入制导系统的速度控制量 $[\Delta u_{EC} \quad \Delta v_{EC} \quad \Delta w_{EC}]^T$ 应是直升机相对于舰船的相对速度,故

$$\begin{bmatrix} \Delta u_{EC} \\ \Delta v_{EC} \\ \Delta w_{EC} \end{bmatrix} = \begin{bmatrix} \Delta u_E \\ \Delta v_E \\ \Delta w_E \end{bmatrix} + \begin{bmatrix} u_s \\ v_s \\ w_s \end{bmatrix} \tag{7-4}$$

式中:u_s, v_s, w_s 分别为舰船在地面坐标系中三轴运动速度。

7.3 直升机舰上起飞过程及轨迹生成

试验证明,直升机舰上起飞较之舰上降落难度要低。起飞时主要问题是升空离开甲板后应迅速避开甲板紊流流场的影响,而这点容易做到。

一种典型起飞过程如下:在发动机开车,旋翼达到规定转速后,驾驶员选择舰运动的平息期,松开甲板固定装置,迅速提总距,操纵直升机升空稳定悬停,与舰航行速度同步,此时应保证直升机的起落架仍位于甲板的上空。如果需要,蹬脚蹬,使机头偏离舰船航向至迎风的方向,然后驾驶员通过提总距,选择爬升功率建立向上的爬升率,转向前飞。当达到预定的高度与空速后,即完成起飞过程。

直升机亦可设置预定的起飞轨迹剖面,通过制导系统进行自主起飞。起飞过程在地面坐标系 $OX_E Z_E$ 平面中的轨迹如图 7-2 所示。X_E 设置在海平面上,且与舰船行驶方向一致。Z_E 轴设置在起飞平台的中间位置,与 X_E 垂直。

图中 H_0 为起始高度,H_D 为设置的最终水平飞行高度,V_S 为舰恒定速度。V_D 为要求的最终爬高后预设飞行速度。假设整个起飞过程仅在 $OX_E Z_E$ 平面内进行,起飞过程分为如下 3 个阶段。

(1) 开始阶段($t_0 \to t_1$):从甲板开始,垂直方向加速到要求的爬升率,水平方向加速

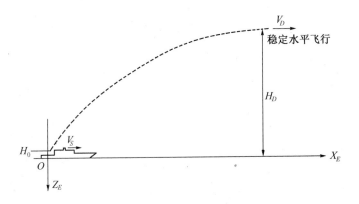

图 7-2　舰上起飞过程

至要求的水平加速度。

（2）稳定上升阶段（$t_1 \to t_2$）：保持恒定的爬升率及恒定的水平加速度。

（3）终段（$t_2 \to t_3$）：将爬升率降为零，将水平加速度降到零，最后飞机保持在要求的高度作稳定水平飞行。

在舰上起飞与着舰运动轨迹生成应注意以下 3 点：① 应使每个阶段的轨迹随时间平滑过渡，但加速度大小及时间是未知的；② 机动过程的速度与位置可通过积分获得；③ 运动方程可通过初始及最终设置条件及任务要求（如爬升率，高度）等决定。

7.3.1　Z_E 轴的轨迹生成

沿 Z_E 轴的加速度设定为

$$a_z = \begin{cases} \dfrac{1}{2}a_{z1}\left[1 - \cos(t - t_0)\dfrac{2\pi}{\Delta t_1}\right] & (t_0 \leqslant t \leqslant t_1) \\ 0 & (t_1 \leqslant t \leqslant t_2) \\ \dfrac{1}{2}a_{z3}\left[1 + \cos(t - t_2)\dfrac{2\pi}{\Delta t_3}\right] & (t_2 \leqslant t \leqslant t_3) \end{cases} \quad (7-5)$$

式中：$\Delta t_1 = t_1 - t_0$，$\Delta t_3 = t_3 - t_2$，这样沿 Z_E 轴的速度及位置可通过对时间段 $t_0 \leqslant t \leqslant t_3$ 的积分获得。

在第二阶段，直升机以恒定的垂直速度爬升

$$v_z = \frac{1}{2}a_{z1}\Delta t_1 \quad (t_1 < t_2) \quad (7-6)$$

将要求的爬升率 V_c 代入式（7-6），则可决定第一阶段的垂直加速度。

$$\frac{1}{2}a_{z1}\Delta t_1 = -V_c \quad (7-7)$$

或

$$a_{z1} = -\frac{2V_c}{\Delta t_1} \tag{7-8}$$

起飞的最后阶段,由于垂直速度减少到零,因此

$$v_z = \frac{1}{2}(a_{z1}\Delta t_1 + a_{z3}\Delta t_3) = 0 \quad (t = t_3) \tag{7-9}$$

从而

$$a_{z3} = \frac{2V_c}{\Delta t_3} \tag{7-10}$$

由于直升机的初始出发高度为 H_0,即

$$z = -H_0 \quad (t = t_0) \tag{7-11}$$

因此,终止点 $t = t_3$ 时的垂直位置可通过对式(7-9)进行从 $t_0 \to t_3$ 的定积分获得。

$$\begin{aligned} z_E &= -H_0 + \frac{1}{4}a_{z1}\Delta t_1^2 + \frac{1}{2}a_{z1}\Delta t_1(\Delta t_2 + \Delta t_3) + \frac{1}{4}a_{z3}\Delta t_3^2 \quad (t = t_3) \\ &= -H_D \end{aligned} \tag{7-12}$$

式中:H_D 为稳定水平飞行时的要求高度。

第一阶段及第三阶段的时间间隔为

$$\Delta t_1 = c_1 \Delta t \tag{7-13}$$

及

$$\Delta t_3 = c_3 \Delta t \tag{7-14}$$

式中:Δt 为整个起飞段的时间间隔,$0 < c_1, c_2 < 0.5$,以决定整个轨迹过渡的快慢。由此可决定恒定爬升段的时间间隔

$$\Delta t_2 = \Delta t - \Delta t_1 - \Delta t_3 = (1 - c_1 - c_3)\Delta t \tag{7-15}$$

式中:Δt 为整个起飞段的时间间隔,且可通过将式(7-13)、式(7-14)、式(7-15)代入式(7-12)获得。

$$\Delta t = \frac{2\Delta H}{(2 - c_1 - c_3)V_c} \tag{7-16}$$

式中:$\Delta H = H_D - H_0$,为整个起飞段的高度增量。

当 $H_0 = 22\text{m}, V_s = 10\text{kn}, V_c = 2.5\text{m/s}, H_D = 122\text{m}, V_D = 80\text{kn}, c_1 = c_3 = 0.25$ 时,首先由式(7-16)可计算出积分时间 $\Delta t = 52\text{s}$,接着由式(7-3)及对该式从 t_1 至 t_3 的定积分,最终可获得如图7-3所示的飞行轨迹剖面。制导系统需对生成的 $Z_E(t)$ 轨迹进行实时跟踪。

7.3.2 X_E 轴的轨迹生成

在 X_E 轴的加速度设定为

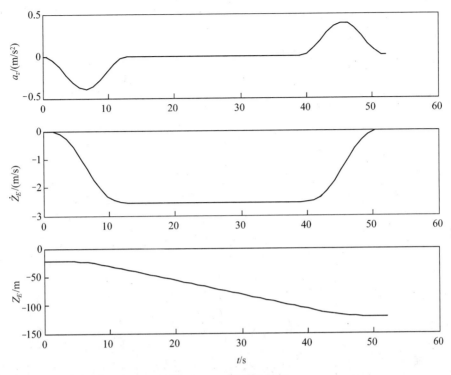

图 7-3 Z_E 轴起飞轨迹

$$a_x = \begin{cases} \dfrac{1}{2}a_{x2}\left\{1-\cos\left[(t-t_0)\dfrac{\pi}{\Delta t_1}\right]\right\} & (t_0 \leqslant t \leqslant t_1) \\ a_{x2} & (t_1 \leqslant t \leqslant t_2) \\ \dfrac{1}{2}a_{x2}\left\{1+\cos\left[(t-t_2)\dfrac{\pi}{\Delta t_3}\right]\right\} & (t_2 < t \leqslant t_3) \end{cases} \quad (7-17)$$

对上式在时间段 $t_0 \leqslant t \leqslant t_3$ 进行积分,则可得水平速度及位置。直升机的初始速度,即 $t=t_0$ 时,

$$v_x = V_S \quad (7-18)$$

起飞结束后,即 $t=t_3$ 时,直升机将获得设定的水平飞行速度 V_D

$$v_x = V_S + \frac{1}{2}a_{x2}\Delta t_1 + a_{x2}\Delta t_2 + \frac{1}{2}a_{x3}\Delta t_3 = V_D \quad (7-19)$$

由式(7-19)可获得第二阶段的水平加速度

$$a_{x2} = \frac{2\Delta V}{(2-c_1-c_2)\Delta t} \quad (7-20)$$

式中:$\Delta V = V_D - V_S$ 为水平轴上的整个飞行阶段飞行速度的增量。

由式(7-17)和式(7-19),并对式(7-19)所表达的 v_x 进行积分则可获得如图7-4所示的起飞 X_E 轴的轨迹剖面,制导系统将对其中 $X_E(t)$ 轨迹剖面进行跟踪。

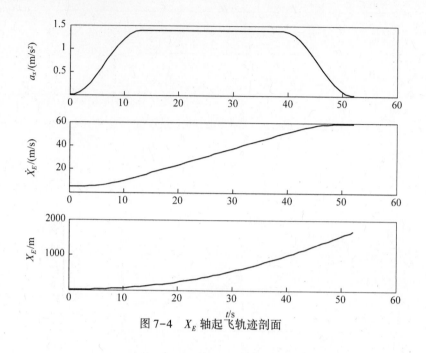

图 7-4 X_E 轴起飞轨迹剖面

7.4 直升机着舰过程及轨迹生成

直升机在运动着的舰船上着舰比在陆地上着陆困难得多。这是因为需面临如下恶劣的着舰环境。

(1) 由于飞行甲板尺寸限制。要求直升机精确地降落在预定的着舰点,其偏差不大于 1.5m(英国海军规范),以保证桨叶不会打到机库,起落架不落在船舷之外,以防止严重飞行事故的发生。但精确着舰受到风浪、舰的甲板运动、大气紊流等因素的干扰。

(2) 舰的甲板运动,包括舰的纵摇、横摇、偏摆、沉浮运动。由于着舰时舰船的六自由度运动,使驾驶员难以判断下降率及着舰位置,易造成直升机单侧粗暴着舰,撞击速度过大,或与甲板上层建筑相撞。

(3) 着舰甲板区受到大气紊流、不稳定的相对风速等影响,从而造成直升机空气动力不稳定,增加了人工着舰的难度。

为了减轻驾驶员着舰的工作负担,实现安全着舰,应开发全自主飞行的着舰制导系统。本节将讲述返航着舰及最后降落段的轨迹生成,以及由此构成的自动着舰制导系统。与一般固定翼舰载机着舰一样,采用甲板运动补偿及抑制大气紊流扰动等技术可明显地改善着舰精度,并提高着舰安全性能。

7.4.1 返航进场阶段轨迹生成

直升机着舰可分为两个阶段,第一阶段为直升机返航进场阶段,直升机从远离舰船的一点飞行到靠近舰船一侧位置,在一定高度上与舰船保持相对静止;第二阶段是降落阶段,直升机在保持与舰船同向同速飞行的同时,横向移动到降落台的上方并快速着舰。

直升机返航时从远离舰船的一点,在地面坐标系的垂直平面 OX_EZ_E 内沿着恒定的下滑线进行减速下降,如图 7-5 所示。设定的边界条件如下:起始飞行速度 V_0、初始高度 H_0、离舰船的初始距离 ΔX_0、舰船速度 V_S、返航的最终高度 H_D。

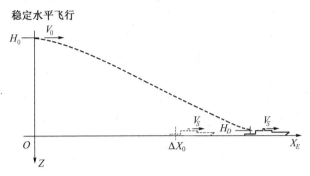

图 7-5 返航在垂直平面内的轨迹

返航进场阶段的轨迹生成分 3 个阶段:

(1) 初始阶段:直升机初始状态为在一定高度上作水平匀速飞行,返航开始,在 Z_E 轴上以一定的加速度下降,X_E 轴方向开始减速,以逐步达到设定的恒定水平加速度。

(2) 稳定下滑阶段:在 Z_E 轴保持恒定的负加速度下滑,在 X_E 轴保持恒定的加速度减速。

(3) 终止阶段:X_E 轴和 Z_E 轴方向的加速度为零,Z_E 轴方向速度为零,直升机在固定的高度,与舰船相同的速度与航向飞行。

3 个阶段的结束时刻分别为 t_1,t_2 和 t_3,每个阶段的时间区间为:初始阶段 $\Delta t_1 = t_1 - t_0$;稳定下滑阶段 $\Delta t_2 = t_2 - t_1$;终止阶段 $\Delta t_3 = t_3 - t_2$。返航进场所用时间为 Δt。

1. X_E 轴方向返航进场轨迹

沿 X_E 轴方向加速度设定为

$$a_x = \begin{cases} \dfrac{1}{2}a_{x2}\left\{1 - \cos\left[(t - t_0)\dfrac{\pi}{\Delta t_1}\right]\right\} & (t_0 \leqslant t \leqslant t_1) \\ a_{x2} & (t_1 \leqslant t \leqslant t_2) \\ \dfrac{1}{2}a_{x2}\left\{1 + \cos\left[(t - t_2)\dfrac{\pi}{\Delta t_3}\right]\right\} & (t_2 < t \leqslant t_3) \end{cases} \quad (7-21)$$

为了获得 X_E 轴方向的速度 $\dot{X}_E(t)$ 和位移 $X_E(t)$,可通过在时间段 $t_0 < t \leqslant t_3$ 对式(7-21)进行积分获得。与式(7-21)对应的 $a_x(t)$ 如图 7-6 所示。

为了对式(7-21)进行数值积分,应从下式求得 a_{x2},即

$$V_S = V_0 + \frac{1}{2}a_{x2}\Delta t_1 + a_{x2}\Delta t_2 + \frac{1}{2}a_{x2}\Delta t_3 \quad (7-22)$$

式中:V_S 为轨迹终止时的速度,即舰船速度;V_0 为初始速度。

式(7-22)的成立基于如下假设,即如图 7-7 所示的上下两块阴影线面积相等。

由式(7-22),并假设 $\Delta t_1 = \Delta t_3 = c_t \Delta t$,式中,$c_t$ 为时间因子,且 $0 < c_t < 0.5$,即得

$$a_{x2} = \frac{\Delta V}{(1 - c_t)\Delta t} \quad (7-23)$$

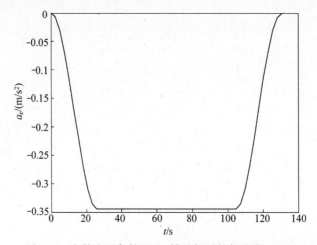

图 7-6 在某边界条件下 X_E 轴进场返航加速度 $a_x(t)$

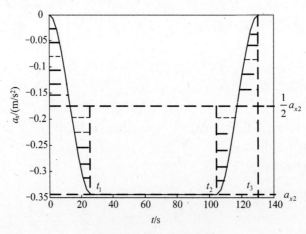

图 7-7 求 a_{x2} 的示意图

式中：$\Delta V = V_S - V_0$。$X_E(t)$ 在 $t = t_3$ 时的值为 $X_E(t_3)$，

$$X_E(t_3) = \int_{t_0}^{t_1} \frac{1}{2} a_{x2} \Delta t_1 \mathrm{d}t + \int_{t_1}^{t_2} a_{x2} \Delta t_2 \mathrm{d}t + \int_{t_2}^{t_3} \frac{1}{2} a_{x2} \Delta t_3 \mathrm{d}t + V_0 \int_{t_0}^{t_3} \mathrm{d}t$$

$$= \frac{1}{2} a_{x2} \Delta t_1^2 + a_{x2} \Delta t_2^2 + \frac{1}{2} a_{x2} \Delta t_3^2 + V_0 \Delta t \tag{7-24}$$

由图 7-5 可知，$X_E(t_3) = \Delta X_0 + V_S \Delta t$，因此由式(7-24)，得

$$\Delta X_0 + \Delta t(V_S - V_0) = \frac{1}{2} a_{x2} \Delta t_1^2 + a_{x2} \Delta t_2^2 + \frac{1}{2} a_{x2} \Delta t_3^2 \tag{7-25}$$

由于已设 $\Delta t_1 = \Delta t_3 = c_t \Delta t$，$\Delta t_2 = (1 - 2c_t) \Delta t$，故式(7-25)可写为

$$\Delta X_0 + \Delta t(V_S - V_0) = a_{x2} [c_t^2 \Delta t^2 + (1 - 2c_t)^2 \Delta t^2] \tag{7-26}$$

将式(7-23)代入式(7-26),得

$$\Delta X_0 + \Delta t \Delta V = \Delta V \Delta t [c_t^2 + (1-2c_t)^2] \quad (7-27)$$

则

$$\Delta t = \frac{\Delta X_0}{\Delta V} \frac{1-c_t}{5c_t^2 - 3c_t} \quad (7-28)$$

当设定的下降返航轨迹的初始速度 $V_0 = 41\text{m/s}$,舰船速度 $V_S = 5\text{m/s}$,降落开始点离舰在 X_E 方向初始距离为 $\Delta X_0 = 2350\text{m}$,并设 $c_t = 0.2$,则可由式(7-28)计算得到 $\Delta t = 130\text{s}$,并可获得图 7-8 所示的 X_E 轴的 $\dot{X}_E(t)$ 和 $X_E(t)$ 曲线,制导系统将对 $X_E(t)$ 轨迹进行跟踪。

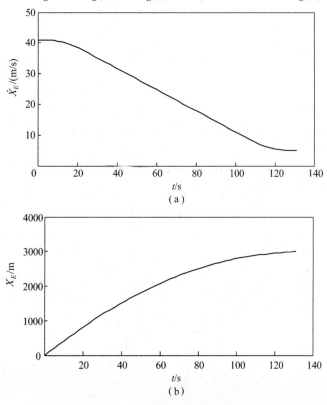

图 7-8 X_E 轴速度与位移曲线

2. Z_E 轴方向返航轨迹

为轨迹平滑过渡,设定 Z_E 下降加速度为

$$a_z = \begin{cases} \frac{1}{2}a_{z1}\left[1 - \cos(t-t_0)\frac{2\pi}{\Delta t_1}\right] & (t_0 \leqslant t \leqslant t_1) \\ 0 & (t_1 \leqslant t \leqslant t_2) \\ \frac{1}{2}a_{z3}\left[1 - \cos(t-t_2)\frac{2\pi}{\Delta t_3}\right] & (t_2 \leqslant t \leqslant t_3) \end{cases} \quad (7-29)$$

与式(7-29)对应的 a_z 如图 7-9 所示。

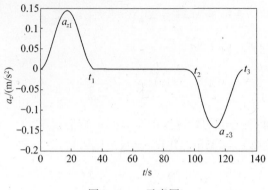

图 7-9　a_z 示意图

由图可知,进入第二阶段,即进入恒定下降速率时的速度为

$$v_z = \frac{1}{2}a_{z1}\Delta t_1 \quad (t_1 \leqslant t < t_2) \tag{7-30}$$

若设恒定下降速度为 V_D,则由式(7-30)可得

$$\frac{1}{2}a_{z1}\Delta t_1 = V_D \tag{7-31}$$

由此可求得 a_{z1}

$$a_{z1} = \frac{2V_D}{\Delta t_1} \tag{7-32}$$

当第三阶段终止时,即 $t=t_3$ 时,沿 Z_E 轴速度需要减小至 0,即

$$v_z = V_D + \frac{1}{2}a_{z3}\Delta t_3 = 0 \tag{7-33}$$

因此

$$a_{z3} = -\frac{2V_D}{\Delta t_3} \tag{7-34}$$

由于设定 $\Delta t_1 = \Delta t_3 = c_t\Delta t$,所以由式(7-32)及式(7-34)可知

$$a_{z1} = -a_{z3} \tag{7-35}$$

由图 7-5 可知,在 Δt_1 时间段与 Δt_3 时间段的加速度相互抵消,所以 Z_E 轴在整个 Δt 时间段内的位移 Z_{E,t_3} 为

$$Z_{E,t_3} = \int_{t_1}^{t_3}\frac{1}{2}a_{z1}\Delta t_1 \mathrm{d}t = \frac{1}{2}a_{z1}\Delta t_1(\Delta t_2 + \Delta t_3) \tag{7-36}$$

由于 $Z_{E,t_3} = \Delta H$,并将式(7-32)代入式(7-36),则可得

$$V_D(1 - c_t)\Delta t = \Delta H \quad (7-37)$$

因此可得 Z_E 轴的 c_t

$$c_t = \left(1 - \frac{\Delta H}{V_D \Delta t}\right) \quad (7-38)$$

式中：V_D 为设定的恒定下滑速度；Δt 值应与 X_E 轴的 Δt 相一致。

当下降返航轨迹初始高度 $H_0 = 250\text{m}$，返航结束时高度 $H_D = 10\text{m}$，设定的恒定下滑速度 $V_D = 2.5\text{m/s}$，又已知 $\Delta t = 130\text{s}$ 时，则得 $c_t = 0.25$。

图 7-10 所示为上述边界初始条件下，并设 $V_D = 2.5\text{m/s}$ 时的 $\dot{Z}_E(t)$ 和 $Z_E(t)$。

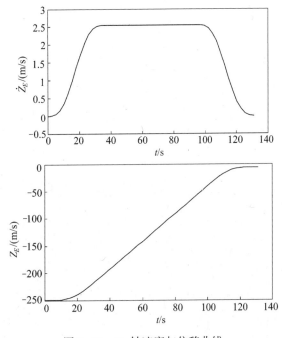

图 7-10 Z_E 轴速度与位移曲线

7.4.2 降落段轨迹设计

直升机进场至舰的左舷或者右舷进行跟进悬停后，接着要按照第二阶段即降落阶段轨迹进行着舰。即横向移动到着舰点上方进行跟进悬停，然后下降着舰。这一阶段轨迹分为横向移动和下降着舰两部分。图 7-11 所示为该阶段直升机飞行几何。直升机速度为舰船速度 V_s，距离着舰点横向位移（沿 Y_E 轴）为 s，距离着舰台的垂直高度（沿 Z_E 轴）为 h。

1. 横向移动轨迹设计

如图 7-11 所示，设定整个横向移动所用时间为 t_1，直升机横向移动初始速度（沿 Y_E 轴）为零，直升机在移动过程中首先横向加速，在 $t = \frac{1}{2}t_1$ 时速度达到最大值 $\dot{y}_{\max}$，然后开始减速，在到达着舰台正上方时，即 $t = t_1$ 时，速度减为 0。至此横向移动结束，直升机开始在着舰台上方跟进悬停，准备下降着舰。

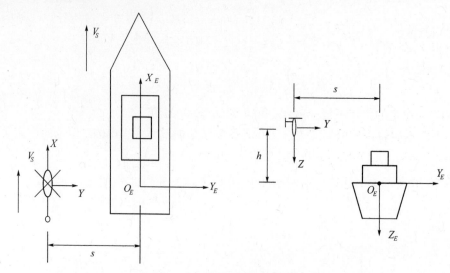

图 7-11 降落阶段着舰几何

由上所述,运动的边界条件设置为

$$t=0, \quad \dot{y}_E(t)=0, \ddot{y}_E(t)=0, \dddot{y}_E(t)=0 \tag{7-39}$$

$$t=\frac{1}{2}t_1, \dot{y}_E(t)=\dot{y}_{\max} \tag{7-40}$$

$$t=t_1, \quad \dot{y}_E(t)=0, \ddot{y}_E(t)=0, \dddot{y}_E(t)=0 \tag{7-41}$$

该边界条件中,$t=0,t=t_1$ 处加速度为零是为了保证直升机的稳定,而三阶导数为零则是为了保证飞行轨迹能够达到要求的平滑性。能够满足这些边界条件的最简单的多项式为

$$\dot{y}_E(t)=\left[-64\left(\frac{t}{t_1}\right)^6+192\left(\frac{t}{t_1}\right)^5-192\left(\frac{t}{t_1}\right)^4+64\left(\frac{t}{t_1}\right)^3\right]\dot{y}_{\max} \tag{7-42}$$

横向位移和横向速度之间的关系为

$$\int_0^{t_1}\dot{y}_E(t)\mathrm{d}t=s \tag{7-43}$$

根据式(7-42)和式(7-43),得

$$t_1=\frac{50s}{23\dot{y}_{\max}} \tag{7-44}$$

横向移动轨迹设计结构如图 7-12 所示。根据事先设定的横向位移 s 和横向最大速度 $\dot{y}_{\max}$,由式(7-44)可计算出横向移动所需的时间 t_1,从而由式(7-42)形成横向移动的飞行轨迹,如图 7-13 所示。

2. 跟进悬停

当直升机飞行到着舰台上方时,需要花费时间 t_S 进行调整,使直升机前向飞行速度等于舰航行速度,并使横向、垂向飞行速度为零,这虽然只需要几秒钟时间,但这是不可缺少的。因此有如下边界条件:

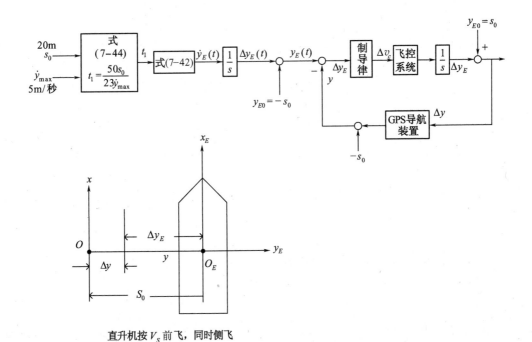

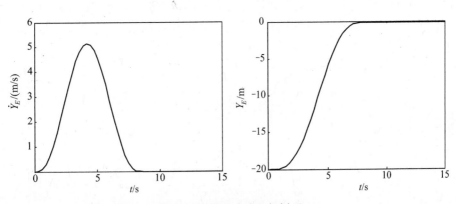

直升机按 V_S 前飞，同时侧飞

图 7-12　横向移动轨迹设计结构

图 7-13　横向移动飞行剖面

$$\dot{x}_E(t) = V_S, \quad \dot{y}_E(t) = 0, \quad \dot{z}_E(t) = 0 \tag{7-45}$$

3. 下降轨迹设计

当直升机经过跟进悬停的稳定调整，开始加速下降。整个下降过程所用时间为 t_d，与横向移动相似，下降过程采用先加速再减速的方式，在 $t = 1/2 t_d$ 时达到最大下降速度 $\dot{z}_{max}$，然后开始减速，快要接触降落平台时速度减为零，开始跟踪舰船降落台的运动，然后伺机快速着舰。

由上所述，垂直下降的边界条件与横向移动是相似的。

当 $t = 0$ 时，

$$\dot{z}_E(t) = 0, \ddot{z}_E(t) = 0, \dddot{z}_E(t) = 0 \tag{7-46}$$

当 $t = \frac{1}{2}t_d$ 时

$$\dot{z}_E(t) = \dot{z}_{max} \qquad (7-47)$$

当 $t = t_d$ 时

$$\dot{z}_E(t) = 0, \ddot{z}_E(t) = 0, \dddot{z}_E(t) = 0 \qquad (7-48)$$

满足该边界条件的速度多项式为

$$\dot{z}_E(t) = \left[-64\left(\frac{t_2}{t_d}\right)^6 + 192\left(\frac{t_2}{t_d}\right)^5 - 192\left(\frac{t_2}{t_d}\right)^4 + 64\left(\frac{t_2}{t_d}\right)^3\right]\dot{z}_{max} \qquad (7-49)$$

式中：$t_2 = t - t_1 - t_S$。

垂直高度和垂直速度之间的关系为

$$\int_0^{t_d} \dot{z}_E(t)\,\mathrm{d}t = h \qquad (7-50)$$

则由式(7-49)和式(7-50)，得

$$t_d = \frac{50h}{23\dot{z}_{max}} \qquad (7-51)$$

根据预设的垂直高度 h 和最大垂直速度 $\dot{z}_{max}$，则由式(7-51)可以得到垂直下降时间。若设置初始条件为：舰船速度 $V_S = 5\text{m/s}$，距离着舰点横向位移(沿 OY_S 轴) $s = 20\text{m}$，沿 OY_S 轴最大飞行速度 $\dot{y}_{max} = 5\text{m/s}$，距离降落台垂直高度(沿 OZ_S 轴) $h = 10\text{m}$，沿 OZ_S 轴最大飞行速度 $\dot{z}_{max} = 5\text{m/s}$，稳定调整时间 $t_S = 1\text{s}$。则可获得如图 7-14 所示的 Z_E 轴下降轨迹剖面。

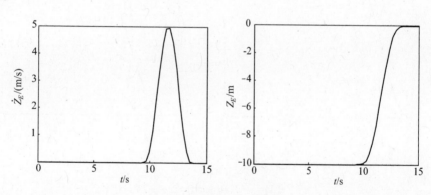

图 7-14　着舰下降轨迹剖面

7.5　直升机起降自主飞行的仿真验证

直升机轨迹跟踪制导系统的一般结构如图 7-1 所示，分为制导系统与飞控系统两个回路。制导系统称为外回路，飞控系统称为内回路。本节飞控系统采用基于 LQR 的显模型跟踪控制，直接实现对机体三轴的速度及航向角的控制，并使各通道具有优良的动态跟踪及解耦性能,其结构如图7-15所示。

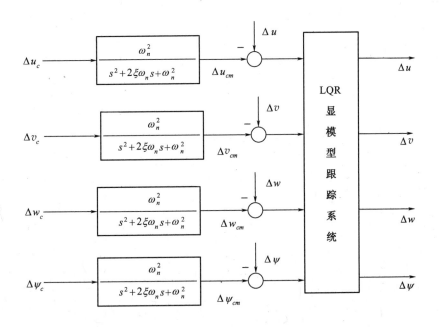

图 7-15 飞控系统结构图

图中,Δu_c,Δv_c 及 Δw_c 为来自制导系统的矩阵变换的输出。又由于在起飞时段、返航进场与降落阶段的轨迹均需操控给定的航向角,对航向角通道实现镇定,即 $\Delta \psi_c = 0$。

本节将完成如下内容:

(1) 针对 UH60 直升机设计了内回路 LQR 显模型跟踪的飞控系统及外回路的制导律;

(2) 对自主起飞轨迹跟踪进行仿真验证;

(3) 对自主返航段进行仿真验证;

(4) 对垂直降落段进行仿真验证。

7.5.1 LQR 显模型飞控系统设计

采用第 6 章的基于显模型的飞行控制系统设计方法进行设计以验证轨迹跟踪的性能。以 UH60 直升机 15kn 速度下的线性动力学为例进行设计与仿真,其初始状态为 $\theta_0 = 5.05°$,$\phi_0 = -2.34°$,$\psi_0 = 0$。

选择四个通道显模型的 $\xi = 0.707$,$\omega_n = 1\text{rad/s}$。线性状态方程的状态矩阵与控制矩阵分别为

$$A_p = \begin{bmatrix} -0.0235 & -0.0340 & 0.0254 & 0 & -9.8372 & 0 & -0.0788 & 0.8562 & -0.0631 \\ 0.0338 & -0.0473 & 0.0043 & 9.8290 & 0.0355 & 0 & -0.5252 & -0.1093 & 0.1946 \\ 0.0227 & -0.0089 & -0.2931 & 0.4016 & -0.8688 & 0 & -0.0032 & 0.1098 & -0.0628 \\ 0 & 0 & 0 & 0 & 0 & 0 & 1.0000 & -0.0036 & 0.0883 \\ 0 & 0 & 0 & 0 & 0 & 0 & 0 & 0.9992 & 0.0408 \\ 0 & 0 & 0 & 0 & 0 & 0 & 0 & -0.0410 & 1.0031 \\ 0.2502 & -0.1353 & 0.0165 & 0 & 0 & 0 & -3.5510 & -2.2720 & 0.0747 \\ 0.0117 & 0.0443 & 0.0066 & 0 & 0 & 0 & 0.3139 & -0.8161 & -0.0034 \\ 0.0071 & 0.0320 & -0.0064 & 0 & 0 & 0 & -0.1013 & -0.3396 & -0.3342 \end{bmatrix}$$

$$B_p = \begin{bmatrix} -0.5057 & 0.2959 & 0.0133 & 0.2909 \\ 0.0233 & 0.0306 & 0.2871 & -0.4529 \\ -0.0418 & -2.4143 & 0.0013 & 0.1765 \\ 0 & 0 & 0 & 0 \\ 0 & 0 & 0 & 0 \\ 0 & 0 & 0 & 0 \\ 0.0436 & -0.1471 & 1.3340 & -0.8406 \\ 0.3346 & -0.0056 & -0.0036 & 0.0154 \\ 0.0011 & 0.0631 & 0.0273 & 0.6040 \end{bmatrix}$$

根据式(6-66)、式(6-67),经计算可得控制阵为

$$K_1 = \begin{bmatrix} 1.7253 & 0.1232 & 0.1912 & 1.5965 & -15.8490 & -0.2313 & -0.0041 & -5.4837 & -0.7022 \\ -0.1093 & 0.0290 & 0.7840 & 0.2839 & 0.1878 & -0.1462 & 0.0463 & 0.0431 & -0.1488 \\ 0.0916 & -1.1614 & 0.0088 & -9.3009 & -2.5714 & -1.5253 & -1.6415 & 0.6017 & -2.2689 \\ -0.0183 & 0.5190 & -0.0549 & 2.4452 & -0.7741 & -2.0472 & 0.3585 & -0.1861 & -1.9995 \end{bmatrix}$$

$$K_2 = \begin{bmatrix} -0.9816 & -0.1470 & -0.1183 & 0.0309 \\ 0.1255 & -0.0280 & -0.9895 & 0.0662 \\ -0.1086 & 0.8386 & -0.0018 & 0.5338 \\ 0.0950 & -0.5238 & 0.0832 & 0.8424 \end{bmatrix}$$

$$K_3 = \begin{bmatrix} -1.2212 & -0.6424 & -0.1885 & -0.0910 & -0.1437 & -0.0734 & 0.0525 & 0.0457 \\ 0.1040 & 0.0389 & -0.0329 & -0.0134 & -0.7969 & -0.2903 & 0.0868 & 0.0494 \\ -0.1688 & -0.1016 & 0.9441 & 0.4372 & -0.0037 & -0.0024 & 0.7622 & 0.4773 \\ 0.0460 & -0.0027 & -0.5164 & -0.2058 & 0.0689 & 0.0253 & 1.1319 & 0.6650 \end{bmatrix}$$

图7-16为当输入三轴纠编速度与航向角纠编指令下的阶跃响应。

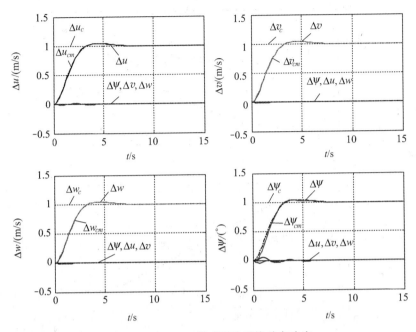

图 7-16 LQR 显模型跟踪系统动态响应

由图 7-16 仿真曲线可知，$\Delta u,\Delta v,\Delta w,\Delta \psi$ 跟踪了显模型的输出，有优良的跟踪性能，并实现了四通道间的解耦。

在该飞控系统的基础上设计了由式(6-69)所示的制导律。

7.5.2 自主起飞轨迹跟踪仿真

设计初始条件为 $H_0=22\text{m}$，$V_s=10\text{kn}$，$V_c=2.5\text{m/s}$，$H_D=122\text{m}$，$V_D=80\text{kn}$，按照式(7-5)及式(7-17)所形成的起飞剖面轨迹指令起飞，制导系统的跟踪过程如图 7-17 所示，图中 X_E 为纵向飞行轨迹，Z_E 为垂向飞行轨迹。

7.5.3 返航进场段轨迹跟踪仿真

假设直升机在远离舰船的一点，该点位于舰船一侧的正后方，该点距离降落台的初始高度 $H_0=250\text{m}$；距离降落台着舰点沿 Y_E 轴距离 $y=20\text{m}$；初始 X_E 轴方向速度 $V_0=41\text{m/s}$；舰船速度 $V_S=5\text{m/s}$；与舰船在 X_E 轴方向的初始间距 $\Delta X_0=2350\text{m}$，返航进场的轨迹跟踪仿真如图 7-18 所示。

7.5.4 着舰降落段轨迹跟踪仿真

经返航阶段后，直升机已移动到舰船的一侧，并保持与舰船相对静止，假设舰船速度 $V_S=5\text{m/s}$，与着舰点在 Y_E 方向上的距离 $s=20\text{m}$，沿 Y_E 最大飞行速度 $\dot{y}_{\max}=5\text{m/s}$，与着舰点在 Z_E 上的高度 $h=10\text{m}$，沿 Z_E 最大飞行速度 $\dot{z}_{\max}=5\text{m/s}$，稳定调节时间 $t_S=1\text{s}$，则可得如图 7-19 所示的跟踪 Y_E 轴轨迹生成指令的动态过程。

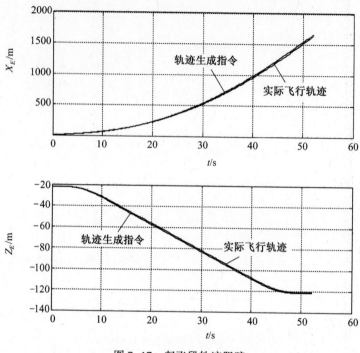

图 7-17 起飞段轨迹跟踪

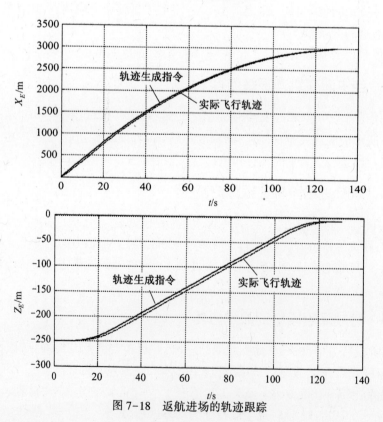

图 7-18 返航进场的轨迹跟踪

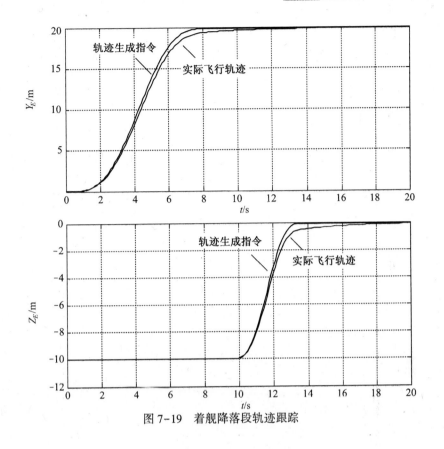

图 7-19 着舰降落段轨迹跟踪

思 考 题

1. 作出直升机轨迹制导系统一般结构图。
2. 试述直升机典型的舰上起飞过程,如何实现自主起飞？概述 Z_E 轴及 X_E 轴的轨迹设计的物理实现。
3. 简述直升机着舰过程。
4. 试述直升机返航进场的几个阶段, Z_E 轴及 X_E 轴的返航进场的轨迹设计方法。
5. 简述降落段的轨迹设计要求及实现方法。

第 8 章 无人直升机进场着舰轨迹制导系统

本章首先定义飞机与舰在不同坐标系中的飞行轨迹,然后在此基础上建立基于地面坐标系的飞机三维着舰期望轨迹,并构建相应的三维轨迹跟踪制导系统。因为无人直升机自动着舰的实质是通过制导系统对期望轨迹的自动跟踪。而本章的核心揭示了这一实质的物理概念,并给出实现这一概念的总体制导结构。

8.1 无人直升机三维基准轨迹的生成

本节将首先描述直升机及舰在不同坐标系中的运动轨迹,然后给出三维期望轨迹表达式,并最终建立基于着舰点的期望基准轨迹。

8.1.1 直升机及舰在不同坐标系中的运动轨迹

为说明无人直升机进场着舰三维基准轨迹生成的原理,应首先给出描述直升机飞行轨迹及舰行驶轨迹的各坐标系,见图 8-1。

(1) $O_E\text{-}X_E Y_E Z_E$,地面坐标系,简称 F_E,即 NED 坐标系。

(2) $O_S\text{-}X_{BS} Y_{BS} Z_{BS}$,舰体坐标系,简称 F_{BS}。X_{BS} 为舰纵轴,Y_{BS} 为横轴,Z_{BS} 为立轴,按右手定则,Z_{BS} 向下为正。原点 O_S 为舰质心。

(3) $O_S\text{-}X_{ES} Y_{ES} Z_{ES}$,简称 F_{ES}。以舰质心 O_S 为原点的 NED 坐标系。

(4) $O_{td}\text{-}X_{Btd} Y_{Btd} Z_{Btd}$,简称 F_{Btd}。以着舰点 O_{td} 为原点,各轴与 F_{BS} 坐标轴平行的坐标系。

(5) $O_{td}\text{-}X_{Etd} Y_{Etd} Z_{Etd}$,简称 F_{Etd}。以着舰点 O_{td} 为原点的 NED 坐标系。

下面定义飞机及舰相对于不同坐标系中的运动轨迹。

(1) 飞机相对于地面坐标系 $O_E\text{-}X_E Y_E Z_E$ 的运动轨迹,以矢量 $\boldsymbol{R}_a^E$ 表示。它相当于人在地面上观察到的飞行轨迹。

(2) 舰相对于地面坐标系 $O_E\text{-}X_E Y_E Z_E$ 的运动轨迹,以矢量 $\boldsymbol{R}_S^E$ 表示。它相当于人在地面上观察到的舰船轨迹。

(3) 飞机相对于舰坐标系 $O_S\text{-}X_{ES} Y_{ES} Z_{ES}$ 的运动轨迹,称为飞机相对于舰的相对运动,即相当于人处于舰上观察到的飞行轨迹,以矢量 $\boldsymbol{R}_{aS}^E$ 表示。

本章称舰质心 O_S 相对于地面坐标系 F_E 中的运动轨迹 $\boldsymbol{R}_S^E$ 为牵连运动,称飞机相对于舰坐标系 $O_S\text{-}X_{ES} Y_{ES} Z_{ES}$ 的运动为相对运动 $\boldsymbol{R}_{aS}^E$,则飞机对地面坐标系 F_E 的运动 $\boldsymbol{R}_a^E$ 为绝对运动,因此

$$\boldsymbol{R}_a^E = \boldsymbol{R}_{aS}^E + \boldsymbol{R}_S^E \tag{8-1}$$

应该着重指出,飞机进场着舰的期望基准轨迹应为 $\boldsymbol{R}_a^E$,本章称它为 $\boldsymbol{R}_{a,Des}^E$,它是在地

第8章 无人直升机进场着舰轨迹制导系统

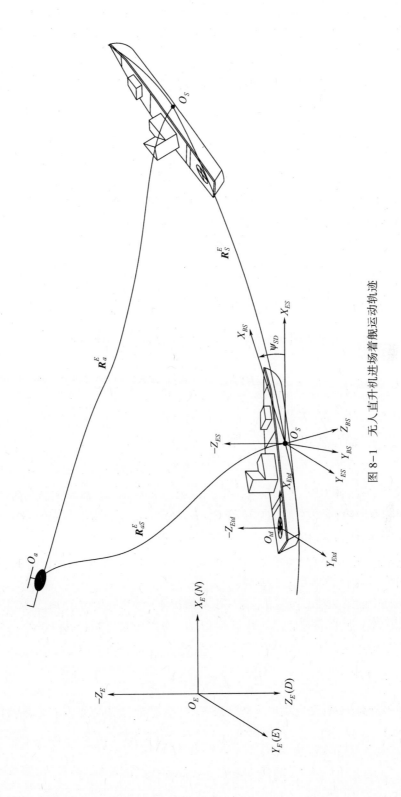

图 8-1 无人直升机进场着舰运动轨迹

面坐标系 F_E 中生成的。因为飞行器在空中运动的位置测量信号(例如以 GPS 作为导航信息时)是在地面坐标系 F_E 中形成的,描述飞行器运动轨迹的坐标系与其位置测量的坐标系必须统一。

8.1.2 无人直升机三维期望基准轨迹表达式

定义 $R^E_{a,OS,Des}$ 为制导系统须跟踪的三维期望基准轨迹,它是在以舰质心 O_S 为原点的 NED 坐标系 F_{ES} 中形成的轨迹。其表达式为

$$R^E_{a,OS,Des}(t) = R^E_{S_0}(t) + L^E_{B_0} R^{BS}_{a,OS,Des} + K(d)[\Delta R^E_S + (L^E_B - L^E_{B_0})R^{BS}_{a,OS,Des}] \quad (8-2)$$

在式(8-1)的启示下,可分析上式的各组成项所包含的内容。

第一项 $R^E_{S_0}$ 为平静海况时,舰 O_S 在 F_E 中的运动轨迹(牵连运动)。

由于

$$R^E_S = R^E_{S_0} + \Delta R^E_S \quad (8-3)$$

式中:$R^E_{S_0}(X^E_{S_0}, Y^E_{S_0}, Z^E_{S_0})$ 为平静海洋中舰在 F_E 中的三维运动轨迹,其中

$$\begin{cases} X^E_{S_0}(t) = [\dot{X}_{BS}\cos\psi_{S_0} \cdot t + \dot{Y}_{BS}\sin\psi_{S_0} \cdot t] + X^E_{S_o}(0) \\ Y^E_{S_0}(t) = [-\dot{X}_{BS}\sin\psi_{S_0} \cdot t + \dot{Y}_{BS}\cos\psi_{S_0} \cdot t] + Y^E_S(0) \\ Z^E_{S_0}(t) = 0 \end{cases} \quad (8-4)$$

式中:$X^E_{S_0}(t)$ 为平静海洋中舰质心 O_S 在 F_E 坐标系中沿 X_{ES} 方向运动轨迹;$Y^E_{S_0}(t)$ 为平静海洋中舰质心 O_S 在 F_E 坐标系中沿 Y_{ES} 方向运动轨迹;$X^E_{S_0}(0), Y^E_{S_0}(0)$ 为 O_S 在 F_E 中进场时的初始位置,它可由 GPS 导航系统给出;$\dot{X}_{BS}, \dot{Y}_{BS}$ 为舰沿 X_{BS} 轴与 Y_{BS} 轴方向的运动速度;ψ_{S_0} 为舰的航向角,应注意舰的欧拉角 $\psi_S = \psi_{S_0} + \Delta\psi_S, \Delta\psi_S$ 为海浪引起的偏摆运动。

设置 $Z^E_{S_0} = 0$,认为 F_E 中原点 O_E 与 O_S 在同一高度上。

式(8-3)中的 ΔR^E_S 坐标值为 $\Delta R^E_S(0,0,\Delta Z_S)$,$\Delta Z_S$ 为舰的沉浮运动,它将归纳在式(8-2)的第三项中,作为甲板运动跟踪项。

式(8-2)中的第 2 项 $L^E_{B_0} R^{BS}_{a,OS,Des}$ 为在平静海况下,直升机相对于 F_{ES} 坐标系中的期望轨迹,亦即相当于舰在行驶时,直升机在以 O_S 为原点的 NED 坐标系中的运动轨迹 $R^E_{aS,OS,Des}$,它是由定义在 F_{BS} 中的期望飞行轨迹 $R^E_{a,OS,Des}$ 通过方向余弦 $L^E_{B_0}$ 得到的,即

$$R^E_{aS,OS,Des} = L^E_B R^{BS}_{a,OS,Des} \quad (8-5)$$

式中,$L^E_{B_0}$ 为平静海洋时,飞机轨迹从坐标系 F_{BS} 转换到 F_{ES} 坐标系的转换矩阵,且

$$L^E_{B_0} = \begin{bmatrix} \cos\psi_{s_0} & -\sin\psi_{s_0} & 0 \\ \sin\psi_{s_0} & \cos\psi_{s_0} & 0 \\ 0 & 0 & 0 \end{bmatrix} \quad (8-6)$$

式(8-2)的第三项 $K(d)[\Delta \mathbf{R}_S^E+(\mathbf{L}_B^E-\mathbf{L}_{B_0}^E)\mathbf{R}_{a,OS,Des}^{BS}]$ 表示海洋不平静时,舰体产生沉浮运动,以及舰产生航向欧拉角偏移量 $\Delta\psi$,滚转角 ϕ_S,俯仰角 θ_S 时,对定义在 F_{ES} 坐标系中的飞机期望轨迹的修正,在临近着舰点时飞机的期望轨迹应跟踪舰的沉浮运动以及跟踪由于甲板的滚转,偏摆及俯仰运动而引起的在 F_{ES} 坐标系中的线运动。

式中 $\mathbf{L}_B^E$ 为舰体坐标系 F_{BS} 转换为 F_E 坐标系的方向余弦,且 $\mathbf{L}_B^E$ 为

$$\mathbf{L}_B^E = \begin{bmatrix} \cos\theta_S\cos\psi_S & -\cos\phi_S\sin\psi_S+\sin\phi_S\sin\theta_S\cos\psi_S & \sin\phi_S\sin\psi_S+\cos\phi_S\sin\theta_S\cos\psi_S \\ \cos\theta_S\sin\psi_S & \cos\phi_S\cos\psi_S+\sin\phi_S\sin\theta_S\sin\psi_S & -\sin\phi_S\cos\psi_S+\cos\phi_S\sin\theta_S\sin\psi_S \\ -\sin\theta_S & \sin\phi_S\cos\theta_S & \cos\phi_S\cos\theta_S \end{bmatrix}$$
(8-7)

所以,$(\mathbf{L}_B^E-\mathbf{L}_{B_0}^E)\mathbf{R}_{a,OS,Des}^{BS}$ 表示飞机仅跟踪舰的偏摆 $\Delta\psi$ 及 ϕ_S,θ_S 角运动而引起的甲板角运动。

式(8-2)中的 K_d 为一权函数。只有当飞机离 O_S 的距离 d 减小到一定时,才对甲板运动进行跟踪,$K(d)$ 以指数形式,随 d 的减小逐步加入。

$$K(d)=\exp\left[-\left(\frac{d-d_0}{0\cdot 2d_0}\right)^2\right], d>d_0 \qquad (8-8)$$

$$d=|\mathbf{R}_{aS}^E|=|\mathbf{R}_a^E-\mathbf{R}_S^E| \qquad (8-9)$$

当 $d\leqslant d_0,K(d)=1$。

例如可取 $d_0=95\mathrm{m}$。该 d_0 的大小应考虑飞行器动态运动有足够过渡时间以跟踪甲板运动。对式(8-2)进行微分,可得飞行器在 F_{ES} 坐标系中的期望轨迹的速率。

$$\dot{\mathbf{R}}_{a,OS,DES}^E(t)=\dot{\mathbf{R}}_{S_0}^E(t)+\mathbf{L}_{B_0}^E\dot{\mathbf{R}}_{a,OS,Des}^{BS}+K(d)[\Delta\dot{\mathbf{R}}_S^E+ \\ (\mathbf{L}_B^E-\mathbf{L}_{B_0}^E)\dot{\mathbf{R}}_{a,OS,Des}^{BS}+\mathbf{L}_B^E\widetilde{\boldsymbol{\omega}}_S^S\mathbf{R}_{a,OS,Des}^{BS}] \qquad (8-10)$$

式中:$\widetilde{\boldsymbol{\omega}}_S^S$ 为舰的角速度矩阵。

$$\widetilde{\boldsymbol{\omega}}_S^S=\begin{bmatrix} 0 & -\omega_z & \omega_y \\ \omega_z & 0 & -\omega_x \\ -\omega_y & \omega_x & 0 \end{bmatrix} \qquad (8-11)$$

式中:$\omega_x,\omega_y,\omega_z$ 为舰船的三轴角速度。

8.1.3 基于着舰点的三维期望轨迹的生成

8.1.2 节建立的期望轨迹 $\mathbf{R}_{a,OS,Des}^E(t)$ 是建立在以舰质心 O_S 为原点的 NED 坐标系即 F_{ES} 坐标系中的。而飞行器着舰的期望轨迹应建立在以着舰点 O_{td} 为原点的 NED 坐标系即 F_{Etd} 坐标系中。故应考虑 O_S 与 O_{td} 的斜距矢量 $\overline{O_S O_{td}}$,将坐标点 O_S 平移至 O_{td}。从而构成以着舰点 O_{td} 的 F_{Etd} 坐标系中的期望三维轨迹 $\mathbf{R}_{a,td,Des}^E(t)$,且

$$\boldsymbol{R}_{a,td,Des}^{E}(t) = \boldsymbol{R}_{a,OS,Des}^{E}(t) + \boldsymbol{L}_{B}^{E}[L_{td} \quad -Y_{td} \quad G_{td}]^{T} \qquad (8-12)$$

式中：L_{tD} 为着舰点 O_{td} 在舰质心 O_S 前方的距离；G_{td} 为 O_{td} 在 O_S 上方的距离；Y_{td} 为 O_{td} 在 O_S 右边的距离。其几何关系如图 8-2 所示。

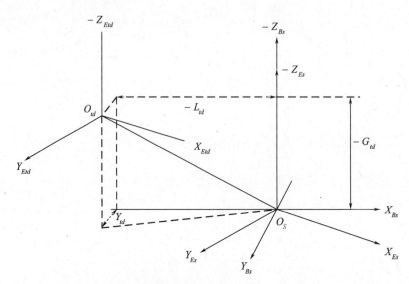

图 8-2　理想着舰点 O_{td} 与质心 O_S 的几何关系

8.2　无人直升机进场着舰三维制导系统结构

图 8-3 给出了无人直升机进场着舰三维制导系统总体结构，制导系统的输入为在 F_{Etd} 坐标系中实时生成的期望轨迹 $\boldsymbol{R}_{a,td,Des}^{E}(t)$。$\boldsymbol{R}_{a,td}^{E}(t)$ 为 GPS 测得的飞机相对于 F_{Etd} 坐标系的空间位置，它与 $\boldsymbol{R}_{a,td,Des}^{E}(t)$ 之间的制导误差为 $\Delta \boldsymbol{R}_{a,td,Des}^{E}(t)$，经制导律处理，形成 F_{Etd} 坐标系中的三轴速度误差，为了加速制导系统的动态过程，引入在 F_E 坐标系中的期望轨迹速度信号 $\dot{\boldsymbol{R}}_{a,td,Des}^{E}(t)$，然后通过 $\boldsymbol{L}_E^B$ 方向余弦阵，转化为机体轴中的速度误差控制信号，经三轴飞行速度控制系统，得出三轴速度的修正量，经 $\boldsymbol{L}_B^E$ 阵及运动学转为飞机在 F_{Etd} 坐标系中的空间位置 $\boldsymbol{R}_{a,td}^{E}$。

图 8-4 为引入期望基准轨迹生成过程的着舰制导系统，并引入了对甲板运动跟踪信息，使飞机接近着舰点时，由制导系统使飞机跟踪甲板运动。

根据本章所建立的制导系统总统结构，可针对不同类型的直升机，分别给出其制导系统的实现途径，使其更具体，更工程化。

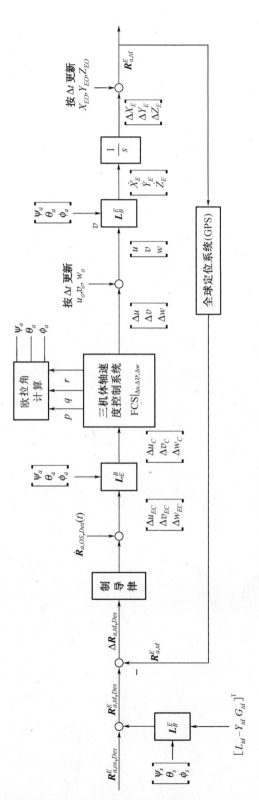

图 8-3 无人直升机进场着舰三维制导系统总体结构

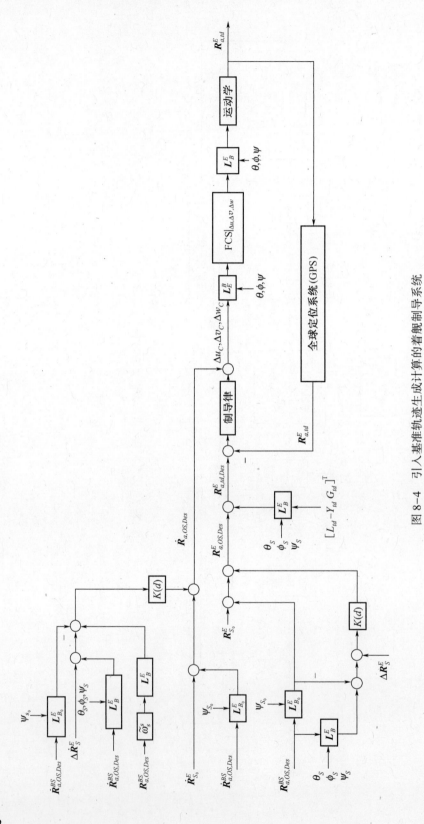

图 8-4 引入基准轨迹生成计算的着舰制导系统

思 考 题

1. 为实现无人直升机的进场与着舰,需有哪些坐标系？如何表述飞机及舰在各坐标系中的轨迹？
2. 试说明着舰时飞机在地面坐标系中的运动表达式 $\boldsymbol{R}_a^E = \boldsymbol{R}_{ax}^E + \boldsymbol{R}_s^E$ 的物理意义。
3. 写出无人直升机着舰时的三维期望基准轨迹的表达式及其物理意义。
4. 写出以着舰点 O_{td} 为原点的,在 F_{Etd} 坐标系中的三维期望轨迹表达式及其含义。
5. 作出无人直升机进场着舰三维制导系统总体结构。说明其工作的基本原理。

第9章 直升机光传操纵系统

9.1 光传飞行控制系统概述

9.1.1 光传操纵系统发展及研究现状

1. 发展背景

自1903年莱特兄弟用机械操纵系统完成人类首次飞行以来,科学技术突飞猛进,飞机性能不断提高,飞机上各种系统也日趋完善。然而飞机操纵系统的发展相对缓慢,机械操纵系统仍在许多飞机上使用。这种系统在驾驶杆和飞机的舵机之间存在一套相当复杂的机械联动装置和液压管路。驾驶员操纵驾驶杆,通过联动装置控制舵面,以保持期望的飞行姿态和航迹。

随着飞机性能的不断提高,这种单纯的机械操纵系统已远不能满足要求。于是设计者们借助于增稳系统和控制增稳系统改善飞机的操纵性能。尽管如此,机械操纵系统的固有缺点还是难以克服,如体积大、重量重、存在摩擦间隙非线性等。20世纪50年代末人们提出了一种全新的方案——电传操纵系统(Fly-By-Wire, FBW),它消除了机械操纵系统中布满机身内部的连杆装置。电传操纵系统的优点是明显的,它减轻了操纵系统的重量,减小了体积,节省了设计和安装时间,提高了飞行操纵系统的可靠性、生存性,大大改善了飞机的操纵品质。但电传操纵系统也有其自身的缺陷,其中最主要的是它不能防御电磁干扰(EMI)和闪电等造成的电磁脉冲(EMP)。

现代飞机性能不断提高,电子设备日趋复杂,飞机的大型化和采用余度技术等必然导致电缆用量增加,线路布局更加复杂,增加了各线路间的干扰、地环流的相互影响等,严重时系统将不能正常工作。

与此同时,未来的飞机期望采用复合材料代替目前使用的铝合金,这对于减轻飞机重量,提高飞机机动性是极为有利的,预计可减少飞机重量的15%~40%。但作为飞机蒙皮的铝合金外壳起着电磁屏蔽罩的作用,它可大大减轻飞机遭电磁干扰时对飞控系统的影响,铝合金材料应用的减少、复合材料应用的增加意味着这种屏蔽作用的削弱乃至消失,因此必须采取额外的防御措施。

另外,核爆炸时会产生强烈的电磁辐射,电磁场强度相当大,对金属导线及电子元器件组成的电传操纵系统的危害相当大。作为军用战术飞机,电子战的对抗也对飞机内的电子系统的生存能力提出更高的要求。

早在20世纪60年代,英国标准电信研究所华裔科学家、诺贝尔奖获得者高锟(K. C. Kao)博士首先预言光纤用于信号传输的前景。1970年美国康宁(Corning)公司研制成功20dB/km的低损耗光纤,正式揭开了光纤通信的序幕。1975年,2dB/km的低损耗光纤被开发成功,接着在1979年,被认为是接近理论极限值0.2dB/km的低损耗光纤再度开发成功。从此光纤通信技术得到了飞速发展。把光纤传输技术引入到飞行控制系统的信号传输,产生了光传操纵系统(Fly-By-Light,FBL)。

光传操纵是指飞机的飞行控制、发动机控制中以光纤作为信号传输媒介,以光信号代替电信号进行信息传输,它可有效地防御 EMI、EMP,防止雷击、核爆炸等引起的电磁脉冲干扰,而且具有体积小、重量轻、传输容量大等优点,从而进一步改善了飞机的操纵品质,提高了飞机系统的可靠性及生存能力。

可以预见的是,光传操纵系统将首先在直升机上得到广泛应用。因为相对于固定翼飞机,直升机空间更加狭小,基本上所有的电子设备均集中于机头座舱的下方,相互干扰严重。并且由于直升机特定的飞行任务,它在工作中更易受外界环境的影响。随着现代化战争的发展,直升机被越来越多地应用于电子战,信息战等非常规作战任务,光传操纵系统在直升机上的应用显得更为重要。由光纤代替铜导线传输是 21 世纪发展的必然趋势,光传操纵系统被航空界誉为第三代操纵系统。

2. 光传操纵系统的优点

光传操纵系统采用光纤作为传输媒介,信号传输以光的形式,而不是以电的形式进行传递,因而具有许多独特的优点。

(1) 光纤可以有效地防御电磁干扰、电磁感应以及由闪电或雷击引起的电磁冲击,对核爆炸引起的电磁脉冲不敏感,这是光纤用于飞控系统最直接、最主要的原因。

(2) 光纤一般由 SiO_2 晶体组成,纤芯很细,可以大大减轻系统的质量。如 1km 长 8 芯光缆质量仅为 60kg,而相同损耗率的 1km 长 8 芯铜缆质量为 4.8t。军用特制光缆每千米质量最轻仅有 5kg 左右。

(3) 光纤作为介质材料,不向外辐射能量,不存在金属导线所固有的地环流和由此引起的瞬间扰动。

(4) 光纤的频带很宽,信号传输速率高、容量大,利用时分复用技术和波分复用技术可实现信号的多路传输,由此可大大降低传输线缆所占的空间和体积。

(5) 光纤在机载环境下(高温、高压、振动等)抗腐蚀性和热防护品质优良。

(6) 光纤的电隔离性好,避免了电火花的产生,从而消除了电火花引起爆炸的可能性。

(7) 传输损耗低,同轴电缆 1.5km 需有中继站,而光纤可传输上百千米而无需中继站。

(8) 与铜电缆相比,光纤具有较大的成本优势。

表 9-1 所列为美国 A-7 飞机的飞控系统采用光纤和铜导线的比较,从中可看出光传操纵的优势。

表 9-1 A-7 飞机的光传、电传比较

	铜导线	光纤	比 较
所用数量	302	13	减少 95.6%
电/光缆连接器质量/kg	14.45	1.2	减少 91.7%
总长度/m	576.1	68.3	减少 88.1%
费用/美元	1630	1030	减少 36.8%

3. FBL研究概况

国外对光传系统的研究早在20世纪70年代初就已经开始,特别是以美国为首的西方国家凭借先进的科技和雄厚的资金,对光传系统的研究处于领先地位,已取得了一系列成果。

现归纳从20世纪60年代至21世纪初期的发展历程。

1. 20世纪60年代

美国20世纪60年代开始光传系统的研制工作。美国陆军提出一项"先进数字光学控制系统(ADOCS)计划",以使武装直升机具有全天候贴地飞行的性能。其系统原理结构如图9-1所示。

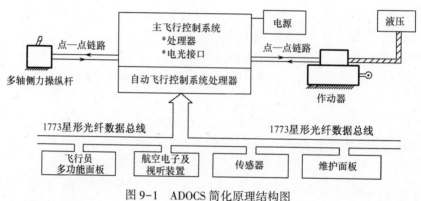

图9-1 ADOCS简化原理结构图

图9-1仅是三通道之一。主飞行控制系统(PFCS)包括驾驶员控制器、处理器和由光纤连接的作动器,每个主飞行控制系统通道均是自监控的,具有双故障容错能力。主飞行控制系统提供飞行安全可靠性,而自动飞行控制系统提供控制律和自动选择状态。自动飞行控制在每个主飞行控制系统复合计算机中有一个处理机,通过故障监控提供故障—工作、故障—安全余度。

在这种高度综合自动控制系统中,自动飞行控制系统希望从与任务设备总线相接的光学接口获得全部必要的传感器数据。

2. 20世纪70年代

1975年,美国空军飞行试验中心在A-7D飞机上开始进行数字战术飞行控制系统(DIGTAC)计划,利用光纤作为多功能飞控系统的数据传输线,机上设有多路传输双通道光纤数据传输线及双通道的同轴电缆传输线,如图9-2所示,信号传输可采用下列3种方法中的任一种:①通过光纤传输;②通过同轴电缆传输;③光纤和同轴电缆同时传输。

英国马可尼公司20世纪70年代在美国YC-14飞机上试验了光传操纵系统,试验机的驾驶舱与舵机之间无电连接,取得了合格证。后来又将该光传系统用于短距起降(STOL)飞机和直升机。这是马可尼公司在10年中所进行的光传飞控、光电转换和综合航空电子/光学系统重要研究成果的体现。

1979年,美国洛克希德·乔治亚公司在一架卡普罗尼喷气滑翔机上实验了光传操纵系统,把光纤信号传输用于俯仰通道的控制,如图9-3所示,其目的是在飞行中研究和评

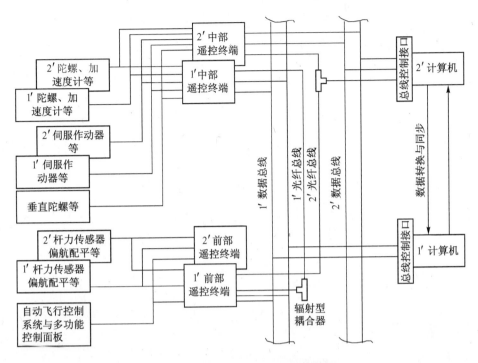

图 9-2　数字战术飞行控制系统框图

定一种采用光纤进行指令和反馈信号传输的闭环数字飞行控制系统,于 1979 年 9 月进行了试飞,获得了满意的结果。试验表明,与电传操纵系统相比,光传操纵系统在抗电磁干扰、减轻重量、提高可靠性等方面有明显的优势。

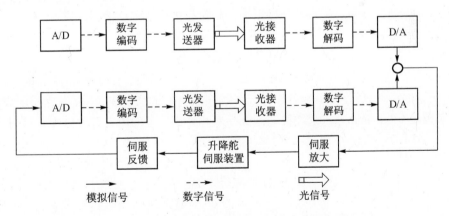

图 9-3　卡普罗尼喷气研究滑翔机光传操纵系统结构图

随着光纤技术飞速发展,光纤技术在航空领域的应用越来越广泛,包括飞行控制和发动机控制,一些关键技术得到开发,如时分复用(Time Division Multiplexing,TDM)和波分复用(Wave Division Multiplexing,WDM)技术。

在 1979 年,波音空间防卫集团的格雷米勒公司(Glen Miller of Boeing Defense & Space

Group(D&SG))研制成时分复用(TDM)位置传感器,波音公司于1982年申请专利。然后联合技术哈密顿标准公司(United Technology/Hamilton Standard)和派克贝梯公司(Packer Bertea)分别开发出用于传感器的时分复用技术,这两项技术也被授予了专利。图9-4所示为时分复用技术的发展历史。

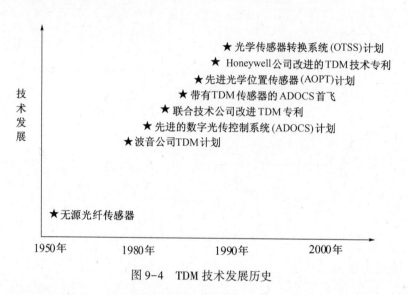

图9-4 TDM技术发展历史

3. 20世纪80年代

第一个对TDM技术产生重大影响的是美国陆军1982年1月的先进数字光传控制系统(ADOCS)计划,该计划授予波音空间防卫集团直升机部。在此计划基础上,联合Teledyne Ryan电子公司和Honeywell公司在UH-60A直升机上研制了一种基于时分复用技术的综合飞行控制子系统,在这个子系统里,24个数字光学线性位移传感器多路复用到一个通用的电光接口中。从驾驶杆操纵输入到执行机构位置反馈,共进行了550h的闭环飞行试验,机械飞行控制系统只作为备份,装有ADOCS的UH-60A"黑鹰"直升机,于1985年11月首飞,这是飞机操纵系统发展史上的里程碑。

ADOCS计划是美国陆军发起,波音飞机公司研制。研制ADOCS的目的是加速直升机飞控技术的发展,使直升机配备适合于各种作战目的的飞控系统,以完成夜间飞行、贴地飞行、巡逻/攻击等任务。其优良的操纵品质和完成任务的能力充分体现了这一技术的成功。在ADOCS验证的技术最终均移植到RAH-66"科曼奇"直升机的设计中,并且完善了新的直升机操纵品质规范ADS-33。据波音公司称,采用光传操纵系统可使4t左右的直升机的飞控系统的质量减少25%,可减轻110kg左右,这对发展未来重型武装直升机是极有利的。该系统由光传感器、三余度光缆、微处理机和操纵传动器组成,如图9-5所示。

4. 20世纪90年代

为进一步研究TDM技术,波音公司直升机部和Teledyne Ryan电子公司于1990年联合发起光学传感/转换系统(Optical Transducer/Switch Subsystem, OTSS)计划,在该计划中,其中一个主要技术挑战是为TDM传感器开发故障检测与隔离方案,同时提高TDM传

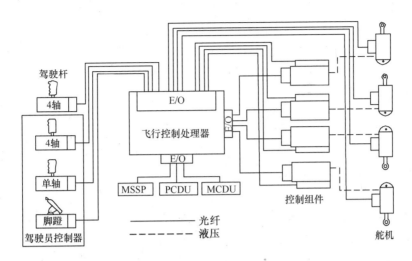

图 9-5　数字光传操纵系统框图

感器的可生产性,减小插入损耗。该计划的目的是研制出 6in① 量程、12 位双余度线性传感器、±12°量程、8 位三余度旋转传感器和能连接 36 个传感器的三余度电光接口装置。在权衡研究后,故障检测方案选择双重在线监控(Dual-in-Line Monitoring,DLM)方案。

另外,美国空军在 A-7D 飞机上用光纤系统进行了总共 21 次、历时 110h 的飞行试验,在此期间,光纤传输系统及机载计算机没有发生信息错误。80 年代末 90 年代初,美国为保持光传系统的领先地位,美国国防部(DoD)和 NASA 主持了一系列研究开发计划,如光纤控制一体化计划(FOCSI)、未来先进控制技术研究(FACT2000)计划、FBL 飞控系统研究计划等。FBL 飞控系统研究计划的主要目标是到 2000 年开发出具有明确规范的 FBL 飞控系统,并在 NASA TSRV 上完成试飞测试。该方案源于光纤 ARINC629 数据总线,随着光纤元件(如传感器、作动器)在 FBL 方面的应用而扩展,主要分 3 个阶段:以 ARINC629 光纤数据总线为第一阶段,第二阶段包括光纤传感器和带有电子放大器的作动器,第三阶段包括采用光控能量的光作动器。

FOCSI 计划是由 NASA、美国海军、空军三方发起的,设计开发先进的综合光纤飞行/推力控制系统。该计划自 1985 年开始以来,取得了几个阶段性成果,开发研制了光纤传感器、电光接口模板等,目前已将研究重点放在光作动器、光纤数据总线及其规范的研究。

另据英国《国际飞行》1993 年 11 月报道,NASA 已在美国空军爱德华兹空军基地进行了用于歼击机的光纤飞控系统的飞行试验,载机为 F-18,该飞行试验是 NASA 和美国海军联合进行的光纤控制一体化计划(FOCSI)的一部分,为正在研制的光传飞控系统作准备。FBL 系统利用光传感器和光纤数据链代替常规飞控系统的复杂布线,具有效率高、重量轻和可靠性高等特点。试验是在 F-18 上安装了无源的模拟和数字光传感器,试验的目的是验证几种可用于飞机飞控系统的新技术,这些系统在试验时是作为备份系统使

---

① 1 英寸(in)= 2.54 厘米(cm)。

用的。记录了它们在各个阶段的性能数据,以供与常规飞控系统比较分析。另外研制出的一套光传感器组件已于1994年进行了试飞,用来监测发动机进气道温度、叶片温度、压缩机进气道温度、涡轮喷气温度、压缩机的几何位置、轴和风扇转速;其他传感器用于探测可变喷管位置和温度等。

据报道,德国 MBB 公司正在 BO-105 直升机上试飞光传偏航控制系统的样机,它的三余度光纤通道信号以光脉冲形式传送至二余度尾桨作动器。

20世纪90年代后期麦道飞机公司以研制高性能运输机作为目标,正在开发研制综合光传飞行控制与航空电子系统(Integrated Fly-by-light Aircraft Controls and Avionics System,ACAS),以综合各种先进技术。ACAS 光传结构把飞行控制和发动机控制完全结合起来,以便协调控制,优化性能。据麦道飞机公司称,仅飞行控制和发动机控制系统用 FBL 代替 FBW 能减轻1000多磅①,比机械操纵系统减轻2000多磅。

据1996年10月27日~30日在美国亚特兰大召开的第15届数字式航空电子系统会议(15th IEEE/AIAA Digital Avionics System Conference)报道,麦道飞机公司开发了军民两用的光传飞控系统,并在 MD-90 飞机上做了地面演示,其副翼配平控制系统还做了空中演示。其先进的光传系统项目中有三项任务:任务一为综合光缆装置及部件的开发,如高密度光纤条状缆线和接口部件及其在飞机上的安装和维修技术;任务二为基于飞行控制和航空电子系统的柔性结构,进行光传飞行控制硬件及系统的开发和演示。任务三将演示光传飞机闭环控制系统的功能。

MD-90 光传副翼配平(FLOAT)系统的飞行演示设备包括:二个光传飞行控制/电传动力(FBL/PBW)配平作动器,一个12位的双通道数字式光学旋转式位置传感器,一个光缆装置和二个作动器控制器。FLOAT 的质量为27.2kg,而目前系统的总质量为51.3kg,减少24.1kg。

会议还报道 Honeywell 公司已实现主要飞行控制的光传数字总线系统、光传主飞行控制计算机(PFC)、远程终端/分布单元(RDU)、低成本光纤数据链和灵巧式作动器。

雷神飞机公司正在研制的飞机光传控制系统包括飞行控制和发动机控制,具体地说,驾驶舱发出的控制信号,通过光纤送到电子式作动器,由作动器操纵飞行控制面,或控制发动机功率和其他系统(如起落架等)。目前雷神飞机公司已完成了一架"比奇"喷气式发动机光传控制装置研制、安装和试飞。该发动机控制系统已被一个三自由度光纤网络和若干传感器、作动器所代替,试飞结果表明,光传控制方式下的发动机操纵容易,稳定性好。

5. 21世纪初期

由于光传感器技术、光作动器技术的日益成熟,以及综合航电系统的发展,使得新世纪光传操纵技术的研究重点转到了多节点、高可靠的高速光传实时网络的研究上。早在20世纪80年代中期,在数字式航空电子信息系统(DAIS)设计思想的基础上,结合当时出现的新技术(超高速集成电路、高速光纤总线技术等),美国空军适时提出了"宝石柱(Pave Pillar)"计划,全面开展了第四代战斗机航空电子系统研究

---

① 1磅(lb) = 0.4536千克(kg)。

工作。其相应的计算机体系结构为分布式结构(也称光纤局域网)。该分布式计算机系统以超高速集成电路和通用模块为基础;采用高速光纤总线技术以进一步提高数据通信能力,适应数据交换的需要;通过多层次的容错和重构能力提高了整个系统的工作可靠性;加强了对故障部件的检测和诊断能力,使原先的三级维护概念更新为二级维护。该分布式系统是由多个构形完全相同或相近的计算机簇(Cluster)组成,这些计算机簇通过高速光纤总线连接,并通过另一条高速光纤总线从系统海量存储器动态加载程序和数据,每个计算机簇本身是一个采用消息传输机制的多处理机系统。该计划的典型产物是 F-22 和 RAH-66。

20世纪90年代初,美国空军在"宝石柱"计划的基础上又进一步提出了"宝石台"(Pave Pace)计划,向人们展示了21世纪初航空电子综合系统结构的概貌。它主要从两个方面对"宝石柱"计划进行改进,一是使通信、导航和识别(CNI)、雷达和电子战等系统进一步高度综合,从而在功能和性能方面有了一个新的飞跃;另一方面是综合核心处理机(ICP)的使用,这包括两个方面:一是用光子交换网络(高速无阻塞点对点光纤传输网络,PDN)替代原先的分时复用的高速光纤数据网络,二是将"宝石柱"计划中的计算机簇取消,簇中各处理机直接与光子交换网络相连。这带来两个方面的好处:一是不再需要分配一个大的、连续的空间给计算机簇,使飞机设计更灵活;二是由于物理上的更有效的分布,使之具有更好的抗毁性。"宝石台"计划的其他重要方面还有人工智能(专家系统和神经网络)的采用、多芯片模块(MCM)的普遍应用以及模块的进一步通用化。

数据传输总线是机载计算机系统中的关键技术之一,随着计算机体系结构的演变,总线技术也发生了深刻的变革。最初在航空中得到应用的总线是 ARINC 429,这是一种单向数据总线,最多可与20个接收终端相连接,数据传输速率最高为100Kb/s,目前已在波音757、波音767、空客 A310、A320 等大型客机上被采用。1973年,美国公布了军用标准 MIL-STD-1553B 总线,这是一种双余度的双向总线,最多可连接31个接收终端,数据传输速率最高为1Mb/s,使用双相曼彻斯特编码格式。这种总线不仅被应用于空军,而且也被应用于海军、航天等领域,它不仅得到美国认可,在 F-16、F-18、B-1 和 AV-8B 等多种飞机上得到应用,而且在欧洲等国也被广泛采用。与此同时,波音公司花费5年多的时间研制了一种与 MIL-STD-1553B 总线相当的总线,当时该总线被称为数字式自主终端存取通信(DATAC),目前被确定为 ARINC 629 标准总线。它最多可连接120个终端,数据传输速率最高为2Mb/s,使用双相曼彻斯特编码格式,采用的通信协议为带有冲突回避的载波检测多路存取(CSMA/CD)的工作协议。美国空军从80年代初开始,在 SAE 4074.1 和 SAE 4074.2 总线标准的基础上,公布了高速光纤总线标准,称为 J88-N2,其数据传输速率为50Mb/s,分为高速线性总线和高速环型总线两大类,采用令牌方式工作协议。该总线目前已在 F-22 飞机上应用。与此同时,如波音777飞机等,采用了光纤分布式数据接口(FDDI)的光纤数据传输总线,如图9-6所示。从20世纪90年代初开始,以麦道飞机公司为首的一些公司,开始了在21世纪初军用飞机航空电子系统中采用新一代高速光纤总线的研制工作。该总线应能支持多种数据传输速率(能同时适应传感器、视频和数据通信),同一时刻能提供多个数据传输通路,不依赖于任何通信协议,网络必须能提供通信双方之间的直接通路,且应该是容错的。

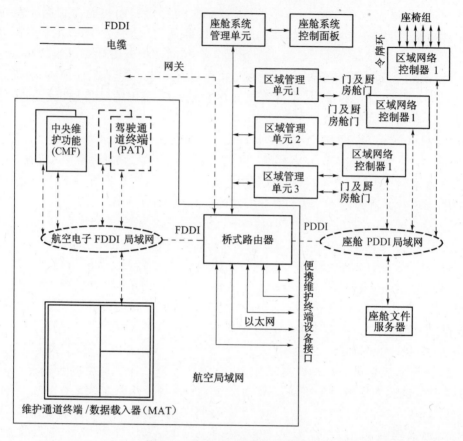

图 9-6 波音 777 机载光纤局域网

联合先进攻击技术(JAST)是唯一进入 21 世纪的美军战斗机研究计划,该计划根据美军对新一代作战飞机所面对的战场环境的构想,提出了第四代航空电子系统体系结构的技术需求定义。

根据目前有关资料表明:未来综合化射频部分与数据处理部分的传输速率为7Gb/s,综合化光电部分与数据处理部分的传输速率为 2Gb/s,座舱显示与数据处理部分的传输速率为 2Gb/s,数据处理部分本身的传输速率为 1Gb/s。

9.1.2 光传操纵系统总体配置

一般情况下,最基本的单通道光传飞行控制系统的结构配置如图 9-7 所示。在该系统配置中,飞行员指令、飞机运动姿态、大气数据等信息由光学传感器感应出来,通过光纤数据总线传输给飞行控制计算机。由于目前距离纯光学计算机的实用还有相当遥远的距离,因此目前的计算任务仍由电子计算机承担。因此,计算机需要将光纤上的光信号转换成电信号后才能进行解算处理。处理完毕后的数据再经电光转换接口转换成光信号,通过光纤传递给各舵面作动器及座舱内的相应仪表。

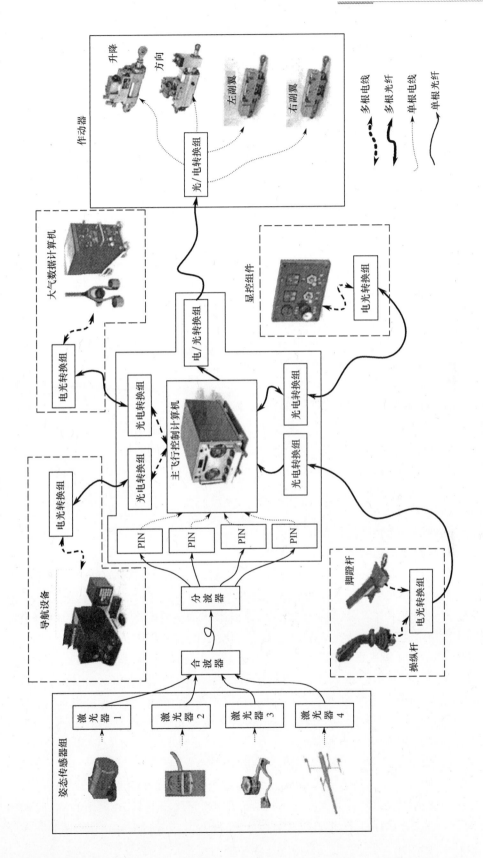

图 9-7 典型光传系统配置框图

9.2 光传操纵系统的关键技术

在目前所研制的 FBL 系统中,计算机发出的指令信号及电传感器的信号必须经电/光转换才能在光纤中传输,光信号也需经过光/电转换成电信号去驱动舵机。系统中各种信号的测量、放大、处理等仍依赖于电气系统。从光传系统的性能和发展趋势看,研制纯光传系统是必然趋势和最终目标,要实现这个目标还有许多关键技术需要研究。本节将讨论光传操纵系统中的几个关键技术。

9.2.1 光传操纵系统的关键组件

FBL 系统的性能和可靠性取决于光源、光纤、光检测器等光电器件,因此,光电器件的选择是成功设计光传系统的关键之一,不同于其他民用领域,航空领域的应用特别强调可靠性和使用寿命。下面讨论航空领域光电器件所应具有的特性。

1. 光源及调制技术

1) 光源

航空光电系统是在非常恶劣的环境下工作的,温度从 $-55 \sim 125℃$,且振动很大。发光器件一般采用发光二极管(LED)或激光二极管(LD)。

发光二极管的特点是寿命长、温度特性较好、价格低廉、可靠性高、适用于低、中速短距离传输系统。其缺点是与光纤耦合比较困难,耦合效率较低。

激光二极管的特点是功率较大,发射角小、光谱特性好、适用于高速长距离传输系统。缺点是工作寿命短、存在模式干扰、可靠性一般并且制造工艺难度大、成本高。使用激光二极管时,还需要增加自动温度控制(ATC)、自动功率控制(APC)和寿命监测报警等辅助电路,从而使得调制电路结构比较复杂。

2) 光源调制技术

目前广泛使用的光纤通信系统均为强度调制—直接检波系统,对光源进行强度调制的方法有内调制和外调制两类。

(1) 内调制技术。内调制即直接对光源进行调制,又称直接调制,它通过控制半导体激光器的注入电流的大小改变激光器输出光波的强弱。

内调制方式的特点是简单、损耗小、成本低、输出功率与调制电流成正比。但由于调制电流的变化将引起激光器发光谐振腔的长度变化,从而引起发射激光的波长随调制电流线性变化,即产生调制啁啾(即直接调制光源无法克服的波长(频率)抖动)。啁啾的存在展宽了激光器发射光谱的线宽,使光源的光谱特性变坏,限制了系统的传输速率和距离。一般情况下,在常规 G. 652 光纤上使用时,传输距离 $\leq 100km$,传输速率 $\leq 2.5Gb/s$。

(2) 外调制技术。外调制即不直接调制光源,而是在光源的输出通路上外加调制器对光波进行调制,此调制器实际起到一个开关的作用。这种调制方式又称作间接调制。

恒定光源是一个连续发送固定波长和功率的高稳定光源,在发光的过程中,不受电调制信号的影响,因此不产生调制频率啁啾,光谱的谱线宽度维持在最小。光调制器对恒定光源发出的高稳定激光根据电调制信号以"允许"或者"禁止"通过的方式进行处理,在调制的过程中,对光波的频谱特性不会产生任何影响,保证了光谱的质量。与内调制激光器相比,大大压缩了谱线宽度,一般能够做到小于等于100MHz。

外调制方式的激光器比较复杂、损耗大,而且造价也高。但调制频率啁啾很小或接近于无,可以应用于大于等于2.5Gb/s的高速率传输,而且传输距离也超过300km以上。

2. 光纤

光纤是一种传导光波的介质传输线。"射线(几何)光学"和"波动光学"是分析光纤的两种基本理论。射线光学是把光看作射线,引用光学中的反射和折射原理来解释光波在光纤中传播的物理现象;波动光学是把光波当作电磁波,把光纤当作光波导,用电磁场分布的模式来解释光纤中的传播现象,用此模式理论能比较完整和全面地解释光纤中的传播现象,但在解释光加于光纤端面时的情况时还是需要用射线理论来表示显得较直观。

普通光纤是一种透明的圆柱形细丝,其核心部分由圆柱形玻璃纤芯和玻璃包层构成,最外层是一种弹性耐磨的塑料护套。实用光纤为保持足够的强度,还在纤芯包层外涂有环氧树脂和硅胶保护层。其典型结构如图9-8所示。

按照纤芯折射率分布和光纤传导模式不同,可把光纤分为3类,如图9-9所示。一般光纤纤芯折射率n_1和包层的折射率n_2都为一常数,且$n_1>n_2$,在纤芯和包层的交接面处折射率成阶梯型变化,如图9-9(a)、(b)所示。光纤纤芯的折射率n_1随着直径的增加按一定的规律减少,到纤芯与包层的交界处为包层的折射率n_2,称为渐变折射率光纤,如图9-9(c)所示。

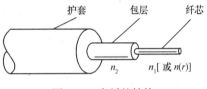

图9-8 光纤的结构

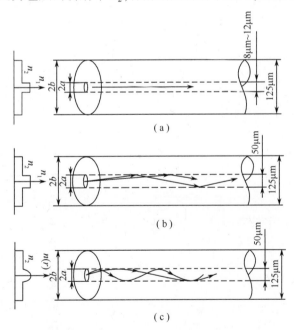

图9-9 几种主要的光纤传输方式
(a)阶跃折射率单模光纤;(b)阶跃折射率多模光纤;(c)渐变折射率多模光纤。

当光纤的纤芯很细时,光纤只允许与光纤轴一致的光波射入光纤端面,并在光纤中传播,这种光纤称为单模光纤(SMF),如图9-9(a)所示;当光纤的纤芯较粗时,则可允许光波以多个特定的角度射入光纤端面,并在光纤中传播,这种光纤称为多模光纤(MMF),如图 9-9(b)、(c)所示。

从传输的观点讲,最重要的光纤传输特性参量是传输损耗和传输带宽(有时也称为损耗特性和色散特性),前者主要决定传播距离,后者不仅决定传输容量,而且也限制传输距离。

(1)传输损耗。光在光纤中传输时必然存在损耗,损耗程度可用衰减率来衡量。假设入射光强为 I_0,经传输 1km 后光强下降为 I_1,则衰减率定为

$$\nabla = 10\lg(I_1/I_0) \quad \text{dB/km}$$

引起传输损耗的原因主要有材料吸收、材料散射、光波导散射、光波导变曲损耗等。

(2)传输带宽。传输带宽表征了光信号通过光纤后产生延时失真的程度,限制传输带宽的主要原因是色散。色散是指组成光信号的各模色分量和频率分量的传播常数不同,因而具有不同的传播速度,从而引起脉冲展宽。

光纤的色散,主要分模间色散和模内色散两类。模间色散是多模光纤中各个模式间的色散,也称为模式色散;而模内色散也即多色色散,是指每一个模式本身对多种波长的色散,主要有材料色散和波导色散两种。单模光纤没有模式色散,只有模内色散,即材料色散和波导色散。

3. 光电转换器

光电转换组件担负光/电和电/光信号的互相转换工作,是当前光电混合系统中的关键部件。一般情况下,光收发器由发送端机和接收端机组成。发光二极管(LED)和激光二极管发射器及接收器的原理电路如图 9-10 所示。

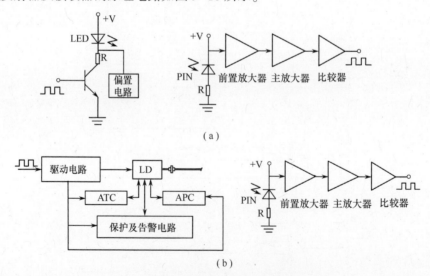

图 9-10 光发射端机及接收端机原理框图
(a) LED 收发器原理;(b) LD 收发器原理。

光发射端机的偏置电路将 LED 的工作点偏置到其临界发光点附近,以增加传输速率。输入的 TTL 数字信号电流经过晶体管放大后,流经 LED,使其发出一定功率的光。LD 光发射端机除了上述驱动电路外,还增加了自动温度控制(ATC)、自动功率控制

(APC)和寿命监测报警等辅助电路。光接收端机的 PIN 二极管接收来自发射端的光,先经过低噪声跨阻前置放大器放大,然后再经过主放大器调节到合适的电压,经比较器后转变为 TTL 数字信号输出。

光传系统中对光检测器的性能要求较高,必须具有足够高的灵敏度,对信号响应速度要快、噪声小。目前光检测器主要有 PIN 光电二极管和雪崩光电二极管(APD)。APD 需高压偏置,而且还需要温度控制器和增益控制器,这大大增加了接收电路的复杂性,降低了可靠性。因为飞机中存在非常强的电磁干扰,通过电源改变 APD 的高压偏置在多路信号中产生冲击噪声。而使用 PIN 不存在这些问题,所以在飞行控制系统中一般采用 PIN 管作为收发器光探测器。

4. 光学传感器

普通飞机的控制系统需要为数众多不同类型的传感器,分别用于线位移、角位移、温度、气压、速度、加速度等参数的测定和监控。光纤的研究和应用极大推动了光传感器的发展,但目前还没有生产出大量可为先进飞机使用的光传感器。

光传感器按功能可分为以下 7 类:速率陀螺、线性加速度计、线性位置传感器、旋转位置传感器、大气温度传感器、大气压力传感器、旋转轴速传感器。

在所有传感器中以惯性导航装置最为重要,通过它可获得飞机位置、角速度等信息。近几年,利用激光束的环形激光陀螺逐渐实用化,已用于波音 767 等飞机上。该装置由于不采用运动转子部分因而不存在由于机械装置引起的摩擦等非线性因素,可靠性很高,但在低角速度范围内存在不灵敏区,解决该问题的最佳途径是研制光纤陀螺。

光纤陀螺早在 1978 年就已提出,到 20 世纪 80 年代中期在国外就已研制成功,现在其技术日渐成熟。光纤陀螺没有机电转子和机械联动装置,因此也就没有由于机械转动装置引起的误差,并能承受较强振动和冲击,测量信号范围大(0.01~400°/h),结构简单,可靠性高,且能直接输出数字信号,因而是飞机导航设备的理想选择。

图 9-11 所示为光纤陀螺的原理图,激光器发出的光束经分束器分成反向传播的两束光,经透镜聚集后在光纤绕组中传播。当光纤陀螺静止时,两束光之间不存在光程头

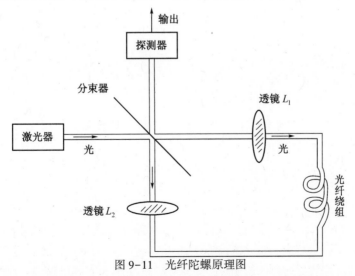

图 9-11 光纤陀螺原理图

差;当其转动时,两束光到达探测器就会有光程差,即两束光发生相移,只要探测器测得该相移,就可求得运动角速度。

此外,由于无源时分复用(TDM)传感器及电光接口等在光学测量方面性能良好,也很适合于飞行控制。

图 9-12 所示为一种典型的光纤位置传感器。由于采用了波分复用(WDM)技术使得光电装置和远程传感器之间的光纤数量减少了许多。来自发光二极管 LED 的宽谱光线经远程波分复用后被分成小的波长带照射到编码盘上的每个反射条上。反射光信号再经 WDM 重组后返回到光电装置,该光电装置通过匹配的 WDM 将光信号拆分,并照射到光检测器阵列上。接收电路对光谱进行解码后即可得到线性位置传感信息。

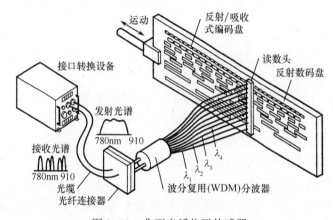

图 9-12 典型光纤位置传感器

图 9-13 所示为一种典型的转速传感器,它的电子接口和处理算法与光纤位置传感器相同。其工作原理是以正比于转速的频率调制光的强度。这种思想可通过在光纤和反射镜之间加装断路转盘实现,也可通过具有反射区/非反射区交替出现的代码盘实现。传感器的反射光会在输出端产生一个强脉冲,通过测量强脉冲的频率即可得知转轴的角速率。

5. 光学舵机系统

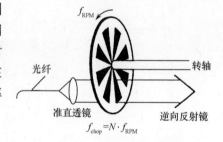

图 9-13 转速光纤传感器

为进一步提高光传操纵系统的可靠性,更大程度地减轻重量,增强抗 EMI 和 EMP 的能力,有必要用光传作动系统代替现有的电传作动系统。未来的纯光传系统应采用激光舵机,即由光信号来控制输出大功率的机械装置(中间不经过光电变换)。目前已研制成功了小功率的光化学反应舵机,利用光的亮、灭使化学物质(如 NO_2)分解,产生压力差驱动机械机构。但是此类舵机目前还不足以投入应用,仍有待于进一步开发验证。

由于纯粹的光驱动舵机尚不能投入实用,所以目前的光传舵机一般采用光/电混合控制方式,如图 9-14 所示。控制器接收到经光电转换后的上位飞行控制计算机的控制指令后,根据控制算法向相应的功率驱动芯片发出一定宽度的 PWM 脉宽调制信号,从而驱动光传伺服舵机的摆臂偏转。该光电混合伺服舵机系统具有如下特点:

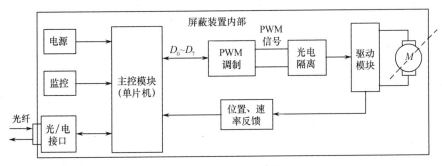

图 9-14 光/电混合式舵机

（1）控制简单，便于和数字系统接口。由于采用单片机作控制单元，光传伺服舵机与飞行控制计算机设备之间可实现点到点的数据通信，飞行控制计算机只需将控制指令以 ASCII 码的形式发送给光传伺服舵机控制器。

（2）转角精度高。点点链路光传伺服舵机中的 PWM 模块采用 16 位可编程时钟控制芯片，当晶体振荡器的频率为 1MHz 时，可以实现 PWM 脉宽信号微秒级的变化，从而提高舵机的转角精度。

（3）抗干扰能力较强。采用光纤传输信号从根本上解决信号链路中的电磁干扰问题，而且在点点链路光传伺服舵机的设计过程中进行了有效的抗干扰设计，硬件方面采用高性能光耦对大电流的驱动电路进行隔离，设置电源监控电路对系统的供电进行监控；软件方面采用编制数据通信协议以减小数据的误码率，增强系统的容错能力，此外还对数据采样进行软件滤波，有效地减少采样过程中的随机干扰等。

（4）具有良好的线性度和稳定性。直流电动机伺服控制器内部具有电压调整电路和差动比较器电路，使该芯片有特别稳定的内部电源电压而不受外界电压或温度变化影响。

（5）输出力矩大，响应速度快，而且没有超调量。

6. 光学计算机

光学计算机是一种高科技产品，它以光子作为主要信息载体，以光学系统为主体，以光运算作为基本运算方式。其工作原理和电子计算机相类似，不同之处是以光子代替电子，用光纤连接代替导线连接。光计算机以其超高速、超并行性、强抗干扰性、宽频带等特性预示其具有很高的应用价值，特别适合于航空航天等高科技领域，实现信号的高速处理、高速图像处理和模式识别等。特别是它可以与光纤数据总线、光传感器、光作动器等互联以实现纯光传操纵系统。

目前，可以投入实用的光学计算机还没有出现，各国在这方面的研究都在如火如荼的进行，预计光学计算机在飞控系统中的应用将成为实现纯光传操纵系统的最后一道门槛。

9.2.2 光纤数据总线技术

光纤数据总线是由连到光纤传输线上的若干终端构成的，每个终端可通过光纤数据总线得到信息，并能通过总线向任何终端和中央控制器发送信息。光纤数据总线与目前飞机上的飞行控制系统所使用的金属导线数据总线不同，它不存在地环流，因而不存在地环流引起的振荡，同时具有频带宽、损耗低、数据传输率高和无中继传输距离长等优点，光纤数据总线可广泛应用于飞行控制、战斗指挥、控制、通信和情报系统。

1. 数据总线的结构形式

光纤总线是光传操纵系统各部分交换信息的枢纽。为了适应各种不同应用条件,它的结构形式也是多种多样的。光纤总线的典型结构形式分为点—点链路、交叉通道、星形结构等。

1) 点—点光链路结构

点—点链路光纤总线是一种结构和实现技术都比较简单而灵活的方案,适用于点—点之间进行高速多路数据的传输。点—点链路不需要总线控制器,且点—点之间的信号传输可以使用不同的传输速率和不同的数据格式,其结构框图如图 9-15 所示。

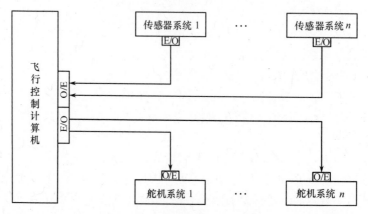

图 9-15　点—点链路光纤结构框图

2) 光交叉链路结构

交叉通道光纤总线是组成基本光传余度系统的一种布局形式,如图 9-16 所示。交叉通道即以点—点链路形式通过光纤将各个节点相互连接起来。它可以实现余度飞行控制计算机间的数据交换,以校验余度飞行控制系统中功能独立的飞行控制计算机所有数据的正确性,以光传方式实现故障检测、隔离及故障安全等余度功能。

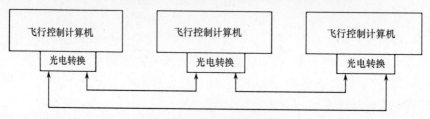

图 9-16　光交叉链路结构

3) 星形光拓扑结构

星形结构光纤总线是一种在总线控制器作用下的时分指令/响应型总线方案。它特别适用于多设备之间复杂的飞行综合信息的传输,是实现飞机内部信息和功能综合化的基础,其结构如图 9-17 所示。星形拓扑由星形耦合器和通过点—点链路接到星形耦合器的各终端节点组成。星形耦合器执行集中式通信控制策略,为节点间的数据交换提供服务,因此,星形耦合器相当复杂。由于星形耦合器一旦出现故障,整个网络的通信都会受到影响,所以,星形网络对星形耦合器的可靠性及冗余度要求相当高。

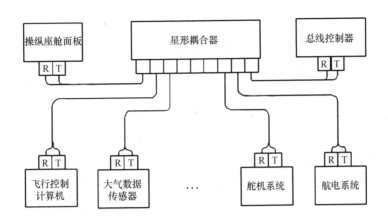

图 9-17 星形光拓扑结构

2. 典型光纤数据总线

1) MIL-STD-1773 光纤数据总线

1973 年 8 月美国军方制定时分制指令/响应式多路传输数据总线军用标准 MIL-STD-1553，以后逐步完善，推出了 MIL-STD-1553A、MIL-STD-1553B，是迄今最成功、应用最广泛的数据总线，装备了美国所有 20 世纪 80 年代以来研制或改装的飞机，如 F-14D、F-15、F-16、F/A-18、EF-111、F-22、B-1、B-2、SAH-60 等。以此为蓝本，北约颁布了 NATO STANG 3838 和 ASCC 50/2 标准，英国发布了 OK DEF STAN 00-18 标准，我国也制定了 GJB 289A 标准。MIL-STD-1553 总线采用指令/响应式协议，属于集中式控制，通信系统由一个总线控制器(BC)和最多 30 个远程终端(RT)组成，数据交换完全由 BC 控制，RT 执行完总线命令后，通过状态字报告消息传输情况，响应时间限定在 $4\sim12\mu s$，以保证系统良好的时钟同步能力。MIL-STD-1553 数据总线的变压耦合方式和余度方案使其有较高的故障隔离能力和容错能力，提高了可靠性。

为了充分利用光纤的高带宽、低功耗、抗干扰等优点，并提高数据传输率，涌现出一系列 MIL-STD-1553 总线家族的新成员：MIL-STD-1773 光纤数据总线。MIL-STD-1773 总线是 MIL-STD-1553 总线的光纤版本，通信协议、数据传输率、消息格式与 MIL-STD-1553 总线完全相同，唯一的区别是光收发器取代电收发器，以光纤取代双绞线作为传输介质。MIL-STD-1773 增强型光纤数据总线采用双速率工作方式，命令和状态在低速总线(1Mb/s)上传输，而数据则在高速总线(8Mb/s 或 20Mb/s)上传输，分别将数据传输率提高到 8Mb/s 和 20Mb/s。MIL-STD-1773 光纤数据总线的星形拓扑结构如图 9-18 所示。

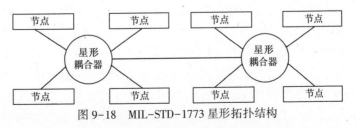

图 9-18 MIL-STD-1773 星形拓扑结构

2) 线性令牌传递总线

线性令牌传递总线（Linear Token Passing Bus，LTPB）是由美国自动化工程协会（SAE）制定的军用数据总线，定义了令牌消息、站管理消息、数据消息3种消息类型，数据传输速率为50Mb/s，最多可连接128个终端，消息最大长度为4096个字。从物理上看，LTPB是星形拓扑结构，易于监控网络上信息的传送及整个网络的状态；但从逻辑上来看，它按节点地址递增顺序形成环形拓扑结构。图9-19所示为LTPB物理和逻辑拓扑结构。

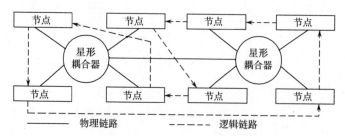

图9-19 LTPB总线物理和逻辑拓扑结构

LTPB采用限时令牌多优先级传递协议，它定义了4级消息优先级，高优先级消息优先发送。此外，每个节点都设有3个令牌旋转定时器和1个令牌持有时间定时器，它们能有效地降低总线上高优先级消息的延迟时间，并防止任意节点长时间地占用总线。LTPB为双余度路径结构且实行同步冗余机制，因此具有很强的容错和系统重构能力。LTPB协议最新版本 AS4074.1，以光纤为传输媒介，目前已应用于F-22战斗机和RAH-66直升机。

3) 光纤分布式数据接口

光纤分布式数据接口（Fiber Distributed Data Interface，FDDI）是以光纤为传输媒介的局域网标准，1982年美国国家标准化组织（ANSI）就开始了标准的制定工作，1991年ANSI发布了站管理（Station Management）标准后，FDDI协议全部制定完成，标准号为ANSI X3.229。与其他局域网标准不同的是，FDDI标准是在没有事实标准的前提下从头开始制定的，使得FDDI互操作性好，提供了切实可行的向高网络带宽转移的途径。FDDI采用双环拓扑结构，主环进行正常的数据传输，次环为冗余的备用环，因此具有较强的容错能力。FDDI拓扑结构如图9-20所示。数据传输率为100Mb/s，最多可连接500个节点，节点间最大距离2km，消息最大长度2250个字。

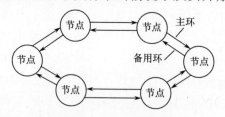

图9-20 FDDI拓扑结构

大量实践证明，FDDI可应用于强实时高可靠性环境中。美国军方在确定新一代军机航空电子数据总线时，美国三军联合航空电子系统工作小组（JIAWG）根据研究结果制定了AS4074.2。美国海军下一代资源（NGCR）计划、波音777、"自由号"空间站、"华盛顿"号核动力航空母舰（CVN73）、DDG-51、"宙斯盾"（AEGIS）导弹驱逐舰都使用了FDDI。研究资料及数据表明，即使对"华盛顿"号核动力航空母舰这样的美国海军目前最强大和最复杂的舰载作战系统，FDDI技术不仅可行、可靠，而且能大大提升整体通信能力。

4) 光通道

光通道 (Fiber Channel, FC) 技术是 ANSI 的 X3Tll 委员会于 1993 年制定的数据通信标准,是将计算机通道技术和网络技术有机结合起来,具有全新概念的通信机制。光通道标准共分 5 层,即物理媒体层、数据编码层、传输层、综合服务层和高层服务层。光纤作为传输媒体,传输速率从 132.8Mb/s 到 1062.5Mb/s 不等。最大节点数 126 个,节点间距离可达几千米,有效负荷为 98.3%,延迟固定为 10ps。光通道的拓扑结构灵活多样,按网络功能和带宽的不同要求构成环型、交换网、集中器环等结构,图 9-21 给出了典型的 FC 结构图。

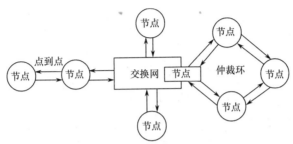

图 9-21 典型的 FC 结构

FC 支持限时发送,用以满足传感器信息和视频信息的高实时性要求,同 LTPB 和 FDDI 一样,支持优先级调度。光通道技术受到国外尤其是美国军方的重视,美国军方专门成立了 FC-AE (Fiber Channel for Avionics Environment) 小组,制定了航空电子版光通道 (FC-AE) 标准。美国的 F/A-18E/F、B-1B 的改型计划已经使用 FC 技术。波音公司和洛克希德·马丁公司竞争 JSF 飞机研制合同时,都将光通道技术作为高速网络的选择方案之一。

9.2.3 光传余度技术

余度技术,有时也称为容错技术,是一种通过冗余组件自动屏蔽系统故障,切除故障部件,实现故障恢复功能的技术。它使得系统在出现一次或多次故障后仍具有安全性或仍能够正常工作。余度技术大致可分为三大类,即硬件余度、软件余度和时间余度。余度系统一般由多套(≥3)完全相同的部件或具有相同功能的不同部件加上监控表决器件组合而成。其实现方案很多,通常有三余度、四余度等组合形式。

1. 光传操纵系统的余度设计

光传操纵系统的余度设计任务类似于电传操纵系统,即根据飞行控制系统的容错要求确定余度系统的结构、可靠性、余度数目及余度系统的监控技术。其目的是使飞行控制系统具有必需的容错能力,以达到系统所要求的可靠性。不过,余度光传系统也有其自身的特殊之处,如根据具体飞行控制系统选择合适的光纤传输复用方式(空分复用、波分复用、时分复用等)、合适的调制方式(脉冲编码调制、脉冲频率调制、直接光调制等)以及合适的信息编码(非归零码、归零码、曼彻斯特码等)。

1) 余度系统的结构

余度技术按照其实现方法的不同,一般可分为硬件余度、软件余度和时间余度。硬件余度是指在系统中引入多重硬件,使得系统在出现故障的情况下仍能继续正常工作。软件余度是指将一些关键软件特征码复制多份保存,提供软件备份。而时间余度是指通过重复执行相同任务达到检测隔离故障并恢复正常工作的方法。

在光传飞行控制系统中,多采用硬件余度辅之以软件算法的组合形式。

2) 余度系统的可靠性

可靠性是系统或组件在给定的时间内,在预期的应用中正常工作的概率。一般用可靠度 $R(t)$ 作为可靠性的量度。其最大值为 1,最小值为 0,且随时间按负指数分布,即

$$R(t) = e^{-\lambda t}$$

式中:λ 为故障率,其倒数即为平均无故障时间(MTBF)。

3) 余度数目

在光传飞行控制系统中,由于可靠性要求较高,系统多采用三余度或四余度。根据统计,三余度与四余度的性能比较如表 9-2 所列。

表 9-2 三余度与四余度性能比较

余度数	三余度	四余度
可维护性	0.262	0.309
质量	1	1.181
成本	1	1.426

另外,四余度系统可以方便地实现二次故障—工作,而三余度系统在通常情况下只能实现一次故障—工作。但是,若三余度系统采用自检技术,依靠丰富的软件也能实现二次故障—工作,其可靠性也能达到一般四余度系统的数量级。况且,光传飞行控制系统中的主伺服器是单点故障源,因此,其前面部分过高的可靠性并无多大价值,系统总的可靠性主要由主伺服器决定。从而,具有自检、在线监控等功能的三余度系统具有更多的优越性。由于三余度方案还具有结构简单、硬件少、可维护性较好、成本较低等优点,所以三余度设计方案在光传飞行控制系统中得到了广泛的应用。典型的光传飞行控制系统三余度设计方案如图 9-22 所示。

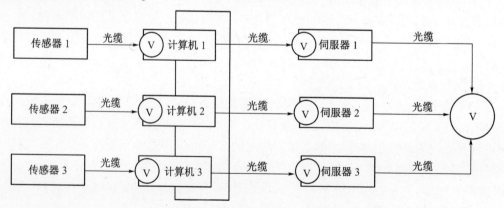

图 9-22 典型光传飞行控制系统三余度设计方案简图

4) 余度系统的表决与监控技术

余度系统必须采用监控技术,以检测余度系统有没有故障,以及哪一个通道出现了故

障,并采取相应的措施将故障隔离。余度系统的监控技术大致可分为线内监控和跨通道监控。

线内监控不需要外部数据作基准,而是以被监控对象本身为基准,完全依靠自身的手段监控自身故障。控制系统的线内监控方法很多,最常用的是计算机自检技术。计算机自检技术的项目包括计算机同步、奇偶检验、存储器控制检查、采样检查、算法故障中断、输出自检等,通常通过软件或硬件方法来实现。但线内监控比较复杂,覆盖率较低,所以在光传飞行控制余度系统中很少单独采用。

跨通道监控技术主要是对三通道或四通道余度系统的信号或输出进行表决监控,将各通道的输出进行比较,用多数表决法来检测故障。实际上,光传飞行控制系统的表决监控器通常由专门的硬件设备或软件算法来实现。从余度系统的可靠性来考虑,整个系统要有多个表决点。由于余度技术的关键在于消除故障对系统的影响,而平均值选择法对故障信号的敏感性在控制系统中非常不利,所以信号选择通常采用中值选择法,而很少采用平均值选择法。由于跨通道监控技术具有直观、简单、覆盖率高等优点,所以在光传飞行控制余度系统中得到采用。

2. 余度光传系统的软硬件结构

1) 余度光传系统的软件结构

软件设计是光传飞行控制系统实现技术研究的关键技术之一,光传飞行控制系统的软件总体结构一般具有层次化、模块化、系统化的特点。其优点是:便于修改、补充;允许软件设计与硬件设计并行;便于系统的软硬件调试;可以提高系统的可靠性。

通常,余度光传系统的软件结构由一个主程序和若干子程序组成,如图 9-23 所示。其中各部分的功能如下:

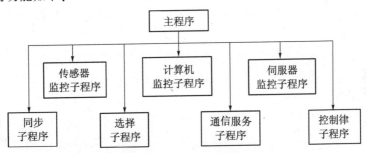

图 9-23 光传飞行控制系统余度技术的软件结构

(1) 计算机监控子程序。完成通道间的监控和计算机的自监控,并对故障通道进行隔离,以防止故障蔓延。

(2) 传感器监控子程序。以传感器的在线监控为基准,对冗余传感器输出的模拟信号进行监控和表决。以三余度系统为例(其他多余度系统类似),将三余度传感器信号进行排序,取中值与另外两个信号分别相减,其差值与给定的容限值进行比较:如果没有超出,则认为两个信号无故障,取平均值作为输出;如果超出,则计算各信号变化梯度,并与前次输出信号变化梯度进行比较,将相差较大的信号作为故障,取另一信号作为输出;如果只有一个信号,则将其作为输出。

(3) 伺服器监控子程序。对伺服器的在线监控结果进行检测,包括伺服阀电流开关监控和液压故障监控两部分。前者对各通道的伺服阀电流开关离散量进行监控,当某个通道的开关断开时,其相应的作动器通道也随之被断开,工作通道的作动器控制回路的增益提高到指定倍数,从而保证在一个作动器故障后,仍维持相同的作动器性能;后者对各作动器的液压逻辑开关的离散输入进行监控,主要监控主液压与助力液压系统的低压力开关状态,控制舵机的运动。

(4) 同步子程序。对同步结果进行检测,如果发现某个通道在规定的时间内未参加同步,则判该通道与其他通道"失步",在本周期后面失步通道不再参加运行,同步算法采用余度通道之间的"双握手"算法。

(5) 选择子程序。以三余度为例,选择子程序一般采用如下的选择方案:即在3个信号的情况下,取中值作为输出;在2个信号的情况下,先判断信号之差是否超出容限,如果没有超出,则认为2个信号无故障,取平均值作为输出,如果超出,则计算各信号变化梯度,并与前次输出信号变化梯度进行比较,将相差较大的信号作为故障,取另一信号作为输出;如果只有一个信号,则将其作为输出。

(6) 控制律子程序。控制律子程序分为本次运算输出和下次运算输出两部分。为了提高光传飞行控制系统的可靠性,可对控制律进行重构,即根据飞机状态之间存在的某种确定关系,在只有一种信号故障的条件下,通过改变控制律参数来调节控制性能以满足所需的要求。

(7) 通信服务子程序。在各通道同步的前提下,对各通道控制律计算出的输出指令进行监控,以检测本通道与远程通道是否正常运行。

2) 余度光传系统的硬件总体结构

光传飞行控制系统的硬件主要包括光传飞行控制计算机(FCC)、大气数据传感器(ADT)、惯性测量组件(IMU)、交叉通道数据链路(CCDL)、总线控制器(BC)、远程终端(RT)及星形耦合器等。

下面以某型无人机的三余度设计方案为例给出光传飞行控制系统的硬件总体结构图,如图9-24所示。计算机每一个通道都有余度管理策略和控制律计算模块,各通道通过余度监控算法得到本计算机和另外两台计算机的健康状态,然后送到表决电路,由表决电路根据健康状态切断故障通道的输出。三台计算机之间的信息交换采用光交叉通道数据链路(Optical Cross-Channel Data Link, OCCDL)结构。这种信息交换方式其硬件比较简单,容易实施,电气隔离性能好,一个通道的单点故障不会波及其他通道和其他部件,容易满足整个系统的可靠性及安全性要求。

由此可见OCCDL是保证光传余度飞行控制系统正常运转的关键部件。为了进一步提高OCCDL的可靠性和容错能力,在不增加其重量和体积的基础上,本节给出了一种双余度、高速光交叉通道数据链路信息传输系统。该系统在硬件上采用光开关和波分复用器来实现故障检测和多故障工作,同时采用USB串行传输协议,保证了信息传输的可靠性。

(1) 光交叉通道数据链路接口结构配置。光交叉通道数据链路接口模块如图9-25所示。该模块主要由FPGA模块、双口RAM、光/电转换电路、电/光转换电路、2×2光开关和波分复用器(WDM)等组成。其中FPGA模块是整个接口电路的核心,负责双口RAM的读写操作、链路故障诊断与容错逻辑计算、光开关控制等功能的实现。双口RAM

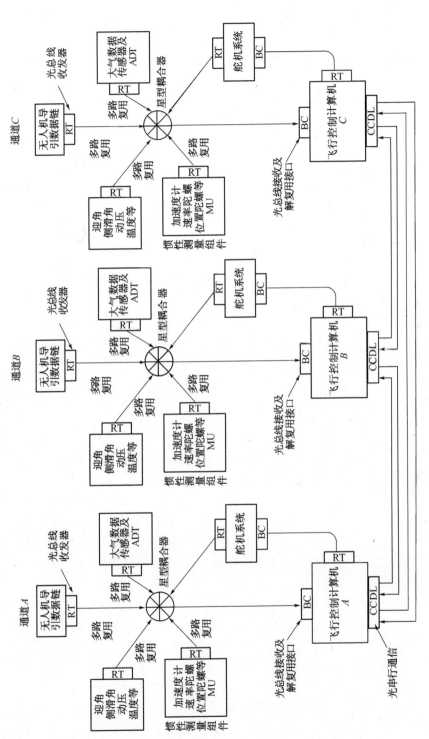

图 9-24 三余度光传系统硬件实现方案

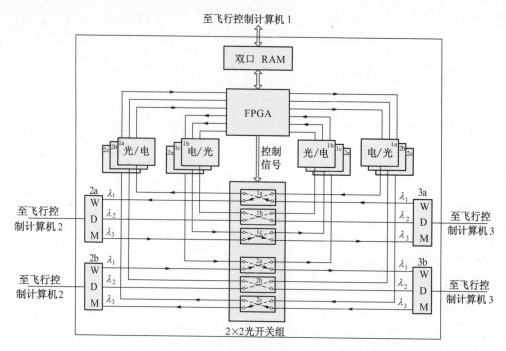

图 9-25 光交叉通道数据链路(OCCDL)接口模块

用于存储各飞行控制计算机余度管理所需信息,是连接飞行控制计算机与链路接口模块的桥梁。光/电转换电路和电/光转换电路完成光电信号的相互转换。2×2 光开关和波分复用器(WDM)相互配合,共同组成了光交叉数据链路的容错结构。在各部件均正常工作时,整个接口模块的工作流程如下:

当 FPGA 探测到飞行控制计算机 1 更新了双口 RAM 中信息后,将其读入到其内部的 FIFO 中,并立即进行并串转换,输出到电/光转换电路 1a 和 2a,然后经过光开关 1a 和 2a 输出到波分复用器 2a 和 3b 的 λ_1 通道中,分别送到光传飞行控制计算机 2 和 3。当飞行控制计算机 2 或 3 中的信息发生变化时,也会发送数据到飞行控制计算机 1 的接口模块,当 FPGA 接收到这些数据后,将立即更新双口 RAM 中的相应数据区,并通知飞行控制计算机 1,读取 RAM 中的信息。

波分复用器中的 λ_2 通道作为第一备份通道,在相应波分复用器的 λ_1 通道发生故障时接入链路。

波分复用器中的 λ_3 通道有两个作用:一是构成环状网络结构,传输整个链路的工作状态信息,同时通过判断是否可以接收上一环网节点的信息来监控本节点与上一节点间的光链路是否存在故障。二是当 λ_1 通道和 λ_2 通道同时发生故障时,作为第二备份通道接入链路,进行数据传输。

下面分别对这些关键部件的工作原理进行分析和研究。

① 双口 RAM 电路。根据实际需要,并考虑未来扩展的需要,在此选用了 64K×16bit 的 IDT7028 双口 RAM 芯片。IDT7028 双口 RAM 有两路完全独立的数据总线、地址总线、读写信号和控制电路。可高速存储数据,其最快存储时间为 15ns,可与大多数高速处理器配合使用,而无需插入等待状态。飞行控制计算机和 FPGA 的数据总线和地址总线通

过接口电路分别与双口 RAM 数据总线和地址总线相连接,读写信号和仲裁逻辑与双口 RAM 存储单元对应连接后,分别通过外部电路的地址译码、读写信号和控制电路的相互配合,就可互不干扰地分别通过数据总线对双口 RAM 存储单元进行数据的交换和存取,具体结构框图如图 9-26 所示。

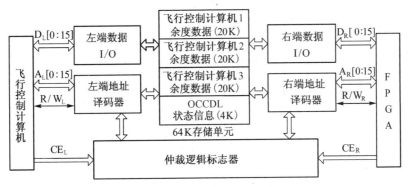

图 9-26　双口 RAM 结构框图

在此,首先将存储单元均分成四部分,前面三部分分别用于余度数据的存储与交换,第四部分用于存储光交叉通道数据链路工作状态等信息,供飞行控制计算机余度管理使用。

其次,当双口 RAM 的某一端进行相应模块的数据更新时,另一端可通过查询仲裁逻辑标志器状态变化获知,并进行相应的操作。IDT7028 仲裁逻辑标志器实际上是 8 个锁存器,与双口 RAM 相独立,用作两个读写端口之间的标志传送,以表明共享的双口 RAM 是否在使用。如果双口 RAM 正在使用中(相应标志锁存器状态为 0),就循环检测标志锁存器的状态,直至另一端读写结束(相应标志锁存器状态为 1),再对双口 RAM 进行读写。

在本系统中,飞行控制计算机对本通道的余度数据进行更新后,需要交叉数据链路将更新后的数据立刻发送到其他通道。这就要求 FPGA 不断查询相应的标志锁存器,当其状态发生变化时$\left(\underset{空闲}{1} \rightarrow \underset{读/写操作}{0} \rightarrow \underset{空闲}{1}\right)$,表明飞行控制计算机已完成了相应数据的更新,FPGA 立刻获取双口 RAM 的控制权,将数据读出并发送出去。其他通道数据和工作状态信息的交换过程与此类似。

通过以上分析可知,飞行控制计算机只对双口 RAM 进行读写,不负责 OCCDL 的管理,光交叉通道数据链路的工作是独立的,不占用飞行控制计算机的处理时间。另外采用仲裁逻辑标志器和查询工作方式后,一方面保证了数据不会发生丢帧现象,另一方面也保证了系统的实时性。

② FPGA 模块。FPGA 即现场可编程门阵列(Field Programmable Gate Array),它是作为专用集成电路领域中的一种半定制电路而出现的,既解决了定制电路的不足,又克服了原有可编程器件门电路数有限的缺点。FPGA 的使用非常灵活,同一片 FPGA 通过不同的编程数据可以产生不同的电路功能。FPGA 在通信、数据处理、网络、仪器、工业控制、军事和航空航天等众多领域得到了广泛应用。本例以 FPGA 模块为核心,协调整个光交叉通道数据链路的工作,主要完成故障诊断与容错逻辑算法,与双口 RAM 的数据交换,

光开关控制,串并转换、数据传输编码与解码等功能,如图9-27所示。

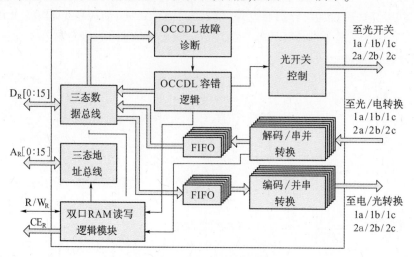

图9-27 FPGA模块的功能

其工作原理:首先,由OCCDL故障诊断模块读取双口RAM中存储的整个链路的工作状态信息,进行故障诊断,然后将诊断结果送入OCCDL容错逻辑模块,该模块根据故障情况为双口RAM读写逻辑模块指定数据输入/输出通道,同时控制相应的光开关,接通相应的传输通道,并将链路故障信息及容错逻辑计算结果通过数据总线存储到双口RAM工作状态信息区。

此后,FPGA的双口RAM读写逻辑模块不断查询双口RAM的仲裁逻辑标志器,当本通道数据更新完成时,获取双口RAM的控制权,从中读取所有本通道余度数据,发送到OCCDL容错逻辑指定的FIFO中,进行编码和并串转换后,输出到相应的电/光转换电路。

若有其他通道的数据到来,则相应通道会自动接收数据,并进行解码和串并转换,存储到相应的FIFO中,随后发送一个信号给双口RAM读写逻辑模块,由其将数据写入相应通道数据块中。此时飞行控制计算机查询到该通道仲裁逻辑标志器的状态变化后,获取双口RAM的控制权,将数据读入。

最后,由OCCDL容错逻辑模块将整个链路的工作状态信息读入到相应的FIFO中,通过相应的链路(波分复用器2b和3a的λ_3通道)传输到环网的下一个节点。如果接收到上一节点发送的工作状态信息则直接通过双口RAM读写逻辑模块存入相应的数据块中,以备下一次OCCDL故障诊断模块使用。

③ 光开关模块。光开关是较为重要的光无源器件,在光网络系统中可对光信号进行通断和切换。在本系统中主要是利用光开关进行故障切换,因此选用了带旁路功能的微电子机械(MEMS)光开关,它的基本原理是通过静电的作用使可以活动的微镜面发生转动,从而改变输入光的传播方向。MEMS既有机械光开关的低损耗、低串扰、低偏振敏感性和高消光比的优点,又有波导开关的高开关速度、小体积、易于大规模集成等优点。

在本系统中光开关一般工作在两种状态,即正常和旁路,如图9-28所示。在正常工作状态下,光开关交叉接通,用于本通道与其他通道进行数据交换。当发生故障需要重新建立光链路或切除本通道时,通过控制电路转换到旁路工作状态,此时光信号可直接通过 WDM 传到下一个节点计算机。

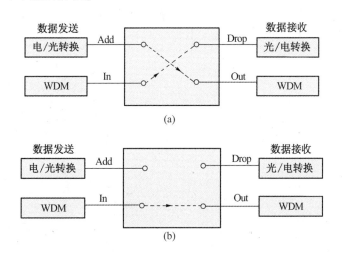

图 9-28 光开关容错切换逻辑
(a) 正常工作状态;(b) 旁路工作状态。

④ 波分复用(WDM)模块。波分复用是一种把不同波长的光作为信息的载波,采用合波器将不同波长的光信号合并起来送入一根光纤进行传输。在接收端,再由分波器将这些不同波长承载着不同信号的光载波分开的光纤传输技术,其工作原理详见 9.3.3 节。

本系统采用波分复用技术主要是想利用单模光纤中光波传输幅频特性低损耗区带来的巨大带宽资源,实现多路光信号的复用传输,从而减轻自身的重量,并实现超大容量传输。同时通过波分复用系统实现单根光纤双向数据交叉传输。

由图 9-25 及上述分析可知,波分复用器的 λ_1 通道是交叉数据传输的正常工作通道,λ_2 通道是第一备份通道,λ_3 通道既是故障检测与链路工作状态信息传输通道,又可在 λ_1 通道和 λ_2 通道同时发生故障时,作为交叉数据传输第二备用通道。

⑤ 光电转换模块。随着航空电子系统任务量的日益庞大,飞行控制系统需要大量的实时控制信息,这对传输速率提出更高的要求。与此同时,近年来 USB 接口以其传输速度快、可靠性高、使用灵活等优点在最近几年得到快速发展。由于 USB 协议使用了差错校验和数据重传机制,因此可最大程度保证数据传输的准确性。同时,为了满足通信需要,许多芯片制造商研制了 USB/RS-232 桥接芯片,这进一步推动了 USB 光通信技术的发展。本例基于 USB 协议的光/电和电/光转换电路如图 9-29 所示,其数据传输速率可达到 3Mb/s,可以满足飞行控制系统余度数据实时传输的需要。

(2) 光交叉通道数据链路故障容错逻辑。故障诊断与容错逻辑设计的目的就是最大限度地提高完成任务的可靠性和飞行安全性,并在产生故障后,有效利用系统可用资源,使系统性能降低最小,并为故障瞬态提供保护。由于光交叉通道数据链路故障诊断与容错逻辑采用了可编程硬件 FPGA 来实现,因此其计算速度快,可靠性高。下面分别就各关键部件出现故障时的容错逻辑算法进行研究。

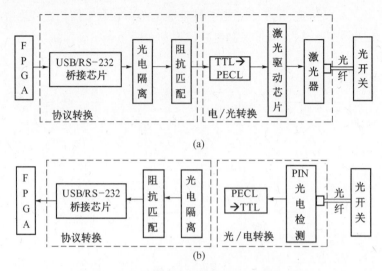

图 9-29 基于 USB 协议光/电和电/光转换电路
(a) 电/光转换电路; (b) 光/电转换电路。

① 光链路(或波分复用器)故障逻辑。在此所指的光链路是连接两台飞行控制计算机的经过合波后光纤链路,合波前或分波后的光纤链路发生故障时的容错逻辑同光电转换模块。

当一条光链路或波分复用器发生故障时,如假设波分复用器 3a 发生故障,则只需将波分复用器 3a 的 λ_1 通道用波分复用器 3b 的 λ_2 通道来代替即可。在飞行控制计算机(节点 1)和飞行控制计算机 3(节点 3)之间形成一条双向通信光链路。

当 2 条光链路或非成对的 2 个波分复用器发生故障时,分 2 种情况来讨论,如图 9-30(a)所示。图 9-30(a)中第(1)种情况同一条光链路发生故障时相似,即用另一条光链路双向信息传输来代替故障链路。图 9-30(a)中第(2)种情况,在节点 1 和节点 3 之间没有直接通路,因此需要通过将节点 2 上备用通道的光开关打到旁路状态来形成节点 1 和节点 3 之间的直接光链路。

当 3 条光链路或非成对的 3 个波分复用器发生故障时,也要分 2 种情况来讨论,如图 9-30(b)所示。图 9-30(b)中第(1)种情况同一条光链路发生故障或两条光链路发生第(1)中故障时相似。图 9-30(b)第(2)种情况与两条光链路发生第(2)种故障时相似,在节点 1 和节点 3 之间也没有直接通路,所不同的是,此时节点 1 与节点 2 之间的备用通道已经在使用,因此需要通过将节点 2 上的光开关在正常工作状态和旁路状态之间协调切换来形成节点 1 和节点 3 之间的直接光链路。即当需要节点 1 和节点 2 之间交叉通信时,光开关工作在正常工作状态,而当需要节点 1 和节点 3 之间交叉通信时,光开关工作在旁路。

当 4 条光链路或非成对的 4 个波分复用器发生故障时,要分 3 种情况来讨论,如图 9-30(c)所示。图 9-30(c)中第(1)种情况同 3 条光链路发生第(2)种故障时相似。图 9-30(c)中第(2)种情况与第(1)种情况不同在于节点 1 和节点 3 之间没有光开关通路,无法形成直接光链路。此时需要节点 2 将其接收到的节点 1 和节点 3 的数据交叉发送给节点 3 和节点 1,即节点 1 和节点 3 之间的数据传输需要通过节点 2 来中转。

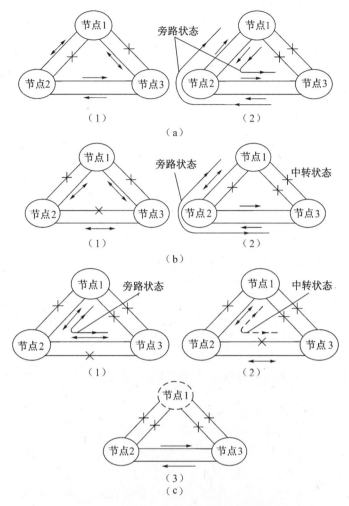

图 9-30 光链路(或波分复用器)故障逻辑
(a) 2 条链路故障；(b) 3 条链路故障；(c) 4 条链路故障。

图 9-30(c)中第(3)种情况下,节点 2 和节点 3 之间可正常交换数据,而二者与节点 1 没有可用通路,此时光交叉通道数据链路故障已影响到了整个系统的正常工作。

由此可见,当发生 4 条光链路故障(图 9-30(c)中第(3)种情况除外)时,通过光交叉通道数据链路的故障容错逻辑切换后不会影响到整个系统的工作。

② 光开关(或光电转换模块)故障逻辑。光开关和光电转换模块除了配合光链路故障容错逻辑算法外,其自身的故障也会影响光链路故障容错逻辑,因此在调用光链路故障容错逻辑算法前需首先对光开关和光电转换电路部分进行故障容错逻辑切换,其流程如图 9-31 所示。

需要指出的是链路接口工作状态主要记录了每个光电转换模块、光开关、波分复用器和光链路的故障状态,是否正在被使用,被那个通道使用等信息。

光开关 1c 和 2c 被占用是指被余度数据传输通道占用,而不是指被链路接口工作状态数据占用。当余度数据传输需要占用光开关 1c 或 2c 时,链路接口工作状态数据将被

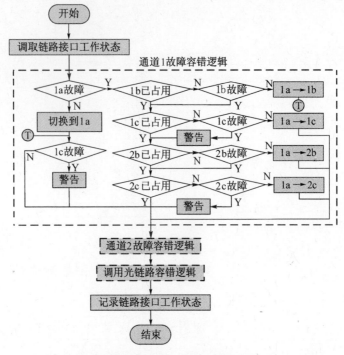

图 9-31 光开关故障逻辑

附在余度数据后面一起进行传输。

如果发生多个光开关故障而使接口上的一个或两个通道无法正常工作时(此时相当于一条或两条光链路发生故障),需要通过光链路故障容错逻辑来进行故障切换。

光电转换模块发生故障时与光开关发生故障时类似。

(3) FPGA 模块(或双口 RAM)故障。FPGA 模块是整个 OCCDL 接口电路的核心,双口 RAM 是 OCCDL 和飞行控制计算机之间进行数据交换的唯一通道,因此若它们发生故障则本节点飞行控制计算机就无法和其他节点的计算机进行通信,因此它们是进一步提高整个系统可靠性的瓶颈。FPGA 模块和双口 RAM 发生硬件故障的概率较之于软件故障概率要小得多,因此要想提高二者的可靠性,就必须在设计软件时采取相应容错措施,这也是今后研究的重点所在。

综上所述,该光交叉通道数据链路具有如下特点:

① 采用了 FPGA 作为 OCCDL 接口的控制模块,提高了逻辑运算速度和可靠性。

② 采用了双口 RAM 作为 OCCDL 与飞行控制计算机的接口,其具有数据交换速度快,实时性强,且不占用飞行控制计算机的处理时间。

③ 采用了光开关和波分复用器作为故障容错逻辑的执行部件,既不会增加整个系统的重量,又可实现 4 条链路发生故障时,仍可实现整个系统的正常工作。

④ 采用了基于 USB 协议的光电转换技术,大大提高了 OCCDL 的数据传输速率,减小了误码率。

由此可见,光交叉通道数据链路可满足未来航空技术发展的需要。

9.3 光纤多路复用技术

光纤传输系统采用多路复用方式可成倍地提高传输效率,提高传输容量。在飞机上应用多路传输技术,可减轻飞机上传输线的重量,减少体积,便于维修和增加系统的灵活性,而且有利于多余度传输,提高系统的可靠性。光纤传输系统主要采用以下3种多路复用方式,即空分复用(Space Division Multiplex,SDM)、时分复用(TDM)、波分复用(WDM)。

9.3.1 空分复用

空分复用是一种传统的多路传输方式,依靠增加光纤根数的方式线性地增加传输容量,同时传输设备亦线性增加。光空分复用方式与多管同轴电缆传输十分相似,即以多根光纤组成一根光缆,利用不同的光纤传输不同的光信号。此种传输方式常用于模拟电信号的传输。

空分复用原理简单,实现方便。在器件选择方面可以选用相对于激光器来说价格便宜、性能稳定的LED。无须辅助电路,使得驱动电路变得简单。所需光纤也可相应地选用多模光纤。其缺点是由于光纤数量的增加,增加了飞机的重量的同时也给系统维护带来了不便;另一方面是没有充分利用光纤的高带宽传输特性,造成资源浪费。

常用模拟电信号调制方式的分类如表9-3所列。

表9-3 模拟电信号调制方式分类

模拟调制	调幅(AM)	双边带(BSB)
		单边带(SSB)
		残留边带(VSB)
	调 频(FM)	
	调 相(PM)	
脉冲调制	数字脉冲调制	脉冲编码调制(PCM)
		脉冲数调制(PNM)
		增量调制(ΔM)
	模拟脉冲调制	脉冲幅度调制(PAM)
		脉冲宽度调制(PWM)
		脉冲位置调制(PPM)
		脉冲频率调制(PFM)

1. 直接光强度调制

这是一种最简单的调制方式,如图9-32所示。模拟基带信号不经过任何信号处理就通过驱动电路驱动光源,直接对光源发射的光强度进行调制。

直接光强度调制虽然容易实现,但也存在许多缺点。它要求光源(LED或LD)及接收元件(PIN)的线性度要好,而一般情况下光源的 P-I 曲线是非线性的,调制电流和光强

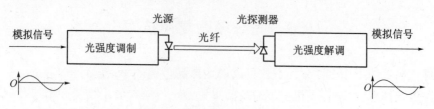

图 9-32　直接光强度调制方式

度并非严格成比例,这容易使信号在传输过程中产生失真,造成接收机无法还原输入信号;其次,光纤接头的光学特性要稳定;为防止中途带进新的噪声和非线性失真,光纤传输中间不宜进行中继。此外,直接光强度调制对外界环境温度变化比较敏感,环境对器件影响较大,使传输系统的抗干扰能力下降。因此,直接光强度调制不适合直接应用于飞行控制系统中。

2. 脉冲频率调制（PFM）

由于光强度调制是一种将模拟信号的电流强度转换成光的强度的调制方式,具有"先天"的缺陷,由此可将模拟信号调制成数字信号,然后再转换成光信号传输,这样可以避免光强度调制的固有缺点。数字传输的主要特征是信号离散化,并且可以再生中继,使用时间分割技术可以实现多路传输。模拟信号变成数字信号后抗干扰能力就可以得到大大增强,信号编成数字形式后,在设计较好的系统中不会再进一步变坏。主要原因是接收机能够重新还原接收进来的波形,即使传输线上存在噪声干扰,也能准确地完成恢复动作。另一方面,由于采用离散的数字量传输,光纤传输系统发射机的发光元件的工作电流只要偏置在阈值附近即可,无信号时可以少消耗功率,有信号时平均输出功率也比连续信号小,故可以延长发光元件的寿命,提高系统的可靠性。

脉冲频率调制就是一种将模拟信号调制成数字信号的调制方式,脉冲频率调制实现电压到频率的转换,即调制电压与载波脉冲的频率成正比,输入电压越大则脉冲频率越大,如图 9-33 所示。

3. 脉冲编码调制

脉冲编码调制（PCM）是把模拟信号变换为数字信号的另一种调制方式,其最大的特点是把连续输入的模拟信号变换为在时域和振幅上都离散的数字量,然后将其转化为代码形式进行传输。

PCM 编码通过抽样、量化、编码 3 个步骤将连续变化的模拟信号转换为数字编码,如图 9-34 所示。为便于用数字电路实现,其量化电平数一般为 2 的整数次幂,有利于采用二进制编码表示。采用均匀量化时,其抗噪声性能与量化级数有关,每增加一位编码,其信噪比增加约 6dB,但实现的电路复杂程度也随之增加,占用带宽也越宽。因此实际采用的量化方式多为非均匀量化,通常使用信号压缩与扩张技术来实现非均匀量化。在保持信号固有的动态范围前提下,在量化前将小信号进行放大而对大信号进行压缩。采用信号压缩后,用 8 位编码实际可以表示均匀量化 11 位编码时才能表示的动态范围,能有效提高小信号时的信噪比。

PCM 的主要优点是:抗干扰能力强;失真小;传输特性稳定,尤其是远距离信号再生中继时噪声不累积,而且可以采用压缩编码、纠错编码和保密编码等来提高系统的有效

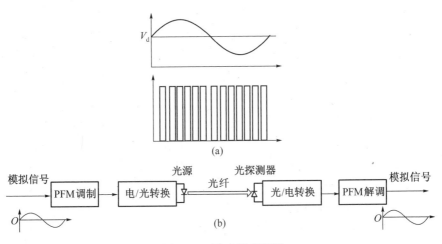

图 9-33　脉冲频率调制
(a) PFM 工作原理；(b) 基于 PFM 的光传系统。

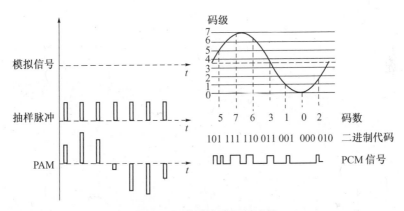

图 9-34　脉冲编码调制过程

性、可靠性和保密性。另外，PCM 还可以在一个信道上将多路信号进行时分复用传输。因此，脉冲编码调制技术被广泛应用于模拟信号的数字式传输。

为适应 LED 驱动、信号传输质量及信噪比的需要，一般采用脉冲调制方式。而 PFM 方式由于其结构简单，实现方便，可靠性好等优点，被广泛采用。

图 9-35 所示为 PFM 方式的调制原理图。用基带信号对某一电脉冲序列进行脉冲频率调制(PFM)后再对光源发出的光载波进行光强度调制的方式，称为 PFM 方式。假设输入基带信号为正弦波，经信号变换后，送入锁相环(PLL)电路进行频率调制，锁相环的脉冲振荡频率将按输入正弦信号电压幅度的变化而作相应变化，并通过此变化对光源进行光强度调制，就可获得 PFM 光信号，这就是 PFM 方式的基本原理。在接收端情况正好相反，经光电转换获得的 PFM 信号经解调电路及信号调整电路，复原成与输入信号相同的模拟电信号输出。

锁相环是一种能跟踪输入信号相位的闭环自动控制系统。它在无线电技术的各个领域都得到了广泛的应用。CD4046 集成环路部件以其低成本、性能优良、使用简便而得到了青睐。由 CD4046 构成脉冲频率调制(PFM)与解调电路如图 9-36 所示。

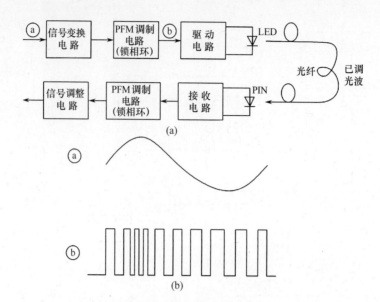

图 9-35 空分复用实现方案

（a）空分复用光传系统；（b）脉冲调频（PFM）。

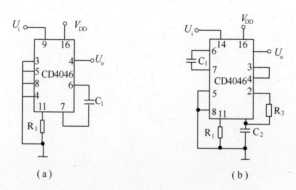

图 9-36 由 CD4046 组成的调制与解调电路

（a）频率调制电路；（b）频率解调电路。

此空分复用系统主要突破了信息变换、调制、解调、频率锁定等技术难点，可以实现在 320Hz 带宽内，信号稳定、无失真传输。

9.3.2 时分复用

时分复用是将一个采样周期 T 分为若干时隙，每一时隙传输一路信号，各个信道的数据按照一定的时间顺序组成时分复用帧进行传输，即利用不同的时间间隔传送不同信道信号的复用方式。

在图 9-37 中，在时刻 t_1，模拟开关 S_1、S_2 同时和通道 1 接通，此时信道中传输的是通道 1 的信号。经过时间 T 后，模拟开关 S_1、S_2 同时和通道 2 接通，传输通道 2 的信号，依此类推，从而实现了多路传输。

使用微处理器（CPU）控制的时分复用多路传输硬件结构如图 9-38 所示。

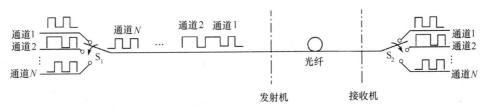

图 9-37 时分复用原理图

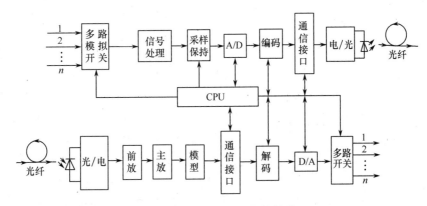

图 9-38 时分复用系统结构图

在发送端,多路模拟信号在 CPU 的控制下,通过模拟开关接入系统,经信号处理电路变换为 0~5V 信号,通过采样保持,由 A/D 转换器进行 A/D 转换,转换结束后读入 CPU 进行码型变换,生成曼彻斯特码从串口输出,通过 LED 驱动电路转换为光脉冲信号,在串行口发送信息的同时,接入下一路模拟信号进行相同的过程,从而实现时分复用。

在接收端,PIN 光电二极管将检测到的光脉冲信号转换为微弱的电流信号,经过放大后,恢复成 TTL 信号,此信号由 CPU 的串行口接收并进行解码。在此过程中,微处理器不断判断是否有帧同步信息,若有则进行 D/A 转换,并送入约定的数据通道。

在上述过程中,存在如下技术难点:

(1) 对信号采样的多路模拟开关严格同步。

(2) 开关的转换速率严格同步。

(3) 采用曼彻斯特码,以提高信息传输的可靠性。

整个传输系统的数据、地址和控制都有单片机中央处理器(CPU)根据事先固化于 ROM 中的程序进行控制,以确保系统正常工作。

9.3.3 波分复用

WDM 技术就是为了充分利用单模光纤的低损耗区带来的巨大带宽资源,根据每一信道光波的频率(或波长)不同可以将光纤的低损耗窗口划分成若干个信道,把光波作为信号的载波,在发送端由波分复用器(合波器)将不同波长的信号光载波合并起来送入一根光纤传输,再在接收端由波分复用器(分波器)将这些不同波长承载不同信号的光载波分开的复用方式。

由于不同波长的光载波信号可以看作互相独立(不考虑光纤非线性时),从而在一根光纤中可实现多路光信号的复用传输。双向传输的问题也很容易解决,只需将两个方向的信号分别安排在不同波长传输即可。根据波分复用器的不同,可以复用的波长数也不同,从两个至几十个不等,现在商用化的一般为8波长和16波长系统,这取决于所允许的光载波波长的间隔大小,图9-39所示为波分复用原理框图。

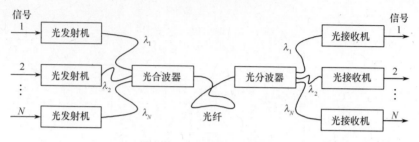

图9-39 波分复用技术原理图

使用波分复用技术可以在同一根光纤上同时传输不同速率、不同数据格式的信号而互不影响。并且当有新的信号需要传输时,可以通过增加新的波长来实现,而不必增加光纤数量。目前,对于稀疏波分复用器(CWDM)来说,其并行通道数可以达到8路;密集波分复用器的通道数一般为40路左右,最多可并行传输大于100路的信号。另外,由于同一密集型光波分复用(DWDM)中传输的信号波长彼此独立,因而可以传输特性完全不同的信号,完成各种信号的综合和分离,如数字信号和模拟信号的综合与分离。

波分复用系统的主要器件特性:

(1) 光纤。光纤是波分复用技术发展的基础,特别是光纤的带宽和损耗特性。由于单模光纤具有内部损耗低、带宽大、易于升级扩容和成本低等优点,因而得到了广泛的应用。为了适应不同的光传系统,人们开发了多种类型的光纤光缆。在波分复用系统中,由于波分复用器件引入的插入损耗较大,减小了系统的可用光功率,因此需要光纤的损耗要低,另外光纤的色散问题也是一个不可忽视的因素。

(2) 激光器。WDM系统的光源需要具有两个突出的特点:一是比较大的色散容纳值;二是标准而稳定的波长。因为密集波分复用系统的波长间隔一般为几个纳米甚至为零点几个纳米,所以为了保证激光器波长的稳定,对工作环境,特别对温度稳定性要求很高,必要时还需加入波长锁定装置。在所需传输信号数量较少的情况下,可以采用稀疏波分复用CWDM来代替DWDM系统。CWDM系统的波长间隔一般为20nm,因此激光器对环境的要求不是很高,也无需波长锁定装置。激光器的调制方式分为内调制和外调制两种。由于飞行控制信息传输的距离较短,传输速率较低,因此激光器的调制方式可采用简单的内调制。

(3) 合波器/分波器。合波器和分波器是波分复用系统的重要组成部分。按其制造方式不同可分为4类,即衍射光栅型、介质薄膜干涉型、熔锥型和集成光波导型。其主要特性比较如表9-4所列。

8~16路的WDM系统,易采用无源星形光耦合器作为合波器,其优点是简单、方便、相互间隔离度好,缺点是插入损耗大。分波器则可选用介质薄膜干涉滤波器和平面波导型。对于16路以上的WDM系统合波器和分波器大多选用插入损耗与通路数无关的平面波导型。

表 9-4　WDM 器件性能比较

器件型号	机理	通路间隔/nm	通路数	串扰/dB	插入损耗/dB	主要缺点
衍射光栅型	角色散	0.5~10	4~131	≤-30	3~6	温度敏感
介质薄膜干涉型	干涉/吸收	1~100	2~32	≤-25	2~6	通路数较少
熔锥型	波长依赖性	10~100	2~6	≤-(15~45)	0.2~1.5	通路数少
集成光波导型	平面波导	1~5	4~32	≤25	6~11	插入损耗大

9.4.2 节所采用的 4 路数字式光波分复用系统中收发模块原理如图 9-40 所示。发射器负责将电信号转变为光信号,它由电平转换、光电隔离、阻抗匹配、激光器驱动等集成电路模块组成;接收器负责将光信号转变为电信号,它由光接收 PIN 组件、光电隔离、阻抗匹配、电平转换等集成电路模块组成。

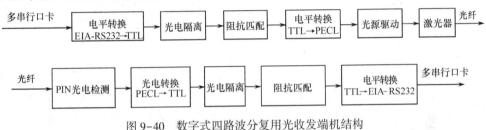

图 9-40　数字式四路波分复用光收发端机结构

此波分复用光传系统在单通道工作时,信息传输速率达到了 1Mb/s,误码率为 10^{-9},在典型飞机采样周期内(25ms)可传输 280 路飞行控制信号,完全满足当前飞行控制系统的要求。

9.3.4　时分波分联合复用

为了更加充分地利用光多路复用技术,可将时分与波分结合起来,组成光时分—波分联合复用系统,如图 9-41 所示。先通过时分复用系统将多路数据耦合到一根光纤上,再通过合波器将多路时分信息按波分方式再次耦合到一根光纤上传输;解复用时顺序正好相反,即先经分波器将信号波分解复用成多个时分复用信号,再通过时分解复用器件解用时分信号即可得到原始数据。如此以来,将使光纤的信息传输量上升几个数量级,更加充分的利用光纤的高带宽优势,同时大大降低了传输一定量信息所需的光纤数量。

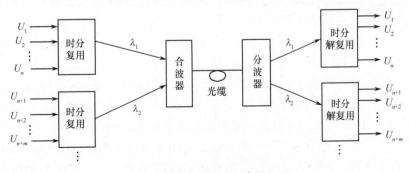

图 9-41　光时分/波分联合复用

9.4 直升机上的光传操纵系统

9.4.1 直升机光传操纵系统结构配置

由于直升机存在体积有限、电子设备安装密集、相互干扰严重等特殊问题,预计光传操纵系统将首先应用在直升机上。图 9-42 所示为直升机光传操纵系统原理图。

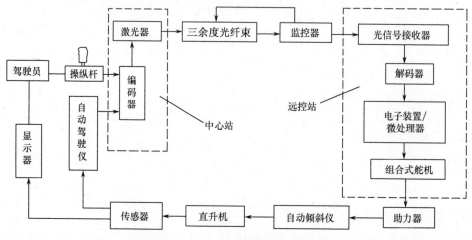

图 9-42 直升机光传操纵系统原理图

由图 9-42 可知,该系统由中心站、三余度光纤束和远控站组成,各部分的功能如下:

(1) 中心站。中心站设在驾驶舱内,将来自驾驶杆、脚蹬和自动驾驶仪的操纵信号通过编码器变换成光学数字操纵信号。

(2) 三余度光纤束。光纤从驾驶舱一直敷设到直升机的变距操纵机构和尾桨操纵机构附近的远控站。由于距离较短,所以不必考虑光信号的畸变和衰减。监控器是一具有解码、误差检测以及自动转换功能的大规模集成电路。当 3 根光纤中的任一根或两根出现故障时,误差检测器能将无故障的光纤中的信号转接至远控站的光信号接收器,使系统正常工作。

(3) 远控站。远控站实际是一电气绝缘封闭体,在该封闭体内装有光信号接收器、解码器、电子装置或微处理机、组合式舵机等。因电子装置、微处理机以及组合式舵机都需电源供电,而远控站与外界又无任何电的联系,所以封闭体内必须自备供电系统。一般所采用的方法是将直升机上的液压接入远控站驱动数个液压马达带动涡轮发电。这样,完全屏蔽远控站就可防止电磁干扰和雷击等问题。

从中心站发出的,经光纤传入远控站接收机的光信号经变换解码后传给电子装置或微处理器,在加工成操纵所需的信号后,传给组合式舵机,实现直升机的飞行操纵。

美国陆军在 1984 年底对装有先进数字式光传操纵系统(ADOCS)的 UH-60A "黑鹰" 直升机进行了试飞。先进数字光纤控制系统是美国军方为直升机飞行控制开发的主要项目,由波音公司研制。ADOCS 系统最终被安装于 LHX 直升机上。据认为 LHX 是集各项最新技术于一体的直升机。研制 ADOCS 的目的是加速直升机飞行控制技术的发展,使

LHX 具有适于各种作战任务的飞行控制系统,以完成夜间贴地飞行、巡逻/攻击等任务。波音公司声称,采用光传操纵系统可使 LHX 直升机飞行控制系统的重量减少 25%,这对发展未来重型武装直升机是极为有利的。ADOCS 系统的组成结构如图 9-1 所示。它是一种三余度光传操纵系统,由光学传感器、三余度光缆、微处理机和作动器组成,各组件间的连接如图 9-5 所示。其中主要系统组件在直升机上的安装位置如图 9-43 所示。

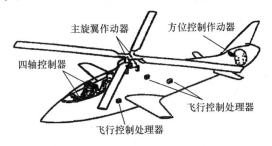

图 9-43 ADOCS 组件在直升机上的安装位置

ADOCS 极好的操纵品质和完成任务的能力充分体现了这一技术的成功。在 ADOCS 计划中验证的技术最终均被移植到 RAH-66 直升机的设计中,并且完善了新的直升机操纵品质规范 ADS-33。

9.4.2 直升机显模型光传操纵系统验证

1. 验证系统结构配置

有关模型跟踪控制理论的详细论述参见第 4 章。显模型光传操纵系统由驾驶员手柄、显模型处理器、控制律处理器、光传通信组件及光传作动器等组成。图 9-44 所示为直升机显模型跟踪光传操纵系统点—点链路结构图。采用了波分复用技术的光传操纵系统结构如图 9-45 所示。图 9-46 所示为采用了高速环形结构光纤传输网络的光传操纵系统。此 3 种结构分别采用了不同的光总线结构及技术,验证了多种光学技术在飞行控制系统中的应用。

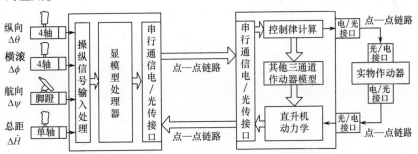

图 9-44 直升机光传操纵系统点—点链路结构图

系统采用数字操纵手柄模拟飞行员的俯仰、横滚、航向及总距操纵的机械位移传感器。显模型处理器从手柄接入端口读取操纵量数据,进行显模型计算,并通过光传通信接口,将显模型信息传至 MFCS 控制律处理器。处理器将按控制律进行处理后的某一通道信息经电/光接口送入作动器。实践证明,以上 3 种光传操纵系统结构的操纵性能及光传特性是一致的。

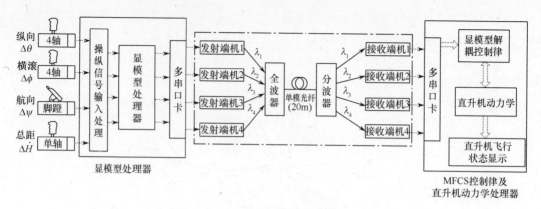

图 9-45 波分复用显模型光传操纵系统

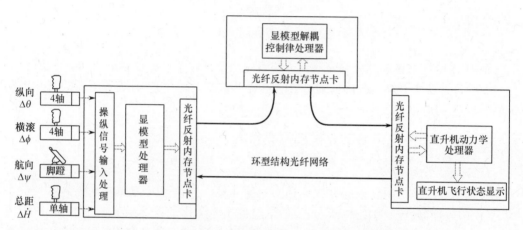

图 9-46 采用了环形光纤网络的显模型光传操纵系统

2. 光纤传输技术

1) 数字量光传串行通信技术

为了进行光串行通信,必须将串行口输出的电信号进行电/光及光/电转换。其中的光发射端是进行数字量光传的关键部件,它由光驱动电路和发光器件组成的。当进行低、中速及短距传输时,可采用 LED 发光器件,它具有寿命长、温度特性好、价格低廉、可靠性高等特点。光发射端的结构如图 9-47(a) 所示。

光发射端所输出的光信号,在光纤中传输时,不仅幅值会衰减,而且信号的波形也会被展宽。光接收端的任务是以最小的附加噪声及失真再现光纤传输的信息,因此光接收端的输出特性综合反映了整个光传系统的性能。数字光接收器主要包括光检测器、放大器及电平转换,如图 9-47(b) 所示。

2) 模拟量数字化光传技术

如果飞行控制系统的执行机构(作动器)只接收模拟量电信号输入,由于对模拟量直接进行光传输会有一系列弊病,必须使用模拟量数字化光传输技术。采用脉冲频率调制(PFM)可将计算机输出的控制律模拟量信号量化成一种脉冲调频的方波信号,如图 9-48 所示。

控制律模拟信号经信号变换,成为适合于频率调制的信息,经频率调制转换为中心频

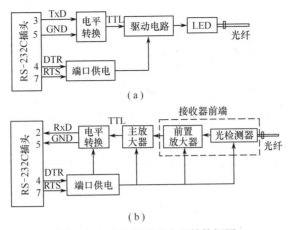

图 9-47 光发送及接收器结构框图
(a) 光发送器结构框图；(b) 光接收器结构框图。

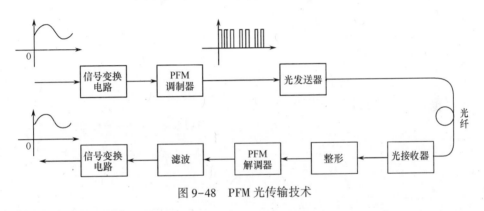

图 9-48 PFM 光传输技术

率约 10kHz，占空比 50% 的方波信号，然后将该信号送入 LED 驱动电路。接收端由 PIN 进行光/电检测，然后进行低噪声放大，并对已经失真的波形整形，获得完整的脉冲方波。经 PFM 解调后输出，再经滤波及信号变换，还原成控制律模拟信号。

3. 显模型跟踪光传操纵性能验证

1) 光传操纵的贴地飞行性能

分别按照图 9-44、图 9-45、图 9-46 所示的结构进行配置，在直升机总距通道接入光传作动器，构成光传物理仿真平台，对某型武装直升机进行贴地飞行操纵验证。在进行仿真验证时，采用了相关规范推荐的直升机贴地飞行障碍地形规则：障碍物高 30~40m，间距 200m~300m，如图 9-49 所示。开始时，直升机处于低速水平前飞状态（速度 $V_0=21.07$m/s，侧滑角 $\beta_0=0°$，飞行高度 $H_0=10$m）。设置飞行距离为 1200m，飞行期间设置 3 个高 30~40m 的地面障碍物。图 9-49 所示的贴地飞行轨迹表明，显模型跟踪光传飞行控制系统可完成优良的贴地飞行机动。

2) 电/光传操纵动特性及解耦性能

图 9-50 所示为该物理试验系统在完成上述贴地飞行时，总距通道动态跟踪及其余三通道对总距操纵的解耦效果。由图可知光传特性与电传特性十分吻合。

一般认为当系统具有 90% 以上的跟踪度及解耦度时，则具有优良的动态跟踪解耦性

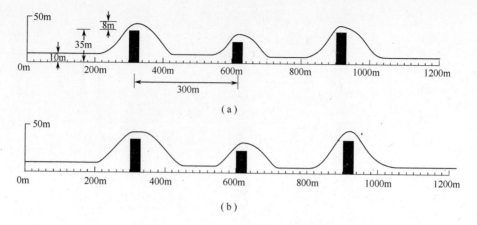

(a)

(b)

图 9-49 贴地飞行操纵地面物理仿真

(a) 电传操纵 (FBW) 实时贴地飞行轨迹; (b) 光传操纵 (FBL) 实时贴地飞行轨迹。

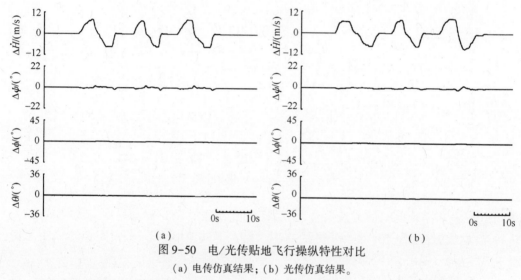

图 9-50 电/光传贴地飞行操纵特性对比

(a) 电传仿真结果; (b) 光传仿真结果。

能。图 9-49 及图 9-50 的结果表明,显模型光传系统具有优良的操纵与解耦特性。

思 考 题

1. 飞行操纵系统发展共分几代,各自特征和优缺点是什么?
2. 相对于电传飞控,光传飞控系统的优点有哪些?
3. 光传飞控关键技术有哪些?给出光传飞控现有技术瓶颈及突破方案。
4. 光传复用技术有哪几种?简述光传总线结构。
5. 设计几种可行的直升机光传飞行控制系统架构。

附录 A 某型无人直升机小扰动线性化数学模型

本附录给出了某型无人直升机的参数以及其在各种状态下的动力学特性分析,包括动力学对象的稳定性和操纵性。

无人直升机在前飞速度为 5m/s,海平面高度下匀速直线平飞状态下的状态方程。该状态下的配平量分别为:纵向周期配平量为 1.5°,横向周期变距配平量为 −0.72°,尾桨变距配平量 9.7°,总距配平量为 8.7°,滚转角配平量为 −2.38°,俯仰角配平量为 1.62°。

在上述配平状态下的无人直升机线性模型状态方程的 $\boldsymbol{A}$ 矩阵和 $\boldsymbol{B}$ 矩阵如下:

$$\boldsymbol{A} = \begin{bmatrix} -0.0368 & -0.0745 & -0.0049 & -0.5019 & 2.0480 & 0.0012 & -0.0001 & -9.817 & 0 \\ -0.0039 & -0.1457 & -0.0034 & -0.4910 & -0.1631 & -5.2532 & 9.8283 & 0.0114 & 0 \\ -0.1799 & 0.0163 & -0.3727 & 0.1273 & 5.3718 & 0.0037 & 0.4058 & -0.2255 & 0 \\ 0.0561 & 0.2864 & 0.0472 & -3.8508 & -1.0212 & -0.3453 & -0.0480 & -0.0008 & 0 \\ 0.0253 & -0.0118 & 0.0060 & 0.5254 & -2.2920 & -0.0014 & -0.0003 & 0.1165 & 0 \\ 0.0256 & 0.6797 & 0.0299 & -0.2106 & 0.0074 & -1.2869 & -0.1799 & -0.0001 & 0 \\ 0 & 0 & 0 & 0.9996 & -0.0012 & 0.0282 & -0.0001 & 0.0009 & 0 \\ 0 & 0 & 0 & -0.0414 & 0.9991 & 0.0414 & -0.0014 & 0 & 0 \\ 0 & 0 & 0 & -0.0282 & -0.0414 & 0.9987 & -0.0022 & 0.0005 & 0 \end{bmatrix}$$

$$\boldsymbol{B} = \begin{bmatrix} 12.4142 & -2.5170 & -0.0011 & 0.9862 \\ 0.0143 & 9.9015 & 5.9358 & -0.2937 \\ -0.2115 & 0.4359 & 0.0067 & -71.7789 \\ 0.1962 & 60.0038 & -7.0150 & 5.8307 \\ -13.2818 & 2.6202 & 0.0021 & 1.7753 \\ 0.2815 & 4.9544 & -26.3044 & 18.7880 \\ 0 & 0 & 0 & 0 \\ 0 & 0 & 0 & 0 \\ 0 & 0 & 0 & 0 \end{bmatrix}$$

表 A.1 中列出了无人直升机在高度 100m,三种不同速度下的特征值,其中 0m/s 为悬停,5m/s 为小速度前飞状态,而 15m/s 是较大速度前飞状态。从表 A.1 可以看出,在悬停及低速前飞状态下,系统至少都有一对正实部的共轭复根,这说明了无人直升机在悬停及低速前飞状态下是静不稳定的。随着飞行速度的增加,位于右半平面的特征值逐渐向虚轴靠近,直升机的稳定性逐渐增强。另外,特征值中既有负实根,又有负实部的共轭复根,直升机在飞行过程中将表现出多模态的特性,不仅有按指数规律衰减的分量,还有按振荡规律衰减的分量,这也体现了多自由度系统的运动特性。

表 A.1 $V=0\text{m/s}, V=5\text{m/s}, V=15\text{m/s}$ 时的状态方程特征根

速度	$V=0\text{m/s}$	$V=5\text{m/s}$	$V=15\text{m/s}$
特征根	$s_{1,2}=0.5116\pm1.1499\text{i}$ $s_{3,4}=-0.0887\pm0.8537\text{i}$ $s_5=-4.4946$ $s_6=-3.0174$ $s_7=-2.0860$ $s_8=-0.5750$ $s_9=0$	$s_{1,2}=0.1620\pm0.8567\text{i}$ $s_{3,4}=-1.7497\pm0.2760\text{i}$ $s_{5,6}=-0.5746\pm1.1380\text{i}$ $s_7=-5.2090$ $s_8=0.1019$ $s_9=0$	$s_{1,2}=0.0208\pm0.3561\text{i}$ $s_{3,4}=-1.6933\pm0.8740\text{i}$ $s_{5,6}=-0.7629\pm2.7464\text{i}$ $s_7=-5.5534$ $s_8=0.0593$ $s_9=0$

以无人直升机速度在 $V=5\text{m/s}$ 时的特征值来说明直升机的典型模态特性:

(1) 在纵向小扰动运动中,小复根 $s_{1,2}=0.1620\pm0.8567\text{i}$ 所代表的纵向长周期模态,主要特征为飞行速度和俯仰角呈缓慢长周期变化,通常是不稳定的。

(2) 在纵向小扰动运动中,大复根 $s_{3,4}=-1.7497\pm0.2760\text{i}$ 所代表的纵向短周期模态,主要特征为迎角和俯仰角呈衰减快、短周期的振荡。

(3) 在侧向小扰动运动中,复根 $s_{5,6}=-0.5746\pm1.1380\text{i}$ 所代表的侧向荷兰滚模态,主要特征为滚转角、侧滑角和偏航角呈频率高的周期运动。

(4) 在侧向小扰动运动中,大实根 $s_7=-5.2090$ 所代表的侧向滚转收敛模态,主要特征为滚转角和滚转角速率呈衰减快的非周期运动。

(5) 在侧向小扰动运动中,小实根 $s_8=0.1019$ 所代表的螺旋模态,主要特征为非周期的缓慢滚转和偏航运动。

(6) 零根 $s_9=0$ 所代表的航向随遇平衡模态。随遇平衡模态指在外干扰作用(包括控制作用)下,航向以积分形式偏离,当外干扰或控制消除后,将停止在干扰或控制消除时的位置。

综上所述,无人直升机的飞行动力学特性相当复杂,有多种不同的飞行模态,在不同飞行状态下,直升机的特性差异显著。这给飞行控制系统参数的设计增加了难度。

附录 B UH-60 直升机动力学模型

UH-60"黑鹰"(BlackHawk)通用直升机美国西科斯基公司研制,1974 年 10 月首飞, 1979 年装备美国陆军航空兵。

机长:19.6m(包括旋翼)

旋翼直径:16.4m

机高:5.1m

空重:5228kg

最大起飞重量:9988kg

发动机:T700-GE-701C 涡轮轴发动机(1940hp×2)

实用升限:5800m

最大速度:357km

巡航速度:287km

航程:600km

乘员:2~3 名

UH-60 直升机动力学线性模型表达式为

$$\dot{x} = Ax + Bu$$

其中 $x = [u \ w \ q \ \theta \ v \ p \ \phi \ r \ \psi]^T$, $u = [\delta_e \ \delta_c \ \delta_a \ \delta_p]^T$

$$A = \begin{bmatrix} X_u & X_w & X_q - W_0 & -g\cos\theta_0 & X_v & X_p & 0 & X_r + V_0 & 0 \\ Z_u & Z_w & Z_q + U_0 & -g\cos\phi_0\sin\theta_0 & Z_v & Z_p - V_0 & -g\sin\phi_0\cos\theta_0 & Z_r & 0 \\ M_u & M_w & M_q & 0 & M_v & M_p & 0 & M_r & 0 \\ 0 & 0 & \cos\phi_0 & 0 & 0 & 0 & 0 & -\sin\phi_0 & 0 \\ Y_u & Y_w & Y_q & -g\sin\phi_0\sin\theta_0 & Y_v & Y_p + W_0 & g\cos\phi_0\cos\theta_0 & Y_r - U_0 & 0 \\ L_u & L_w & L_q & 0 & L_v & L_p & 0 & L_r & 0 \\ 0 & 0 & \sin\phi_0\tan\theta_0 & 0 & 0 & 1 & 0 & \cos\phi_0\tan\theta_0 & 0 \\ N_u & N_w & N_q & 0 & N_v & N_p & 0 & N_r & 0 \\ 0 & 0 & \sin\phi_0\sec\theta_0 & 0 & 0 & 0 & 0 & \cos\phi_0\sec\theta_0 & 0 \end{bmatrix}$$

$$B = \begin{bmatrix} X_{\delta_e} & X_{\delta_c} & X_{\delta_a} & X_{\delta_p} \\ Z_{\delta_e} & Z_{\delta_c} & Z_{\delta_a} & Z_{\delta_p} \\ M_{\delta_e} & M_{\delta_c} & M_{\delta_a} & M_{\delta_p} \\ 0 & 0 & 0 & 0 \\ Y_{\delta_e} & Y_{\delta_c} & Y_{\delta_a} & Y_{\delta_p} \\ L_{\delta_e} & L_{\delta_c} & L_{\delta_a} & L_{\delta_p} \\ 0 & 0 & 0 & 0 \\ N_{\delta_e} & N_{\delta_c} & N_{\delta_a} & N_{\delta_p} \\ 0 & 0 & 0 & 0 \end{bmatrix}$$

UH-60 直升机为 4 桨叶的直升机，其旋翼半径 $R_{mr}=26.83\mathrm{ft}$，尾桨半径为 $R_{tr}=5.5\mathrm{ft}$，其总重量为 16400lb。UH-60 在不同的速度下水平飞行，对应的配平状态量如表 B.1 所列。

表 B.1　水平飞行配平状态量

符号	等效空速/kn						单位
	1.0	20.0	40.0	60.0	100.0	140.0	
δ_e	0.1266	-0.3670	-0.2083	-0.4238	-1.063	-1.800	in
δ_a	0.2321	-0.9956	-0.7560	-0.2322	0.1812	0.3964	in
δ_c	5.719	5.361	4.580	4.194	4.425	5.718	in
δ_p	-1.279	-1.066	-0.5830	-0.5802	-0.2606	-0.005715	in
v_B	-0.006069	-0.08037	-0.08960	9.989	7.996	8.813	in/s
w_B	0.1485	3.430	5.108	6.133	7.264	-1.235	in/s
θ	5.052	5.834	4.340	3.489	2.469	-0.2996	(°)
φ	-2.340	-1.342	-1.005	0	0	0	(°)

表 B.2 为机体轴 X 方向力稳定导数。

表 B.2　X 方向力稳定导数

符号	等效空速/kn						单位
	1.0	20.0	40.0	60.0	100.0	140.0	
X_u	-0.02349	-0.01040	-0.01122	-0.01900	-0.03238	-0.04063	1/s
X_v	-0.03402	-0.02237	-0.009834	-0.002259	-0.0005939	-0.002359	1/s
X_w	0.02542	0.03743	0.04295	0.04814	0.06427	0.07982	1/s
X_q	2.809	2.828	3.221	3.352	2.788	1.626	ft/rad/s
X_p	-0.2585	-0.1883	-0.05796	0.01583	-0.1132	-0.3844	ft/rad/s
X_r	-0.2071	-0.1151	-0.01708	-0.08981	-0.06855	-0.05904	ft/rad/s

(续)

符号	等效空速/kn						单位
	1.0	20.0	40.0	60.0	100.0	140.0	
X_{δ_e}	−1.659	−1.582	−1.498	−1.402	−1.083	−0.7098	ft/in/s²
X_{δ_a}	0.04358	0.03288	0.01803	0.01082	−0.01658	−0.009678	ft/in/s²
X_{δ_c}	0.9709	0.9707	0.7004	0.5931	0.6461	0.6144	ft/in/s²
X_{δ_p}	0.9544	0.9143	0.8656	0.8695	0.6988	0.5020	ft/in/s²

表 B.3 为机体轴 Z 方向力稳定导数。

表 B.3 Z 轴力稳定导数

符号	等效空速/kn						单位
	1.0	20.0	40.0	60.0	100.0	140.0	
Z_u	0.02274	−0.1460	−0.1252	−0.04741	−0.008851	0.0003375	1/s
Z_v	−0.008874	−0.02547	−0.01531	−0.02032	−0.01720	−0.04257	1/s
Z_w	−0.2931	−0.3834	−0.5617	−0.6696	−0.7897	−0.8696	1/s
Z_q	0.3604	2.237	2.865	3.502	4.981	6.638	ft/rad/s
Z_p	−0.01037	0.3402	0.8662	1.358	2.676	3.935	ft/rad/s
Z_r	−0.2059	−0.3000	−0.4176	−0.4981	−0.5056	−0.3598	ft/rad/s
Z_{δ_e}	−0.1372	−1.037	−2.030	−3.271	−6.138	−9.118	ft/in/s²
Z_{δ_a}	0.004142	0.04533	0.09963	0.3733	0.5627	0.8477	ft/in/s²
Z_{δ_c}	−7.921	−7.377	−7.478	−8.324	−9.630	−10.76	ft/in/s²
Z_{δ_p}	0.5791	1.074	1.626	2.372	3.995	5.543	ft/in/s²

表 B.4 为机体轴 Y 方向力稳定导数。

表 B.4 Y 方向力稳定导数

符号	等效空速/kn						单位
	1.0	20.0	40.0	60.0	100.0	140.0	
Y_u	0.03381	0.01808	0.002607	−0.003401	−0.0007094	0.001946	1/s
Y_v	−0.04733	−0.05825	−0.08184	−0.1044	−0.1430	−0.1838	1/s
Y_w	0.004331	0.006895	0.008117	0.01029	0.01025	0.007387	1/s
Y_q	−0.3585	−0.002115	0.2133	0.4611	0.7513	0.9988	ft/rad/s
Y_p	−1.723	−1.972	−2.381	−2.608	−2.610	−2.228	ft/rad/s
Y_r	0.6383	0.5788	0.9683	1.249	1.658	2.051	ft/rad/s
Y_{δ_e}	0.07659	0.04994	0.03957	0.02118	−0.01624	−0.07161	ft/in/s²
Y_{δ_a}	0.9420	0.9542	0.9389	0.9284	0.9305	0.9674	ft/in/s²
Y_{δ_c}	0.1005	0.06201	0.1970	0.2470	0.3408	0.3814	ft/in/s²
Y_{δ_p}	−1.486	−1.338	−1.359	−1.587	−1.941	−2.176	ft/in/s²

表 B.5 为俯仰力矩稳定导数。

表 B.5 俯仰力矩稳定导数

符号	等效空速/kn						单位
	1.0	20.0	40.0	60.0	100.0	140.0	
M_u	0.003554	0.001085	-0.0002337	0.001929	0.002507	0.005558	rad/ft/s
M_v	0.01350	0.01115	0.007824	0.006016	0.001636	-0.007029	rad/ft/s
M_w	0.002024	0.003433	0.006749	0.008916	0.009212	0.008923	rad/ft/s
M_q	-0.8161	-0.8910	-1.067	-1.230	-1.606	-2.015	1/s
M_p	0.3139	0.2894	0.2468	0.2008	0.1031	0.007006	1/s
M_r	-0.003352	-0.02974	-0.08964	-0.1130	-0.1039	-0.02461	1/s
M_{δ_e}	0.3346	0.3516	0.3721	0.3997	0.4594	0.5230	rad/in/s²
M_{δ_a}	-0.003559	-0.003824	-0.001497	0.005281	0.02829	0.06496	rad/in/s²
M_{δ_c}	-0.005557	0.02730	0.06350	0.08925	0.09507	0.1029	rad/in/s²
M_{δ_p}	0.1538	-0.006399	-0.02969	-0.03336	-0.07520	-0.1707	rad/in/s²

表 B.6 为滚转力矩稳定导数。

表 B.6 滚转力矩稳定导数

符号	等效空速/kn						单位
	1.0	20.0	40.0	60.0	100.0	140.0	
L_u	0.07627	0.02327	-0.007782	-0.006377	-0.002139	0.001610	rad/ft/s
L_v	-0.04124	-0.03956	-0.03447	-0.03690	-0.03737	-0.03928	rad/ft/s
L_w	0.005022	0.01749	0.02836	0.02586	0.02264	0.01740	rad/ft/s
L_q	-2.272	-1.730	-1.566	-1.522	-1.424	-1.269	1/s
L_p	-3.551	-3.604	-3.819	-3.954	-3.911	-3.626	1/s
L_r	0.07467	0.04429	0.2726	0.4375	0.6039	0.7766	1/s
L_{δ_e}	0.04363	0.04924	0.1010	0.1210	0.1502	0.1426	rad/in/s²
L_{δ_a}	1.334	1.339	1.329	1.316	1.316	1.332	rad/in/s²
L_{δ_c}	-0.1471	-0.03080	0.1981	0.2095	0.2580	0.2719	rad/in/s²
L_{δ_p}	-0.8406	-0.7759	-0.7967	-0.9414	-1.163	-1.300	rad/in/s²

表 B.7 为偏航力矩稳定导数。

表 B.7 偏航力矩稳定导数

符号	等效空速/kn						单位
	1.0	20.0	40.0	60.0	100.0	140.0	
N_u	0.002149	-0.005618	-0.005796	-0.003739	-0.002896	-0.003813	rad/ft/s
N_v	0.009759	0.008566	0.01245	0.01529	0.01823	0.01979	rad/ft/s
N_w	-0.001943	-0.003705	-0.006419	-0.01079	-0.01253	-0.007266	rad/ft/s
N_q	-0.3396	-0.7563	-0.5837	-0.4874	-0.4424	-0.5254	1/s
N_p	-0.1013	-0.2857	-0.2310	-0.1499	-0.1136	-0.1801	1/s
N_r	-0.3342	-0.3662	-0.5336	-0.6547	-0.8515	-1.011	1/s

(续)

符号	等效空速/kn						单位
	1.0	20.0	40.0	60.0	100.0	140.0	
N_{δ_e}	0.001120	-0.009063	-0.01760	-0.03105	-0.04719	0.005004	$rad/in/s^2$
N_{δ_a}	0.02734	0.02695	0.02598	0.02691	0.02582	0.02299	$rad/in/s^2$
N_{δ_c}	0.06306	0.06005	0.01613	-0.04757	-0.1096	-0.08942	$rad/in/s^2$
N_{δ_p}	0.6040	0.5550	0.5701	0.6785	0.8460	0.9274	$rad/in/s^2$

附录 C 某 10kg 级模型直升机非线性全量数学模型

图 C.1 为 10kg 级模型直升机非线性全量数学模型的结构图。由图 C.1 可知该数学模型要包括主旋翼、发动机、机身以及尾桨/尾翼等部件组成，将各部件力和力矩进行综合，利用刚体运动学计算输出飞行姿态和位置。此外考虑到飞行过程中重量变化，还建立了重量/惯性矩环节。刚体运动学部分已在第 2 章中的 2.5 节相应部分进行了分析，在此不再赘述。

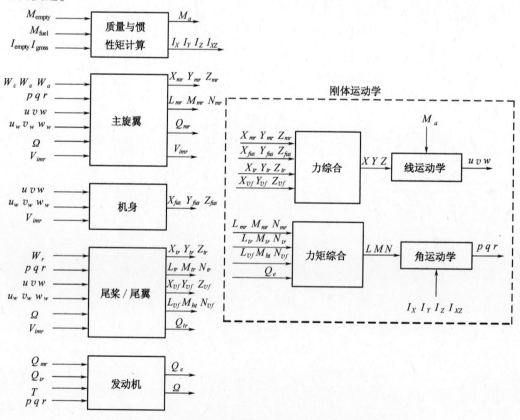

图 C.1 10kg 级模型直升机非线性全量数学模型结构

C.1 模型直升机主旋翼数学模型

1. 气动参数计算

$$\mu_{mr} = \frac{\sqrt{(u-u_w)^2 + (v-v_w)^2}}{\Omega \cdot R_{mr}} \tag{C.1}$$

$$\mu_{mrz} = \frac{(w-w_w)}{\Omega \cdot R_{mr}} \tag{C.2}$$

$$\tau_e = \frac{16}{\Omega \cdot \gamma_{fb}} \tag{C.3}$$

$$C_{T_{mr}} = \begin{cases} G_{Tmr\max} & C_{Tmr} > C_{Tmr\max} \\ \dfrac{a_{mr} \cdot \varepsilon_{mr}}{2}\left(\left(\dfrac{1}{3} + \mu_{mr}^2/2\right) \cdot W_c + (\mu_{mrz} - \lambda_{a0})/2\right) & -C_{Tmr\max} \leqslant C_{Tmr} \leqslant C_{Tmr\max} \\ -C_{Tmr\max} & C_{Tmr} < -C_{Tmr\max} \end{cases} \tag{C.4}$$

其中

$$\varepsilon_{mr} = 2 \cdot C_{mr}/(\pi \cdot R_{mr}) \tag{C.5}$$

$$\lambda_{a0} = \lambda_{a0} - 0.6 \cdot \left(2 \cdot \sigma_w \cdot \lambda_{a0} \cdot \sqrt{\mu_{mr}^2 + (\lambda_{a0} - \mu_{mrz})^2} - C_{T_{mr}}\right)\left(\mu_{mr}^2 + (\lambda_{a0} - \mu_{mrz})^2\right) \Big/ \left(2 \cdot \sigma_w \cdot \mu_{mr}^2 + (\lambda_{a0} - \mu_{mrz})^{\frac{3}{2}} + a_{mr} \cdot \varepsilon_{mr} \cdot \frac{\mu_{mr}^2 + (\lambda_{a0} - \mu_{mrz})^2}{4} - C_{T_{mr}} \cdot (\mu_{mrz} - \lambda_{a0})\right) \tag{C.6}$$

2. 旋翼挥舞运动

$$\mu_{s1} = 2 \cdot k_u \cdot (4 \cdot W_c/3 - \lambda_{a0}) \cdot (u-u_w)/(\Omega \cdot \tau_e \cdot R_{mr}) + 16 \cdot k_u \cdot \mu_{mr}^2 \cdot \mathrm{sgn}(\mu_{mr}) \cdot (w-w_w)/((8 \cdot |\mu_{mr}| + a_{mr} \cdot \varepsilon_{mr}) \cdot \Omega \cdot R_{mr} \cdot \tau_e) + W_e/\tau_e \tag{C.7}$$

$$a_1 = a_{10} + \int (\mu_{a1} - q - a_1/\tau_e) \cdot \mathrm{d}t \tag{C.8}$$

$$\mu_{a1} = 2 \cdot k_u \cdot (4 \cdot W_c/3 - \lambda_{a0}) \cdot (v-v_w)/(\Omega \cdot \tau_e \cdot R_{mr}) + W_a/\tau_e \tag{C.9}$$

$$b_1 = b_{10} + \int (\mu_{b1} - p - b_1/\tau_e) \cdot \mathrm{d}t \tag{C.10}$$

3. 主旋翼力与力矩计算

$$T_{mr} = C_{T_{mr}} \cdot \rho \cdot (\Omega \cdot R_{mr})^2 \cdot \pi \cdot R_{mr}^2 \tag{C.11}$$

$$\begin{cases} X_{mr} = -a_1 \cdot T_{mr} \\ Y_{mr} = b_1 \cdot T_{mr} \\ Z_{mr} = -T_{mr} \end{cases} \tag{C.12}$$

$$\begin{cases} L_{mr} = b_1 \cdot (k_\beta + T_{mr} \cdot h_{mr}) \\ M_{mr} = a_1 \cdot (k_\beta + T_{mr} \cdot h_{mr}) \\ N_{mr} = 0 \end{cases} \tag{C.13}$$

4. 主旋翼转矩计算

$$Q_{mr} = (C_{T_{mr}} \cdot (\lambda_{a0} - \mu_{mrz}) + C_{D0mr} \cdot \varepsilon_{mr} \cdot (1 + 7 \cdot \mu_{mr}^2/3)/8) \cdot$$
$$\rho \cdot (\Omega \cdot R_{mr})^2 \cdot \pi \cdot R_{mr}^3 \tag{C.14}$$

$$V_{imr} = \Omega \cdot R_{mr} \cdot \lambda_{a0} \tag{C.15}$$

主旋翼结构参数见表 C.1。

表 C.1 主旋翼结构参数

符号	数值	单位	符号	数值	单位
R_{mr} 主旋翼半径	0.775	m	σ_w 非理想尾迹压缩系数	4.2	—
c_{mr} 主翼弦	0.058	—	c_{Tmrmax} 主旋最大升力系数	0.0055	—
a_{mr} 主旋桨叶升力曲线导数	5.5	1/rad	γ_{fb} 稳定杆洛克数	0.8	—
c_{D0mr} 主旋桨叶零升阻力导数	0.024	—	k_u 速度—挥舞响应系数	0.2	—
h_{mr} 主旋中心高度	0.235	m	k_β 中心扭转刚度	54	N·m/rad

C.2 模型直升机机身数学模型

$$V_{inf} = \sqrt{(u - u_w)^2 + (v - v_w)^2 + ((w - w_w) + V_{imr})^2} \tag{C.16}$$

$$\begin{cases} X_{fus} = -0.5 \cdot \rho \cdot S_{xfus} \cdot V_{inf} \cdot (u - u_w) \\ Y_{fus} = -0.5 \cdot \rho \cdot S_{yfus} \cdot V_{inf} \cdot (v - v_w) \\ Z_{fus} = -0.5 \cdot \rho \cdot S_{zfus} \cdot V_{inf} \cdot ((w - w_w) + V_{imr}) \end{cases} \tag{C.17}$$

机身结构参数见表 C.2。

表 C.2 机身结构参数

符号	数值	单位	符号	数值	单位
S_{xfus} X轴有效阻力面积	0.1	m²	S_{zfus} Z轴有效阻力面积	0.15	m²
S_{yfus} Y轴有效阻力面积	0.22	m²			

C.3 模型直升机尾桨/尾翼数学模型

1. 气动参数计算

$$\Omega_{tr} = \Omega \cdot n_{tr} \tag{C.18}$$

$$\mu_{tr} = \sqrt{(u - u_w)^2 + W_{tr}^2}/(\Omega_{tr} \cdot R_{tr}) \tag{C.19}$$

$$\mu_{trz} = V_{tr}/(\Omega_{tr} \cdot R_{tr}) \tag{C.20}$$

$$K_\lambda = 1.5 \cdot \left(\frac{u - u_w}{V_{imr} - (w - w_w)} - g_i\right) / (g_f - g_i) \quad [0 \quad 1.5] \tag{C.21}$$

其中

$$g_i = (l_{tr} - R_{mr} - R_{tr})/h_{tr} \tag{C.22}$$

$$g_f = (l_{tr} - R_{mr} + R_{tr})/h_{tr} \tag{C.23}$$

$$w_{tr} = (w - w_w) + l_{tr} \cdot q - K_\lambda \cdot V_{imr} \tag{C.24}$$

$$v_{tr} = (v - v_w) + l_{tr} \cdot r - h_{tr} \cdot p \tag{C.25}$$

$$v_{vf} = (v - v_w) - e_{vftr} \cdot V_{itr} - l_{tr} \cdot r \tag{C.26}$$

$$v_{inftr} = \sqrt{(u - u_w)^2 + W_{tr}^2} \tag{C.27}$$

$$w_{ht} = (w - w_w) + l_{ht} \cdot q - K_\lambda \cdot V_{imr} \tag{C.28}$$

$$C_{Ttr} = \begin{cases} C_{Ttrmax} & C_{Ttr} > C_{Ttrmax} \\ \dfrac{a_{tr} \cdot \varepsilon_{tr}}{2}\left(\left(\dfrac{1}{3} + \mu_{tr}^2/2\right) \cdot W_r + (\mu_{trz} - \lambda_{a0tr})/2\right) & -C_{Ttrmax} \leq C_{Ttr} \leq C_{Ttrmax} \\ -C_{Ttrmax} & C_{Ttr} < -C_{Ttrmax} \end{cases} \tag{C.29}$$

其中

$$\varepsilon_{tr} = 2 \cdot c_{tr}/(\pi \cdot R_{tr}) \tag{C.30}$$

$$\lambda_{a0tr} = \lambda_{a0tr} - 0.6 \cdot (2 \cdot \sigma_{wtr} \cdot \lambda_{a0tr} \cdot \sqrt{\mu_{tr}^2 + (\lambda_{a0tr} - \mu_{trz})^2} - C_{Ttr})(\mu_{tr}^2 + (\lambda_{a0tr} - \mu_{trz})^2)\Big/\left(2 \cdot \sigma_{wtr} \cdot (\mu_{tr}^2 + (\lambda_{a0tr} - \mu_{trz})^{\frac{3}{2}} + a_{tr} \cdot \varepsilon_{tr} \cdot \frac{\mu_{tr}^2 + (\lambda_{a0tr} - \mu_{crz})^2}{4} - C_{Ttr} \cdot (\mu_{trz} - \lambda_{a0tr})\right) \tag{C.31}$$

$$V_{imr} = \Omega_{tr} \cdot R_{tr} \cdot \lambda_{a0tr} \tag{C.32}$$

2. 尾桨力与力矩计算

$$\begin{cases} X_{tr} = 0 \\ Y_{tr} = -f_t \cdot C_{Ttr} \cdot \rho \cdot (\Omega_{tr} \cdot R_{tr})^2 \cdot \pi \cdot R_{tr}^2 \\ Z_{tr} = 0 \end{cases} \tag{C.33}$$

其中

$$f_t = 1 - 3 \cdot S_{vf}/(4 \cdot \pi \cdot R_{tr}^2) \tag{C.34}$$

$$\begin{cases} L_{tr} = Y_{tr} \cdot h_{tr} \\ M_{tr} = 0 \\ N_{tr} = -Y_{tr} \cdot l_{tr} \end{cases} \tag{C.35}$$

3. 尾翼力与力矩计算

$$Y_{vf\max} = 0.5 \cdot \rho \cdot S_{vf} \cdot (V_{inftr}^2 + V_{vf}^2) \quad (C.36)$$

$$Z_{ht\max} = 0.5 \cdot \rho \cdot S_{ht} \cdot ((u - u_w)^2 + w_{ht}^2) \quad (C.37)$$

$$Y_{vfdyn} = -0.5 \cdot \rho \cdot S_{vf} \cdot (C_{Lavf} \cdot V_{inftr} + |V_{vf}|) \cdot V_{vf} \quad (C.38)$$

$$Z_{htdyn} = 0.5 \cdot \rho \cdot S_{ht} \cdot (C_{Laht} \cdot |u - u_w| + |w_{ht}|) \cdot w_{ht} \quad (C.39)$$

$$\begin{cases} X_{vf} = 0 \\ Y_{vf} = \begin{cases} Y_{vfdyn} & Y_{vfdyn} \leq Y_{vf\max} \\ Y_{vf\max} \cdot \mathrm{sgn}(Y_{vfdyn}) & Y_{vfdyn} > Y_{vf\max} \end{cases} \\ Z_{vf} = \begin{cases} Z_{htdyn} & Z_{htdyn} \leq Y_{ht\max} \\ Z_{ht\max} \cdot \mathrm{sgn}(Z_{htdyn}) & Z_{htdyn} > Z_{ht\max} \end{cases} \end{cases} \quad (C.40)$$

$$\begin{cases} L_{vf} = Y_{vf} \cdot h_{tr} \\ M_{ht} = Z_{ht} \cdot l_{ht} \\ N_{vf} = -Y_{vf} \cdot l_{tr} \end{cases} \quad (C.41)$$

4. 尾桨转矩计算

$$Q_{tr} = (C_{Ttr} \cdot (\lambda_{a0tr} - \mu_{trz}) + C_{D0tr} \cdot \varepsilon_{tr} \cdot (1 + 7 \cdot \mu_{tr}^2/3)/8) \cdot \rho \cdot (\Omega_{tr} \cdot R_{tr})^2 \cdot \pi \cdot R_{tr}^3 \quad (C.42)$$

尾桨/尾翼的结构参数见表 C.3。

表 C.3 尾桨/尾翼的结构参数

符号	数值	单位	符号	数值	单位
n_{tr} 尾桨主旋传动比	4.66	—	a_{tr} 尾桨桨叶升力曲线导数	5.0	1/rad
l_{tr} 尾桨中心与重心垂直距离	0.91	m	c_{tr} 尾桨翼弦	0.029	—
h_{tr} 尾桨高度	0.08	m	σ_{wtr} 非理想尾迹压缩系数	1.0	
l_{ht} 稳定面与重心水平距离	0.71	m	S_{vf} 垂尾有效面积	0.012	m^2
$C_{Ttr\max}$ 尾桨最大升力系数	0.05		S_{ht} 平尾有效面积	0.01	m^2
C_{D0tr} 尾桨桨叶零升阻力导数	0.024		C_{Lavf} 垂尾升力导数	2.0	—
R_{tr} 尾桨半径	0.13	m	C_{Laht} 平尾升力导数	3.0	
e_{vftr} 垂尾面积受尾桨诱导速度影响部分	0.2	—			

C.4 模型直升机发动机数学模型

$$\Omega = \Omega_0 + \int (r + (Q_e - Q_{mr} - n_{tr} \cdot Q_{tr})/(2.5 \cdot I_{\beta mr})) \mathrm{d}t \quad (C.43)$$

$$Q_e = R_{emax} \cdot T/\Omega \quad (C.44)$$

发动机参数见表 C.4。

表 C.4 发动机参数

符号	数值	单位	符号	数值	单位
Ω_0 主旋翼初始转速	167	rad/s	$I_{\beta mr}$ 主旋翼桨叶挥舞惯性矩	0.038	kg·m²
P_{emax} 最大输出功率	2000	W			

C.5 模型直升机重量与惯性矩数学模型

1. 质量变化数学模型

$$M_a = M_{empty} + M_{fuel} - Q_{fuel} \cdot t \quad (C.45)$$

式中燃油流量 Q_{fuel} 为

$$Q_{fuel} = T \cdot C_f \cdot P_{emax}/3600 \quad (C.46)$$

式中 C_f 为耗油率。

2. 惯性矩变化数学模型

$$I_X = I_{Xempty} + (M_a - M_{empty})/M_{fuel} \cdot (I_{Xgross} - I_{Xempty}) \quad (C.47)$$

$$I_Y = I_{Yempty} + (M_a - M_{empty})/M_{fuel} \cdot (I_{Ygross} - I_{Yempty}) \quad (C.48)$$

$$I_Z = I_{Zempty} + (M_a - M_{empty})/M_{fuel} \cdot (I_{Zgross} - I_{Zempty}) \quad (C.49)$$

$$I_{XZ} = I_{XZempty} + (M_a - M_{empty})/M_{fuel} \cdot (I_{XZgross} - I_{XZempty}) \quad (C.50)$$

质量与惯性矩见表 C.5。

表 C.5 质量与惯性矩

符号		数值	单位		符号	数值	单位
M_{empty} 空机质量		8.2	kg	空机惯性矩	I_{Xempty}	0.18	kg·m²
M_{fuel} 燃油质量		0.5	kg		I_{Yempty}	0.34	kg·m²
C_f 耗油率		710	g/kWh		I_{Zempty}	0.28	kg·m²
满载惯性矩	I_{Xgross}	0.181	kg·m²		$I_{XZempty}$	0.0	kg·m²
	I_{Ygross}	0.341	kg·m²				
	I_{Zgross}	0.281	kg·m²				
	$I_{XZgross}$	0.00001	kg·m²				

参 考 文 献

[1] 王适存.直升机空气动力学.北京:航空专业教材编审组,1985.
[2] 张明廉.飞行控制系统.北京:航空工业出版社,1994.
[3] 王琨玉.直升机飞行控制器及其应用.北京:海洋出版社,1986.
[4] 高正,陈仁良.直升机飞行动力学.北京:科学出版社,2003.
[5] 吴文海,耿昌茂.直升机飞行控制系统.北京:海潮出版社,2001.
[6] 杨一栋.光传飞行控制.北京:国防工业出版社,2006.
[7] 杨一栋.舰载机着舰引导技术译文集.北京:国防工业出版社,2003.
[8] 张伟,秦长庚.战鹰新姿——世界最新军用飞机.北京:蓝天出版社,2003.
[9] 张伟,丁明.战神添翼——飞机发展与战争演变.北京:蓝天出版社,2003.
[10] 杨一栋,夏云程,黄子安.飞行力学坐标体系手册.南京:南京航空航天大学,1999.
[11] Pallett E H J,Eng T (CEI), A.M.R.Ae.S., F.S.L.A.E.T. Automatic Flight Control,GRANADA:1979.
[12] 鲍罗金 B T,雷里斯基 Г И.飞机和直升机的驾驶成套装置和控制系统.李克孝,译.北京:国防工业出版社,1983.
[13] 杨一栋,黄屹,王新华.直升机显模型跟踪光传飞行控制技术研究.航空学报,2004.25(2):162-164.
[14] 袁锁中,杨一栋.直升机显模型跟踪解耦控制研究.上海交通大学学报,1996,30(Sup.(Ⅱ)):153-157.
[15] 杨一栋,黄屹,李林华.直升机自动过渡悬停飞行控制系统设计.南京航空航天大学学报,2004,36(2):200-204.
[16] Tischler M B. Assessment of Digital Flight Control Technology for Advanced Combat Rotorcraft Journal of the American Helicopter Society, Oct. 1989.
[17] Tischler M B. Digital Control of Highly Augmented Combat Rotorcraft. NASA Technical Memorandum 88346 May.1989.
[18] Anonymous Aeronautical design standard performance specifications, handling qualities requirements for military rotorcraft. United States Army Aviation and Missile Command. ADS-33E-PRF. March.
[19] Grimble M J, McLean Donald. Automatic Flight Control Systems Prentice Hall International (UK) Ltd. 1990:473-477.
[20] Glove K, Vinnicombe G, Papageorgiou G. Guaranteed Multi-loop Stability Margins and the Gap Metric. Proceedings of the 39th IEEE Conference on Design and Control:4084-4085,2000.
[21] Zhou K, Doyle J, Glover K. Robust and Optimal Control. Prentice Hall, first edition,1996.
[22] McFarlane D, Glover K. A loop-shaping design procedure using H_∞ synthesis[J]. IEEE TRANSACTION ON AUTOMATIC CONTROL,1992,37(6):759-769.
[23] Marco L C, George P, William M, et al. Design and Flight Testing of a High-Bandwidth H_∞ Loop Shaping Controller for a Robotic Helicopter[J]. AIAA Guidance Navigation and Control Conference and Exhibit 5-8 August, 2002:4836-4846.
[24] Whidborne J F, Postlethwaite I, Gu D W. Robust controller design using loop-shaping and the method of inequalities [J]. IEEE Transacions on Control Systems Technology,1994,2(4):455-461.
[25] Bohn C, Atherton D P. A Simulink package for comparative studies of PID anti-windup strategies[J],Computer-Aided Control System Design, 1994:447-452.
[26] Stephen Osder, Donald Caldwell. Design and Robustness Issue For Highly Augmented Helicopter Controls (AIAA-91-2751-CP).
[27] Snelling K S, Cook M V. Some Aspects of the Design and Development of the Maritime Autopilot Modes for the Westland Lynx Helicopter, AGARD Conference Proceedings No. 258. Guidance and Control of Helicopter and V/S70LAircraft at Night and in Poor Visibility:5-1~5-18.

[28] Victor H, Cheng L, Banavar Sridhar. Considerations for Automated Nap-of-the-Earth Rotorcraft Flight. Journal of the American Helicopter Society[J], 1991.4: 61-69.

[29] Garrard W L E. Prouty S. Design of Attitude and Rate Command Systems for Helicopters Using Eigen-structure Assignment. Journal of Guidance, Control and Dynamics, 1989: 12(6).

[30] John C Doyle, Keith Glover, Parmod P.et al. Francis State-Space Solution to Standard H_2 and H_∞ Control Problems.

[31] Bernard Mettler Modeling Small-Scale Unmanned Rotorcraft for Advanced Flight Control Design. Department of Mechanical Engineering Carnegie Mellon University. January 31, 2001.

[32] Cand Aer. Christian Munzinger Development of a Real-Time Flight Simulator for an Experimental Model Helicopter. Diploma Thesis, Atlanta, December 1998.

[33] Kathryn B Hibert, Gerhard Bouwer. The Design of a Model-Following Control System for Helicopter, AIAA 84-1941: 601-602.

[34] Gerhard Bouwer, Kathryn B Hibert. A Piloted Simulator Investigation of Decoupling Helicopter by Using a Model Following Control System. 40th Annual Forum of the American Helicopter Society, 1984: 49-65.

[35] Bouwer G. Design and Flight Testing of a Model Following Control System for Helicopters. IFAC 10th Triennial World Congress, Munich, FRG, 1987: 117-123.

[36] Kimio Kanai, Shigeru Uchikado, Peter N. et al. Application of a New Multivariable Model-Following Method to Decoupled Flight Control, J. Guidance No.5 Sep.-Oct. 1985.

[37] 南卫生,杨一栋,熊鑫.基于MFCS的直升机协调转弯模态设计.海军航空工程学院学报,2004,19(2): 217-220.

[38] 杨一栋.直升机主动控制技术,江苏航空,1989.2.

[39] 杨一栋,袁卫东.直升机高尔谐波主动抑振技术.1996,17(5): 566-571.

[40] 张显库,贾欣乐,王兴成,等. H_∞ 鲁棒控制理论发展的十年回顾[J].控制与决策,1999,14(4): 289-296.

[41] 龚华军,杨一栋.多路复用光传飞行控制系统半物理仿真研究.南京理工大学学报,2002.2, 52-55(26卷增刊).

[42] 杨一栋,黄屹,王新华.直升机模型跟踪光传飞行控制技术研究.航空学报,2004,25(2): 162-164.

[43] 杨一栋,黄屹,李林华.基于显模型的直升机自动飞行模态设计.南京航空航天大学学报,2004,19(1): 118-122.

[44] 龚华军,杨一栋.直升机阵风缓和控制律设计.飞行力学,2004,21(1): 13-17.

[45] 黄一敏.直升机飞行控制技术研究.南京: 南京航空航天大学,1999.

[46] 王新华.分布式三余度光传综合火力/飞行控制系统研究.南京: 南京航空航天大学,2003.

[47] 陈冬梅.直升机光传飞行控制系统的技术研究.南京: 南京航空航天大学,2005.3.

[48] 黄智锋.波分复用光传飞行控制系统设计.南京: 南京航空航天大学,2005.3.

[49] 张树坤.光传操纵系统数据总线及可视化仿真技术研究.南京: 南京航空航天大学,2006.

[50] 南卫生.武装直升机贴地飞行飞控制律设计及实时可视化仿真平台的开发.南京: 南京航空航天大学,2004.

[51] 温瑾.波分复用光传飞行控制系统实现技术研究.南京: 南京航空航天大学,2004.

[52] 范玉梅,杨一栋.小型无人直升机增稳动力学建模与姿态系统优化设计.东南大学学报,2003,33(Sup): 55-58.

[53] 孙海力.武装直升机多变量解耦飞行控制系统的设计和品质评定.南京: 南京航空航天大学,2001.3.

[54] 黄屹.基于显模型跟踪的直升机飞行控制策略及光传实现技术研究.南京: 南京航空航天大学,2003.3.

[55] 熊鑫.基于MFCS的直升机飞行控制技术及光传操纵研究.南京: 南京航空航天大学,2003.

[56] 杨一栋,等.舰载飞机着舰引导与控制.北京: 国防工业出版社,2007.

[57] Gevaert G, Schulze E. Shipboard Launch And Recovery of RPV Helicopters In High Sea States. American Institute of Aeronautics and Astronautiacs,1975: 175-182.

[58] Ronald A. Hess. A Simplified Technique for Modeling Piloted Rotorcraft Operations Near Ships. AIAA Atmospheric Flight Mechanics Conference and Exhibit 15-18 August 2005, San Francisco, California: 1-23.

[59] Jason Geder, Ravi Ramamurit. Ship Airwake Correlation Analysis for the San Antonio Class Transport Dock Vessel. Laboratory Computational Physics and Fluid Dynamics, May 21, 2008.

[60] Lee Dooyong. Simulation And Control of A Helicopter Operating In A Ship Airwake. The Pennsylvania State University, 2005: 4-16.

[61] Seung jae Lee,Cheng JianHe, Hao Kang. Autopilot Model for A Rotary Wing Aircraft Under Ship Airwake And Turbulence,AIAA 2002-4695:1-10.

[62] Thomson D G Coton F N, Galbraith. Simulation Study of Helicopter Ship Landing Procedures Incoporating Measured Flow Data. Proceedings of the Institution of Mechanical Engineers,Part G: Journal of Aerospace Engineering, 219(5): 411-427.

[63] Marit Storvik. Gudiance System for Automatic Approach to a Ship. Norwegian University of Science and Technology, 2003: 8-23.

[64] Williams S L, Long K R.ADS-33 and Shipboard Rotorcraft Operations: USN Flight Test and Simulation Perspective, Proceedings of 53rd AHS Annual Forum, Virginia Beach,April 1997: 2-6.

[65] Srikanth Saripalli. Landing on a Moving Target using an Autonomous Helicopter. Proceedings of the International Conference on Field and Service Robotics, Jul 2003: 1-6.

[66] 杨一栋,等.仪表和微波着舰引导系统.北京：国防工业出版社,2008.

[67] 杨一栋,等.光学着舰助降系统.北京：国防工业出版社,2008.